Theorie der Wechselströme

in

analytischer und graphischer Darstellung.

Von

Dr. Frederick Bedell und Dr. A. C. Crehore.

Autorisirte deutsche Uebersetzung

von

Alfred H. Bucherer.

Mit 112 in den Text gedruckten Figuren.

Berlin.　　　1895.　　　München.

Julius Springer.　　　R. Oldenbourg.

ISBN-13: 978-3-642-98845-5   e-ISBN-13: 978-3-642-99660-3

DOI: 10.1007/978-3-642-99660-3

Softcover reprint of the hardcover 1st edition 1895

Buchdruckerei von Gustav Schade (Otto Francke) in Berlin N.

Vorwort.

Die Theorie der Wechselströme ist von grosser technischer und wissenschaftlicher Bedeutung. Die Verfasser haben es sich daher zur ihrer Aufgabe gemacht, diesen Gegenstand, der bisher von verschiedenen Schriftstellern nur fragmentarisch behandelt worden ist, systematisch zu entwickeln. Dieselben glauben hiermit einem langgefühlten Bedürfnisse entgegenzukommen.

Die Behandlung der Theorie der Wechselströme ist streng wissenschaftlich. Dabei haben sich aber die Verfasser bemüht, die Resultate in eine solche Form zu bringen, dass sie auch für denjenigen verständlich und brauchbar sind, welcher der logischen Ableitung derselben nicht folgen kann.

Da die graphischen Methoden den Vorzug der Anschaulichkeit besitzen, so ist der graphischen Behandlung besondere Beachtung geschenkt worden, besonders bei solchen Fällen, wo sich analytische Methoden als schwerfällig und verwickelt erweisen würden. — Das Buch zerfällt in zwei Hauptabtheilungen, die analytische und die graphische.

Im ersten Kapitel wird die Theorie des Magnetismus und der Elektricität in elementarer Weise auf Grundlage der Experimente von Coulomb, Faraday, Joule und Ohm entwickelt. Die Darstellung dieser elementaren Principien ist in sich abgeschlossen, so dass zum Verständniss dieses Buches ein eingehenderes Studium der Elektricität und des Magnetismus kaum erforderlich sein dürfte.

Alsdann wird die Energiegleichung aufgestellt und daraus werden dann in den folgenden Kapiteln die Differential- und Integralgleichungen des Stromes abgeleitet.

Die Wichtigkeit, die bei der Theorie der Wechselströme den harmonischen Funktionen beizumessen ist, hat die Verfasser veranlasst, diesem Gegenstande ein besonderes Kapitel zu widmen.

Die analytische Entwicklung der Theorie der Wechselströme ist in der Weise vorgenommen worden, dass zunächst Stromkreise, die Widerstand und Selbstinduktion enthalten, der Betrachtung unterzogen worden sind. Hieran schloss sich dann naturgemäss die Behandlung von Stromkreisen mit Widerstand und Kapacität, und endlich von Stromkreisen, die Widerstand, Selbstinduktion und Kapacität enthalten.

Bei dieser stufenweisen Entwicklung wurden die verschiedenen Arten von elektromotorischen Kräften nicht vernachlässigt. Ferner wird die Wirkung einer Aenderung der Konstanten in eingehender Weise erörtert und für specielle Fälle durch Kurven illustrirt. Die Wechselwirkungen von Selbstinduktion und Kapacität werden alsdann erläutert. Diese Beziehungen und Gesetzmässigkeiten werden auch für die komplicirteren Fälle dargelegt, wo Kapacität und Selbstinduktion vertheilt ist, wie z. B. bei unterseeischen Kabeln und Telephonsystemen.

Die graphische Behandlung ist analog der analytischen. Bei der graphischen Behandlung wurde besonderer Werth darauf gelegt, die Richtigkeit der angewandten Methoden durch die bereits früher erlangten analytischen Ergebnisse zu bestätigen. Obwohl in dieser Beziehung die graphischen Methoden sich auf die analytischen stützen, so haben sich die Verfasser doch bemüht, den graphischen Theil als ein Ganzes für sich zu behandeln, so dass die einzelnen Resultate auf technische Probleme ohne Weiteres anwendbar sind.

Es erübrigt, auf einen Punkt aufmerksam zu machen, der bei der Anwendung der Theorie der Wechselströme auf technische Probleme von grosser Bedeutung ist. Es ist dies die Veränderlichkeit der Selbstinduktion L, welche wir bei unserer Behandlung des Gegenstandes als konstant angenommen haben. Es ist bekannt, dass die Permeabilität des Eisens für magnetische Induktion sich bei sehr hohen Graden der Magnetisirung ändert, d. h. kleiner wird. Dass die Permeabilität sich mit der Temperatur ändert, ist ebenfalls bekannt.

Da nun L der Permeabilität proportional ist, so ergiebt sich, dass L streng genommen keine Konstante sein kann.

Wie bereits erwähnt, ist dieser Gegenstand schon früher, nicht allein von den Verfassern, sondern auch von mehreren bedeutenden Technikern, Dr. Duncan, Professor Ryan, Professor Ayrton, Dr. Sumpner, Dr. Fleming, Mr. Blakesley u. A. behandelt worden. Die Arbeit der Verfasser hat sich grösstentheils darauf beschränkt, das vorliegende treffliche Material systematisch zu ordnen.

Manche Abschnitte dieses Buches waren bereits vorher als besondere Aufsätze in verschiedenen Zeitschriften erschienen, so in der Electrical World, dem London Electrician, American Journal of Science, Philosophical Magazine und den Transactions of the American Institute of Electrical Engineers. Für die Erlaubniss des Abdrucks der Zeichnungen wünschen wir letzterer Gesellschaft an dieser Stelle unseren besonderen Dank auszudrücken.

Mit Ausnahme der Methode des äquivalenten Widerstandes, der Selbstinduktion und Kapacität für parallele Stromkreise erscheint der Inhalt des zweiten Theiles zum ersten Mal.

Auch die schon vorher veröffentlichten Theile des Buches sind in sorgfältigster Weise ergänzt und verbessert worden.

Cornell Universität, Ithaca, N. Y., August 1892.

Vorrede zur deutschen Ausgabe.

Indem wir dem deutschen Leser eine theoretische Abhandlung über Wechselströme bieten, hoffen wir einem wirklichen Bedürfniss Genüge zu thun. Denn obwohl die technische Seite dieses wichtigen Gegenstandes von Prof. Kittler, Gisbert Kapp und Anderen in geschickter und durchaus zufriedenstellender Weise behandelt worden ist, so fehlte es doch bisher an einer rein theoretischen Darstellung.

In Anbetracht des Zieles, welches wir bei Abfassung unseres Werkes im Auge hatten, hielten wir es für geboten, auf industrielle Punkte nicht einzugehen, vielmehr uns auf das rein Wissenschaftliche zu beschränken. — Seit dem Erscheinen der ersten englischen Auflage im Jahre 1892 ist den Wechselströmen eine ungemein rege Beachtung zu Theil geworden und Methoden, welche von uns zuerst entwickelt worden sind, sind seitdem allgemein bekannt geworden.

Wir wünschen Herrn Alfred H. Bucherer für seine mit Genauigkeit und Sachkenntniss ausgeführte Uebersetzung unseren wärmsten Dank auszudrücken.

Ithaca, N. Y., im März 1895.

Frederick Bedell.
Albert C. Crehore.

Inhaltsverzeichniss.

I. Theil. Analytische Behandlung.

Viertes Kapitel.

Einleitung zur Abhandlung von Stromkreisen, die Widerstand und Kapacität enthalten.

Fünftes Kapitel.

Stromkreise, die Widerstand und Kapacität enthalten.

Sechstes Kapitel.

Stromkreise mit Widerstand, Selbstinduktion und Kapacität. Allgemeine Lösung.

Siebentes Kapitel.

Stromkreise mit Widerstand, Selbstinduktion und Kapacität.

I. Fall. Entladung.

Integral- und Differentialgleichungen, wenn $e = f(t) = 0$. Lord Kelvin's Lösung. Die Stromgleichung nach Ersetzung von T. Drei

Achtes Kapitel.

Stromkreise mit R, L und C.

II. Fall. Die Ladung.

Neuntes Kapitel.

Stromkreise mit Widerstand, Selbstinduktion und Kapacität.

III. Fall. Lösung und Erörterung für den Fall einer harmonischen E.M.K.

II. Theil. Graphische Behandlung.

Vierzehntes Kapitel.

Einleitung zum II. Theil und Einleitung zur Behandlung von Stromkreisen mit R und L.

Fünfzehntes Kapitel.

Stromkreise mit R und L. Einfache und verzweigte Stromkreise.

Sechszehntes Kapitel.

Behandlung von Stromkreisen mit L und R. Zusammengesetzte Stromkreise.

Siebzehntes Kapitel.

Behandlung von Stromkreisen, die Widerstand und Selbstinduktion enthalten und in denen mehr als eine Quelle der E.M.K. thätig ist.

Achtzehntes Kapitel.

Einleitung zur Behandlung von Stromkreisen mit L und C.

Neunzehntes Kapitel.

Stromkreise mit R und C.

Zwanzigstes Kapitel.
Stromkreise mit R, L und C.

Anhang A.

Anhang B.

Anhang C.

I. Theil.

Analytische Behandlung.

Erstes Kapitel.

Einleitung zur Abhandlung über Stromkreise, welche Widerstand und Selbstinduktion enthalten.

Inhalt: Der Magnet. Kraftlinien. Pole. Gleichnamige Pole stossen sich ab, ungleichnamige Pole ziehen sich an. Einheit der Polstärke. Gesetz der Anziehung. Intensität eines Magnetfeldes. Gleichförmiges Feld. Einheit der Kraftlinie. Ein Pol von der Einheit der Polstärke hat $4\,\pi$ Kraftlinien. Induktion. Der Strom entwickelt ein Feld. Einheit der Stromstärke. Die Anzahl der Kraftlinien sind dem Strome proportional. Selbstinduktion. E. M. K. Das Ohm'sche Gesetz. Quantität. Die Quantität ist bestimmt durch eine bestimmte Aenderung in der Anzahl der Kraftlinien. Die in Wärme umgesetzte Energie. Die ganze einem Stromkreise ertheilte Energie. Die dem Felde ertheilte Energie. Die Energiegleichung. Die Gleichung der E. M. K.

Zur gründlichen Erörterung von Stromkreisen, welche Widerstand und Selbstinduktion enthalten, wollen wir zunächst eine kurze Uebersicht über die elementare Theorie des Magnetismus, des magnetischen Kraftfeldes und der Beziehungen zwischen elektrischem Strom und Magnetismus geben. Wir werden so im Stande sein, die Ausdrücke für die dem Stromkreise ertheilte Energie, für die in Wärme umgesetzte Energie und die im magnetischen Felde verausgabte Energie abzuleiten und endlich die Energiegleichung und die Gleichung der elektromotorischen Kräfte für Stromkreise mit Widerstand und Selbstinduktion aufzustellen.

Magnetisirt man eine Nadel gleichförmig in ihrer Längsrichtung und legt sie dann in Eisenfeilspähne, so werden letztere von den Enden der Nadel angezogen und bilden strahlenförmige Büschel. Die Anziehungskraft der magnetisirten Nadel ist anscheinend an den Enden koncentrirt, welche Pole genannt werden. Die Feilspähne in dem den Magneten umgebenden

Raume zeigen das Bestreben, sich in Linien, Kraftlinien genannt, zu vereinigen und Pol mit Pol zu verbinden. Der Magnet ist also von einem Kraftfelde umgeben, in welchem die Linien in jedem Punkte des Feldes die Richtung der Kraft angeben. Wird eine Kompassnadel in das Feld gebracht, so nimmt dieselbe immer eine bestimmte Stellung an in der Weise, dass sie zur Kraftlinie, welche durch den betreffenden Punkt geht, eine Tangente bildet. Die Erde verhält sich wie ein sehr grosser Magnet, welcher ein magnetisches Feld entwickelt, in dem die Kraftlinien ungefähr von Norden nach Süden laufen. Eine frei im magnetischen Felde der Erde hängende Magnetnadel nimmt eine zu den Kraftlinien der Erde tangentiale Richtung an und zwar annähernd in dem geographischen Meridian. Der nach Norden zeigende Pol wird als $+$ bezeichnet, der Südpol als $-$. Wenn Magnetpole einander genähert werden, so findet entweder Anziehung oder Abstossung statt. Gleichnamige Pole stossen sich ab, ungleichnamige Pole ziehen sich an.

Die Definition der Einheit der magnetischen Polstärke ist naturgemäss folgende: Ein Magnetpol, welcher mit der Kraft von einem dyn auf einen anderen gleichstarken und gleichnamigen Pol wirkt, welcher einen cm entfernt ist, besitzt die Einheit der Polstärke. Auf dieser Definition beruht das ganze elektromagnetische Maasssystem und dieselbe verdient deshalb besondere Beachtung. Wirkliche Magnete haben endliche Dimensionen und man ist deshalb genöthigt, die mittlere Entfernung zu bestimmen. Zu diesem Zwecke wählt man die Entfernung zwischen zwei Punkten, die so gelegen sind, dass die Wirkung zwischen den beiden Polen dieselbe bleiben würde, falls dieselben in diesen Punkten koncentrirt wären. Wir denken uns also einen Magnetpol in einem Punkte koncentrirt.

Diese Anschauung ist durchaus nicht gezwungener als der Begriff des Schwerpunkts, gemäss welchem wir uns die Masse eines Körpers in einem Punkte koncentrirt denken. In ähnlicher Weise messen wir die Länge des zusammengesetzten Pendels. Wir betrachten die Masse des Pendels in einem solchen Punkte koncentrirt, dass die Schwingungsperiode nicht geändert wird.

Gesetz der Anziehung.

Das Gesetz der Aufeinanderwirkung zweier Magnetpole, wie es zuerst von Coulomb bestimmt wurde, besagt, dass die Anziehung oder Abstossung zweier Pole dem Quadrat der Entfernung umgekehrt proportional und dem Produkt der Polstärken direkt proportional ist. Also ist:

$$F \sim \frac{m\,m'}{r^2}.$$

m und m' bedeuten hier die Polstärken, d. h. die Anzahl der Einheiten der Polstärke, welcher jeder einzelne Pol äquivalent ist; r ist die Entfernung zwischen den Polen. Gemäss der obigen Definition kann das Zeichen der Proportionalität gegen das Gleichheitszeichen vertauscht werden, wenn man die Entfernung r in cm und die Kraft F in dyn misst. Die Kraft, mit der zwei Pole auf einander wirken, ist also:

$$F = \frac{m\,m'}{r^2}.$$

Wenn die Pole [gleichnamig sind, so ist das Produkt positiv. Eine Abstossung erhält also ein positives Vorzeichen, und demgemäss ist eine Anziehung negativ.

Die Intensität eines Kraftfeldes.

Man bestimmt die Stärke eines magnetischen Feldes in einem Punkte, indem man die Wirkung, welche dasselbe auf einen positiven Pol von der Einheit der Polstärke, welcher an jenen Punkt gebracht wird, misst. Könnten wir einen freien Magnetpol in ein magnetisches Feld bringen, so würde derselbe immer in eine bestimmte Richtung gedrängt werden; und könnte er sich frei bewegen, so würde er sich thatsächlich in dieser Richtung in Bewegung setzen. Die Richtung, die ein positiver Pol einnehmen würde, heisst die positive Richtung der durch den betreffenden Punkt gehenden Kraftlinien. Die Kraft, mit der ein magnetisches Feld in irgend einem Punkte auf einen dahin gebrachten positiven Pol von der Stärke 1 wirkt, heisst die Feldstärke jenes Punktes und wird mit H bezeichnet. Gewöhnlich findet man, dass H in verschiedenen Punkten des Feldes variirt; hat aber H in jedem Punkte in Bezug auf Richtung und Intensität denselben Werth, so nennt man das Feld ein gleichförmiges. Besitzt ein gleichförmiges Feld die Intensität eins — also $H = 1$ —, so sagt man, dass eine Kraftlinie auf 1 qcm komme. Ist die Intensität H, dann kommen H Linien auf den qcm. Man denkt sich also die Intensität eines magnetischen Feldes durch die Anzahl der Kraftlinien bestimmt, welche durch einen qcm einer Fläche gehen, welche zur Richtung der Kraftlinien senkrecht ist.

So ist gemäss der Definition der Einheit der Polstärke die Intensität $H = 1$ bei 1 cm Entfernung vom Pole von der Stärke eins. Denken wir uns eine Kugelfläche, welche diesen Pol zum Mittelpunkte hat und deren Radius gleich eins ist, dann geht also eine Kraftlinie durch jeden qcm der Oberfläche. Da die Kugel eine Oberfläche von 4π qcm hat, so gehen im Ganzen 4π Kraftlinien vom Pole aus, und folglich $4\pi m$ Linien von einem Pole, dessen Stärke $= m$ ist.

Induktion.

Die Anzahl der Kraftlinien in der Luft ist dieselbe, als die Anzahl der Linien der magnetisirenden Kraft.

Bei einer Substanz wie Eisen werden die Kraftlinien bedeutend vermehrt, und man nennt sie alsdann Linien der Magnetisation oder Induktionslinien. Die Anzahl der Induktionslinien N, welche durch eine beliebige Fläche gehen, nennt man die totale magnetische Induktion durch diese Fläche. Die Anzahl der Kraftlinien pro qcm, welche durch die zu den Kraftlinien senkrechte Fläche gehen, nennt man die Induktion pro qcm oder einfach die Induktion B.

In einem nicht magnetischen Mittel ist die Induktion B gleich der magnetisirenden Kraft H. In einem magnetischen Mittel wie Eisen entwickelt die magnetisirende Kraft eine Induktion B, welche grösser als H ist. Das Verhältniss der Induktion zur magnetisirenden Kraft nennt man Permeabilität oder Durchlässigkeit μ, das heisst $\mu = \dfrac{B}{H}$.

Ein elektrischer Strom, welcher in einem Stromkreise fliesst, entwickelt in dem umgebenden Mittel stets ein Feld. Die Kraftlinien, welche diesem Felde eigen sind, sind in sich zurücklaufende Linien, welche den Leiter in koncentrischen Kreisen umgeben. Die gesammte Anzahl der Linien welche durch die vom Leiter begrenzte Fläche gehen, nennt man die gesammte magnetische Induktion des Stromkreises. Wie der Strom an Stärke zunimmt, wächst in jedem Punkte die Intensität des magnetischen Feldes und im Falle, dass keine magnetische Substanz in der Nähe ist, nimmt die Intensität des Feldes proportional der Stromstärke zu. Man definirt die Einheit des Stromes in Ausdrücken der Intensität des magnetischen Feldes, welches derselbe erzeugt. — Die Einheit der Stromstärke ist derjenige Strom, welcher in einem Kreise vom Radius 1 cm fliessen muss, um mit jedem cm des Umfangs auf einen im Mittelpunkt befindlichen Magnetpol von der Stärke eins mit der Kraft von einem dyn zu wirken. Dies ist die Einheit der Stromstärke im C. G. S.-System. Der im Mittelpunkte befindliche Pol wirkt also mit derselben Kraft auf jede Längeneinheit des Umfangs wie auf einen im Abstande von 1 cm befindlichen Pol von der Stärke eins.

Die praktische Einheit des Stromes, der Ampère, ist $\frac{1}{10}$ der C. G. S.-Einheit.

Die Anzahl der Kraftlinien, welche einem Strome proportional ist.

Wir haben gesehen, dass der Strom, welcher in einem geschlossenen Leiter fliesst, ein magnetisches Feld entwickelt, in der Weise, dass eine bestimmte Anzahl Linien durch die vom Leiter begrenzte Fläche gehen. Ist keine magnetische Substanz in der Nähe, d. h. ist die Permeabilität des umgebenden Raumes konstant, so ist die durch den Strom entwickelte Anzahl von Kraftlinien der Stromstärke direkt proportional, und irgend eine Schwankung des Stromes bedingt eine entsprechende Aenderung in der Anzahl der Kraftlinien. Also ist

$$N \sim i \quad \text{und} \quad \frac{dN}{dt} \sim \frac{di}{dt}.$$

Da N wie i variirt, so können wir sagen, dass

$$N = L\,i$$

und folglich

$$(1) \qquad \frac{dN}{dt} = L\,\frac{di}{dt}\,.$$

Den Koefficienten L nennt man den Koefficienten der Selbstinduktion, und er stellt das Verhältniss der ganzen Induktion zum Strome, welcher dieselbe erzeugt, dar. Bei der Einheit der Stromstärke ist der Koefficient der Selbstinduktion gleich der vom Strome erzeugten Anzahl von Linien. Ist die Durchlässigkeit des den Leiter umgebenden Mittels konstant, so ist letzteres der Werth für L für alle Werthe des Stromes und L ist dann konstant.

Mit Ausnahme des Falles, dass die Magnetisation einen hohen Werth erreicht, ist L für jeden Stromkreis eine konstante Grösse und wird im Folgenden als solche behandelt werden.

Faraday's Gesetz der E. M. K.

Bewegt man einen Leiter in ein magnetisches Feld, so dass die Kraftlinien geschnitten werden, so wird in dem Leiter eine elektromotorische Kraft erregt. Faraday bewies durch seine Forschungen, dass diese E. M. K. dem Verhältniss der geschnittenen Linien zu der dazu erforderlichen Zeit direkt proportional ist. Die E. M. K. ist in ihrer Richtung senkrecht zur Bewegungsrichtung des Leiters und ebenfalls zur Richtung der Kraftlinien. Faraday zeigte ferner, dass eine beliebige Aenderung der magnetischen Induktion, welche durch einen geschlossenen Leiter geht, in dem Leiter eine E. M. K. entwickelt, welche in jedem Zeitpunkte dem Maasse der Aenderung der magnetischen Induktion (Abnahme) in Bezug auf die Zeit proportional ist. Bei Anwendung des C.G.S.-Systems kann dieses Experimentalgesetz durch diese Gleichung ausgedrückt werden:

$$(2) \qquad e = -\frac{dN}{dt}\,,$$

wo e die erzeugte E. M. K. und N die magnetische Induktion des Stromkreises bedeutet, d. h. eine C.G.S.-Einheit der E. M. K.

wird erzeugt, wenn die magnetische Induktion, also die Anzahl der dem Stromkreise eigenen Kraftlinien, sich pro Sekunde um eine Linie ändert. Das negative Vorzeichen bedeutet, dass die E. M. K. in einer solchen Richtung inducirt wird, dass sie sich der Aenderung der Anzahl der Kraftlinien, welche vom Leiter eingeschlossen sind, widersetzt. Die praktische Einheit der E. M. K., das Volt, ist 10^8 Mal so gross als die C.G.S.-Einheit.

Das Ohm'sche Gesetz.

Die einem geschlossenen Leiter ertheilte E. M. K. erzeugt einen Strom, dessen Stärke von dem Widerstande des Leiters abhängt. Ohm bewies zuerst, was andere seitdem mit einem hohen Grade der Genauigkeit bestätigt haben, dass bei konstanter E. M. K. der Strom der E. M. K. direkt und dem Widerstande umgekehrt proportional ist. Also:

$$I \sim \frac{E}{R},$$

wo I den Strom, E die E. M. K. und R den Widerstand bedeutet. Da E. M. K. und Strom bereits unabhängig definirt sind, so wählen wir als Einheit des Widerstandes denjenigen Widerstand, gegen den die Einheit des Stromes in einem Stromkreise fliesst, welcher die Einheit der E. M. K. besitzt:

$$I = \frac{E}{R}.$$

Aus dem Verhältniss der praktischen Einheiten des Stromes und der E. M. K., nämlich des Volt und Ampère, zu den C.G.S.-Einheiten erkennen wir, dass der Ohm 10^9 Mal so gross als die C.G.S.-Einheit ist.

Quantität.

Die elektrische Einheit der Quantität fliesst in einem Stromkreise, wenn die Stromeinheit während einer Sekunde fliesst.

Fliesst ein Strom J in einem Leiter während t Sekunden, so fliesst die Quantität Jt. In der sehr kurzen Zeit dt wird eine Quantität $i\,dt$ oder dq fliessen, indem wir haben:

$$\frac{dq}{dt} = i\,,$$

wo q die Quantität bedeutet. Bei einer konstanten E.M.K. war der Strom gleich der E.M.K. dividirt durch den Widerstand. Während des Zeitelementes dt kann man eine beliebige E.M.K. als konstant ansehen und wir können dann sagen, dass während der Zeit dt:

$$i = \frac{e}{R}\,.$$

Die grossen Buchstaben E, I, Q werden verwandt, wenn konstante Grössen gemeint sind. Sind hingegen E.M.K., Strom und Quantität veränderliche Grössen, so werden die kleinen Buchstaben e, i und q angewandt.

Aendert man die Lage eines in einem magnetischen Felde befindlichen Leiters in der Weise, dass die Anzahl N der eingeschlossenen Kraftlinien sich von N_1 zu N_2 ändert, so ist die in dem Stromkreise fliessende Quantität immer bestimmt und zwar gleich der Aenderung in der Anzahl der Kraftlinien, $N_2 - N_1$, dividirt durch den Widerstand des Stromkreises, und ist von der Art und Weise der Aenderung und von der Zeitdauer der Aenderung unabhängig. Dies ist einleuchtend, wenn wir Faraday's Gesetz: $e = -\dfrac{dN}{dt}$ betrachten und erwägen, dass dies die einzige E.M.K. ist, welche in dem Stromkreise wirksam ist. Wir haben also die folgenden Beziehungen:

$$\frac{dq}{dt} = i = \frac{e}{R} = -\frac{1}{R}\frac{dN}{dt}\,.$$

Daher:

$$(3) \qquad Q = \frac{N_1 - N_2}{R}\,.$$

Hier bedeutet Q die Summe aller einzelnen kleinen Quantitäten, welche während der Bewegung des Leiters fliessen, und ist also gleich der Aenderung der magnetischen Induktion dividirt durch den Widerstand.

Der ballistische Erdinduktor ist ein gutes Beispiel eines Instrumentes, welches auf der Anwendung des vorerwähnten Principes beruht. Verbindet man einen ballistischen Galvanometer mit einem Erdinduktor, so ist der Ausschlag der Nadel der Aenderung der Anzahl der Kraftlinien proportional. Die Aenderung in der Anzahl der Kraftlinien wird in diesem Falle durch die Aenderung in der Lage der Induktionsspule hervorgebracht. Die Nadel darf sich natürlich nicht in Bewegung setzen, als bis die ganze Quantität der Elektricität durch den Galvanometer geflossen ist.

Joule's Gesetz.

Das vierte und letzte grosse Experimentalgesetz, welches wir erwähnen müssen, ist die Entdeckung von Joule, dass die in einem Leiter durch einen elektrischen Strom entwickelte Wärme dem Produkte aus dem Quadrate der Stromstärke, dem Widerstande des Leiters und der Zeitdauer genau proportional ist. Durch dieses Gesetz ist uns ein Mittel gewährt, den Energieverbrauch zu bemessen, welcher stattfindet, wenn ein Strom einen Leiter durchfliesst, vorausgesetzt, dass der Strom keine andere Arbeit verrichtet als die Ueberwindung des Ohm'schen Widerstandes. Joule brachte den experimentellen Beweis, dass die in einem Leiter durch den elektrischen Strom erzeugte Wärme dem Produkte aus dem Quadrate des Stromes, dem Widerstande und der Zeit proportional ist. Also:

$$W \sim I^2 R T.$$

Ist die Stromstärke i veränderlich, so kann man sie während der sehr kurzen Zeit dt als konstant betrachten, und dann ist die in der Zeit dt in Wärme umgesetzte Energie:

$$(4) \qquad w \sim i^2 R \, dt.$$

Wird die ganze einem Stromkreise ertheilte Energie in Wärme verwandelt, d. h. ist die Stromstärke konstant, dann lässt sich der Energieverbrauch durch $E I T$ ausdrücken, denn nach Ohm's Gesetz ist $I R = E$.

Also:

$$W \sim E I T.$$

Wir werden sehen, dass dieser Ausdruck im C.G.S.-System eine bestimmtere Form annimmt. Wir denken uns einen Leiter, in dem der Strom J fliesst, in ein gleichförmiges magnetisches Feld gebracht, so dass die Kraftlinien senkrecht darauf stehen. Dann wirkt das magnetische Feld, welches die Intensität H besitze, auf jede Längeneinheit des Stromes mit einer Kraft HJ. Ist l die Länge des Leiters, so wird die Kraft lHJ sein. Bewegt man diesen Leiter mit einer Geschwindigkeit v gegen diese Kraft, so wird Arbeit geleistet, welche pro Sekunde $lHJv$ beträgt oder

$$W = lHJv.$$

Diese Arbeit ist offenbar gleich der Arbeit, die pro Sekunde geleistet werden muss, um den Strom von der Stärke J durch Bewegung des Leiters im magnetischen Felde zu erzeugen. Der Leiter, welcher sich mit der Geschwindigkeit v bewegt, schneidet pro Sekunde lHv Linien, erzeugt also eine E. M. K.:

$$E = lHv.$$

Setzen wir diesen Werth in obige Gleichung ein, so erhalten wir pro Sekunde:

$$W = EJ,$$

das heisst, der Energieaufwand ist gleich dem Produkte aus der Stromstärke, der E. M. K. und der Zeit. Man erkennt aus Obigem die Uebereinstimmung mit dem Joule'schen Gesetz. Im C. G. S.-System misst man die Energie in Erg, und so drückt die Gleichung die Thatsache aus, dass die in Erg ausgedrückte Energie gleich dem im C. G. S.-System ausgedrückten Produkte vom Strom, E. M. K. und Zeit ist.

Die praktische Einheit der Energie ist der Watt, und ist so berechnet, dass die Gleichung $W = EJT$, welche für Erg und die andern C. G. S.-Einheiten wahr ist, auch für praktische Einheiten wahr bleibt, nämlich für Volt, Ampère und Watt. Die Gleichung bedeutet alsdann, dass die in Watt gemessene Energie pro Sekunde gleich dem in Volt und Ampère gemessenen Produkte aus Strom und E. M. K. ist. Aus der Angabe der Beziehungen zwischen Volt und Ampère einerseits und den C. G. S.-Maassen andrerseits geht hervor, dass ein Watt pro Sekunde 10^7 Mal so gross ist als ein Erg.

Ist die E. M. K., e, veränderlich und fliesst der Strom i, so ist die dem Stromkreise in der Zeit dt ertheilte Energie gleich:

$$(5) \qquad w = e\, i\, dt.$$

Durch diese Gleichung ist es uns möglich, die dem magnetischen Felde eigene Energie zu bestimmen. Gemäss dem Gesetze von Faraday entsteht in einem geschlossenen Leiter immer eine E.M.K., wenn die von demselben eingeschlossene Anzahl von Kraftlinien sich in irgend einer Weise ändert. Diese E.M.K. ist:

$$e = -\frac{dN}{dt} = -L\,\frac{di}{dt}.$$

Diese E.M.K. verdankt ihren Ursprung der Existenz des magnetischen Feldes. Eine gleiche und entgegengesetzte E.M.K., $L\,\dfrac{di}{dt}$, ist erforderlich, um das Feld zu entwickeln. Wie aus früher Gesagtem hervorgeht, ist die Arbeit dieser Kraft gleich dem Produkte aus der Kraft, dem Strome, welcher im Leiter fliesst, und der Zeit dt. Die Energieänderung des magnetischen Feldes in der Zeit dt beträgt daher:

$$(6) \qquad i\,\frac{dN}{dt}\,dt = L\,i\,\frac{di}{dt}\,dt.$$

Die Aenderung der Induktion eines Stromkreises kann ihre Ursache in äusseren Vorgängen wie in der Bewegung von Magneten haben oder auch in einer Aenderung des Stromes selbst. In letzterem Falle vermehrt ein Wachsen des Stromes die Energie des Feldes, und positive Arbeit wird vom Strome durch die Entwicklung des Feldes geleistet. Nimmt der Strom ab, so nimmt die Energie des Feldes ab, und negative Arbeit wird vom Strome am Felde verrichtet. Denn wenn der Strom abnimmt, so ist $\dfrac{di}{dt}$ negativ. Der Ausdruck, dass der Strom negative Arbeit verrichte, bedeutet so viel, als dass das magnetische Feld während seiner Abnahme dem Stromkreise Energie ertheilt. Man ersieht hieraus, dass Energie in einem magnetischen Felde aufgespeichert werden kann, und dass diese nicht beim Schwächerwerden des Feldes verloren geht, sondern vielmehr dem Stromkreis zurückertheilt wird. Um den Werth der gesammten Energie eines Feldes, welches seine Existenz dem Strome i verdankt, zu berechnen, brauchen wir nur die Summe aller der kleinen Energiemengen zu finden, welche dem Felde ertheilt werden, wenn der Strom von 0 bis zum Endwerthe J wächst. Man findet, dass dieser Werth der folgende ist

$$(7) \qquad \int_0^I L\,i\,di = \frac{1}{2}\,L\,I^2.$$

Die Energiegleichung.

Bedeutet e die E.M.K., welche den Strom im Leiter treibt, dessen Widerstand $= R$ und dessen Koëfficient der Selbstinduktion $= L$ ist, so ist gemäss der Gleichung (5) die gesammte dem Stromkreise ertheilte Energie gleich $e\,i\,dt$.

Ein Theil dieser Energie wird durch den Widerstand des Leiters in Wärme umgesetzt und ist gleich $R\,i^2\,dt$ während der Zeit dt. Ein zweiter Theil wird im magnetischen Felde aufgespeichert und beträgt in der sehr kurzen Zeit dt

$$L\,i\,\frac{di}{dt}\,dt \quad \text{[Gleichung (6)]}.$$

Enthält der Stromkreis keine elektrostatische Kapacität oder elektromotorische Gegenkraft ausser derjenigen des magnetischen Feldes, so sind die beiden erwähnten Arten die einzigen, in welchen die Energiequelle verbraucht wird. Wenden wir also das Princip der Erhaltung der Energie an, so können wir sagen, dass die von der Energiequelle geleistete Arbeit in der Erzeugung von Wärme und in Aenderungen der Induktion besteht. Wir haben also die Energiegleichung

$$(8) \qquad e\,i\,dt = R\,i^2\,dt + L\,i\,\frac{di}{dt}\,dt.$$

Dividiren wir jedes Glied der Gleichung durch $i\,dt$, so erhalten wir

$$(9) \qquad e = R\,i + L\,\frac{di}{dt}.$$

Dies ist eine Gleichung der elektromotorischen Kräfte. e ist die von der Quelle dem Stromkreise eingeprägte E.M.K., $R\,i$ ist die zur Ueberwindung des Ohm'schen Widerstandes nöthige E.M.K. und $L\dfrac{di}{dt}$ ist die zur Ueberwindung der Selbstinduktion nöthige Kraft.

Anmerkung. Besteht der Stromkreis aus einer Spule mit mehreren Windungen, so ist die Anzahl der Kraftlinien, welche vom Stromkreise eingeschlossen sind, gleich der Anzahl der Linien, welche durch das Innere der Spule gehen, multiplicirt mit der Anzahl der Windungen. So geht beispielsweise eine Linie, die durch eine Spule von s Windungen dringt, thatsächlich s Mal durch den Stromkreis. Gehen also 3000 Linien durch eine Spule von 50 Windungen, so ist die gesammte Induktion N des Stromkreises $=3000\times50=150{,}000$. Die Auseinandersetzungen auf Seite 7 u. folg. und ferner die Gleichungen (1), (2), (3) müssen in diesem Sinne aufgefasst werden.

Zweites Kapitel.

Harmonische Funktionen.

Inhalt: Die Annahme einer harmonischen E.M.K. Einfache harmonische Bewegung. Amplitude. Periode. Winkelgeschwindigkeit. Epoche. Phase. Verzögerung. Graphische Darstellung einfach harmonischer Funktionen. Der Durchschnittswerth der Ordinaten der Sinuskurve. Werth des mittleren Quadrats der Ordinaten der Sinuskurve. Periodische Funktionen, welche aus mehreren einfachen Sinusfunktionen derselben Periode und ebenfalls ungleicher Periode bestehen. Fourier's Princip.

Dreht sich ein Leiter mit gleichförmiger Geschwindigkeit in einem gleichförmigen magnetischen Felde um eine feste Achse, so ist das Maass der Aenderung der magnetischen Induktion in Bezug auf die Zeit bei verschiedenen Lagen des Leiters gegen die Richtung der Kraftlinien verschieden, und zwar ist dasselbe dem Sinus des Drehungswinkels proportional. Es ist also auch die in dem geschlossenen Leiter in jedem Augenblicke erzeugte E.M.K. eine Sinusfunktion des Drehungswinkels, und da die Drehung gleichförmig ist, eine Sinusfunktion der Zeit. Die Annahme einer solchen elektromotorischen Kraft ist in den meisten Fällen berechtigt. Da wir später sehen werden, dass jede beliebige elektromotorische Kraft als eine Summe von Ausdrücken, wovon jeder eine Sinusfunktion der Zeit ist, sich repräsentiren lässt, so haben wir es zweckentsprechend gefunden, elektromotorische Kräfte überhaupt durch Sinusfunktionen auszudrücken. Zum besseren Verständniss der in den folgenden Kapiteln angewandten Sinusfunktionen wollen wir in diesem Kapitel harmonische oder Sinusfunktionen näher erläutern.

Die harmonische Bewegung.

Bewegt sich ein Punkt mit gleichförmiger Geschwindigkeit in der Peripherie eines Kreises, so bezeichnet man die Bewegung der Projektion dieses Punktes auf einen festliegenden Durchmesser als harmonisch. Den Radius des Kreises nennt man die Amplitude der Bewegung und bezeichnet ihn durch a. Die Zeit T einer vollständigen Umdrehung nennt man die Periode. Findet die Bewegung im Sinne der Zeiger der Uhr statt, so nennt man sie negativ. Projicirt man einen sich gleichförmig drehenden Radius auf einen festliegenden Durchmesser, so ändert sich die Projektion harmonisch. Der Maximalwerth dieser Projektion ist die Amplitude oder der Radius des Kreises. Fig. 1 zeigt dies.

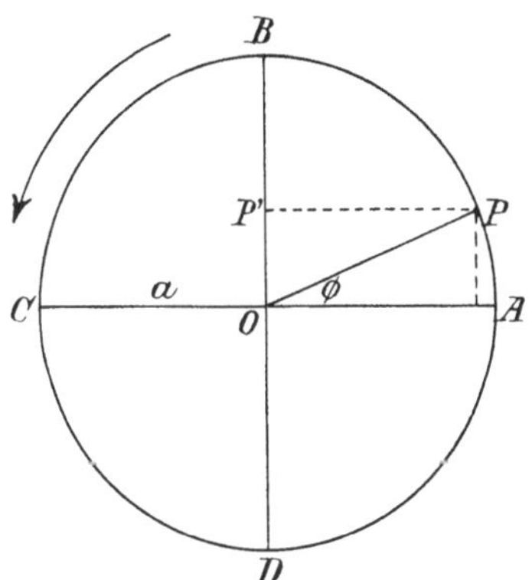

Fig. 1.
Harmonische Bewegung.

P ist ein Punkt, welcher sich mit gleichförmiger Geschwindigkeit um den Mittelpunkt O bewegt, und $\overline{OP'}$ ist die Projektion des Radius $\overline{OP}$ auf den festliegenden Durchmesser $\overline{BD}$. Wenn $\overline{OP}$ in der Lage $\overline{OA}$ senkrecht zu BD ist, so ist die Projektion gleich 0; und wenn $\overline{OP}$ in der Lage $\overline{OB}$ ist, so hat die Projektion $\overline{OP'}$ ihren Maximalwerth und ist gleich dem Radius $\overline{OP}$. Die Projektion ist wieder 0 bei $\overline{OC}$ und erreicht ein negatives Maximum bei $\overline{OD}$.

Die Winkelgeschwindigkeit des Punktes P wird durch ω bezeichnet, und ω hat an irgend einem Punkte den Werth

$\omega = \dfrac{d\Phi}{dt}$. Da die Bewegung gleichförmig ist, so ist $\omega = \dfrac{\Phi}{t}$ oder $\omega t = \Phi$, wo Φ den in der Zeit t gemachten Winkel bedeutet. Um also einen Winkel von 2π zu machen, ist die dazu erforderliche Zeit $= T$, daher $\omega = \dfrac{2\pi}{T}$ und $\Phi = \dfrac{2\pi}{T} t$. Als Einheit der Zeit wird die Sekunde gewählt. Die Anzahl der Umdrehungen pro Sekunde ist $\dfrac{1}{T}$ und wird die Periodicität genannt. Sie wird mit n bezeichnet. $n = \dfrac{1}{T}$. Es lässt sich also die Winkelgeschwindigkeit durch die Periodicität ausdrücken, denn $\omega = 2\pi n$, und daher $\Phi = 2\pi n t$.

Rechnen wir die Zeit vom Punkte A (Fig. 1) an, wo die Projektion $\overline{OP'} = 0$ ist, und bezeichnen wir $\overline{OP'}$ mit y, so haben wir zu irgend einer beliebigen Zeit:

$$y = a \sin \Phi = a \sin \omega t,$$

wo a die Amplitude und Φ den in der Zeit t beschriebenen Winkel bedeutet.

Nehmen wir nun den Punkt Q als Anfangspunkt der Zeit (Fig. 2), dann ist der Winkel θ, welchen OQ mit OA bildet, der Epochenwinkel. Die Zeit, die zur Beschreibung dieses

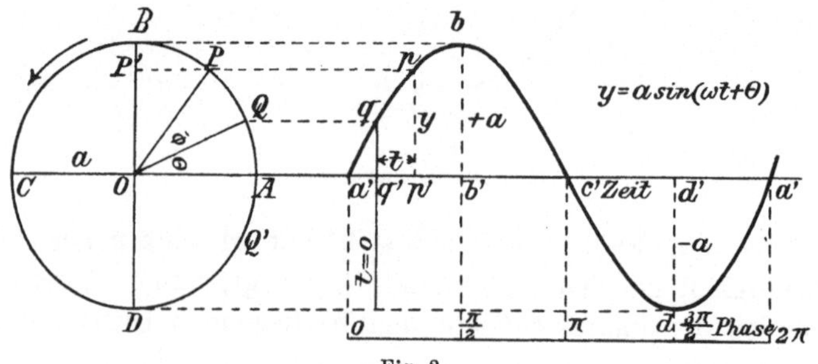

Fig. 2.
Einfache Sinuskurve.

Winkels erforderlich ist, nennt man die Epoche   Der Winkel $(\Phi + \theta)$, um den sich der Punkt P vom Punkte A entfernt hat, wird Phasenwinkel oder einfach die Phase genannt. Die Phase ist also das Verhältniss des Kreisbogens PA zum Umfang des Kreises.

Bezeichnen wir mit y die Projektion von OP auf $\overline{BD}$ und rechnen wir die Zeit von Q an, so haben wir

$$(10) \qquad y = a \sin (\Phi + \theta) = a \sin (\omega t + \theta).$$

Wenn θ positiv ist, so nennt man ihn den Vorsprung- oder Vorauswinkel. Ist θ negativ und zählt man die Zeit vom Punkte Q' an, so nennt man den Winkel den Verzögerungswinkel.

Ist der Phasenwinkel $= 0$, so fällt $\overline{OP}$ mit $\overline{OA}$ zusammen, und die Projektion $y = 0$. Ist die Phase 90^0, so ist die Projektion ein Maximum und $y = + a$. Bei 180^0 ist $y = 0$, bei 270^0 ist $y = - a$. Dieser Kreislauf wiederholt sich bei jeder Umdrehung.

In der Gleichung $y = a \sin (\omega t + \theta)$ sind die Amplitude a, die Winkelgeschwindigkeit ω und der Epochenwinkel θ Konstanten und die Veränderliche y ist eine einfache Sinusfunktion der Veränderlichen t. Eine veränderliche Grösse, deren Werth zu einer beliebigen Zeit durch das Produkt einer Konstanten und des Sinus eines Winkels, welch' letzterer sich mit der Zeit gleichförmig ändert, ausgedrückt werden kann, nennt man eine Sinusfunktion oder eine harmonische Funktion der Zeit. In Fig. 2 ist y als eine Sinusfunktion von t aufgetragen. Zu einer beliebigen Zeit t, wenn der Punkt die Lage P hat, hat y einen Werth OP'.

Epochenwinkel	$= AOQ = \theta$
Epoche	$= a'\,q'$
Der in der Zeit t beschr. Winkel	$= QOP = \Phi = \omega t$
Phasenwinkel	$= \Phi + \theta$
Die Phase	$= t + a'\,q'$
Amplitude	$= \overline{OA} = \overline{OB} = a.$

Wenn der Ausdruck „harmonische Funktion" oder „Sinusfunktion" oder „Sinuskurve" gebraucht wird, so ist darunter eine Kurve wie die in Fig. 2 verstanden.

Die Bestimmung der Durchschnittsordinate einer Sinuskurve.

Eine Sinuskurve ist in Bezug auf die x-Achse symmetrisch und deshalb ist die Durchschnittsordinate für die ganze Periode gleich Null. Man kann aber den Durchschnittswerth für eine halbe Periode erhalten, und da die zweite Hälfte eine Wiederholung der ersten mit umgekehrtem Vorzeichen ist, so erhält man den arithmetischen Durchschnittswerth für die ganze Periode.

Die Durchschnittsordinate ist gleich der Summe aller vertikalen Flächenelemente, dividirt durch die Anzahl derselben, oder, was gleichbedeutend ist, sie ist gleich der von der Kurve und der Abscissenachse eingeschlossenen Fläche, dividirt durch die Basis. Für eine halbe Periode sind die Grenzen 0 und π daher:

$$\text{Durchschnittsordinate} = \frac{1}{\pi} \times \frac{\int_0^\pi y\, dx}{\int_0^\pi dx}.$$

Nun ist für eine Sinuskurve $y = a \sin x$; daher ist die Durchschnittsordinate

$$= \frac{a}{\pi} \int_0^\pi \sin x\, dx = \frac{a}{\pi} \left[-\cos x \right._0^\pi = \frac{2\,a}{\pi}.$$

Nun ist a der Maximalwerth der Ordinaten und $\frac{2}{\pi} = 0{,}6369$ und wir haben deshalb

$$(11) \qquad \frac{\text{Durchschnittsordinate}}{\text{Maximalordinate}} = 0{,}6369.$$

Hieraus lässt sich der Werth der Durchschnittsordinate bestimmen.

Die Bestimmung des mittleren Quadrates der Ordinaten einer Sinuskurve.

Obwohl es häufig nützlich ist, den Werth der Durchschnittsordinate einer Sinuskurve zu kennen, so ist es doch noch wichtiger, den Werth des mittleren Quadrates der Ordinaten oder die Quadratwurzel aus dem mittleren Quadrate zu bestimmen.

Da das Quadrat einer Ordinate einen positiven Werth hat,

so können wir das mittlere Quadrat der Ordinaten dadurch finden, dass wir die Integration für die ganze Periode ausführen und nicht für die halbe, wie dies bei der Bestimmung der Durchschnittsordinate nöthig war.

Das mittlere Quadrat von y hat den Werth:

$$\frac{\int_0^{2\pi} y^2\,dx}{\int_0^{2\pi} dx} = \frac{a^2}{2\pi} \int_0^{2\pi} \sin^2 x\,dx.$$

Da nun $\sin^2 x = \dfrac{1}{2} - \dfrac{\cos 2x}{2}$, so ist

$$\int_0^{2\pi} \sin^2 x\,dx = \left[\frac{x}{2} - \frac{\sin 2x}{4} \right]_0^{2\pi} = \pi.$$

Durch Einsetzen von π in obiges Integral erhalten wir:

(12) $\qquad$ das mittlere Quadrat von $y = \dfrac{a^2}{2\pi} \cdot \pi = \dfrac{a^2}{2}.$

Die Quadratwurzel des mittleren Quadrates der Ordinaten ist also

$$\frac{a}{\sqrt{2}} = 0{,}707\,a,$$

wo a natürlich die Amplitude bedeutet. Die Quadratwurzel des mittleren Quadrates der momentanen Werthe, der veränderlichen Werthe eines Stromes oder einer E.M.K. nennt man einen virtuellen Strom oder eine virtuelle E.M.K., und ist also gleich 0,707 vom Maximalwerthe des Stromes oder der E.M.K.

Dies ist von Wichtigkeit für die Messung von Wechselströmen, welche auf den Wärmewirkungen und Dynamometerwirkungen des Stromes beruhen.

Periodische Funktionen, welche aus mehreren einfachen Sinusfunktionen zusammengesetzt sind.

Eine einzelwerthige Funktion ist eine solche, welche in jedem Zeitpunkte einen und zwar nur einen Werth hat. Fig. 3

zeigt eine solche. Eine vielwerthige Funktion ist eine solche,
welche in einem Zeitpunkte mehr als einen Werth haben kann.
(Fig. 4.) Eine periodische Funktion ist eine solche, welche
nach einer bestimmten Zeit oder Periode wiederkehrt. Addirt

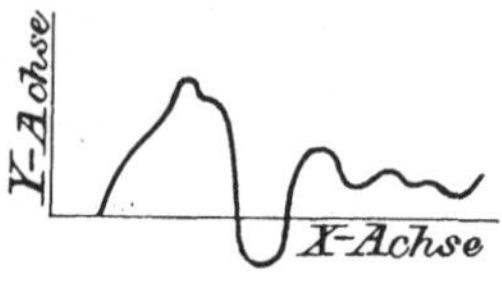

Fig. 3.
Einzelwerthige Funktion

man eine beliebige Anzahl von einfachen Sinusfunktionen von
derselben Periode, so ist die resultirende Summe eine einfache
Sinusfunktion von derselben Periode. Ein strenger Beweis ist
im XIV. Kapitel des II. Theiles durchgeführt und durch Fig. 47

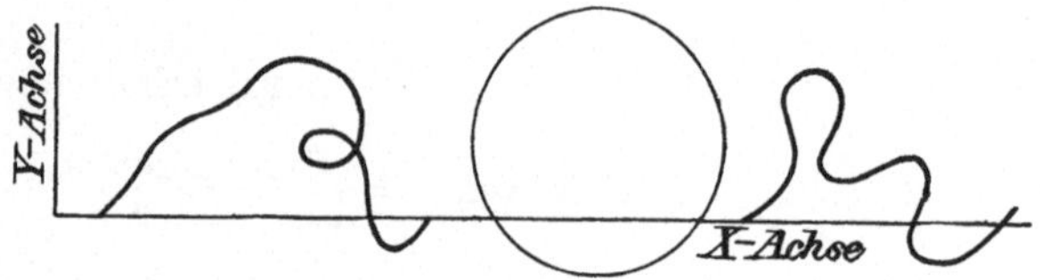

Fig. 4.
Vielwerthige Funktion.

illustrirt. Es ist klar, dass, wenn der Beweis für die Addition
von zwei Kurven erbracht ist, er auch für eine beliebige Anzahl von Kurven gilt. Ein Beispiel der Addition von zwei
einfachen Sinusfunktionen ist durch Fig. 5 gewährt. Hier ist
die fettgedruckte Kurve ebenfalls eine Sinuskurve.

Addirt man eine Anzahl einfacher Sinusfunktionen von
verschiedenen, aber kommensurablen Perioden, so ist die resultirende Summe eine periodische, aber nicht harmonische Funktion von einer Periode, welche dem kleinsten Vielfachen der
einzelnen Perioden gleich ist.

Die beiden fettgedruckten Kurven der Fig. 6 werden durch
Addition der beiden einfachen Sinusfunktionen erhalten, welche
zwar dieselbe Amplitude, aber Perioden im Verhältniss 1 : 2
haben. Die Gleichung für die untere fettgedruckte Kurve ist:

$$y = a \sin \omega\, t + a \sin 2\, \omega\, t,$$

indem die einzelnen Kurven, welche durch die punktirten Linien dargestellt sind, am Koordinatenanfangspunkt gleich Null sind. Die obere Kurve hat die Gleichung:

$$y = a \sin \omega t + a \sin \left(2 \omega t + \frac{\pi}{2} \right) .$$

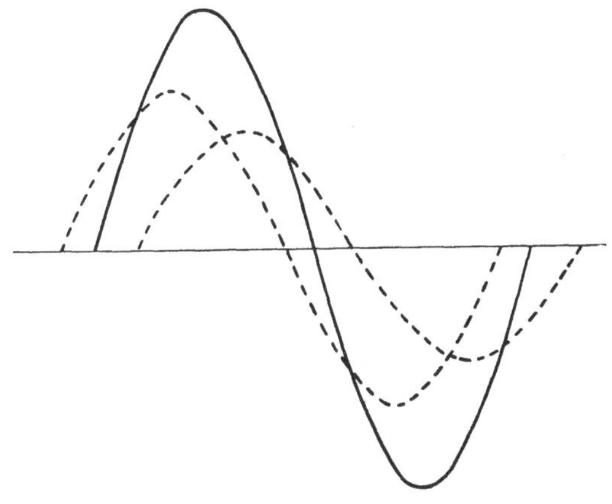

Fig. 5.

Summirung einfach harmonischer Kurven von derselben Periode.

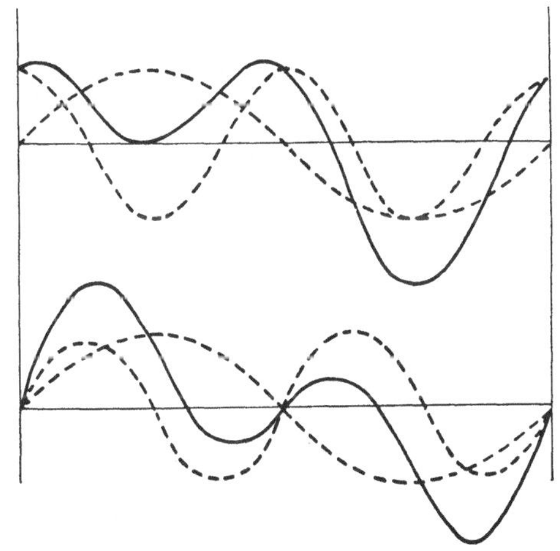

Fig. 6.

Summirung einfach harmonischer Kurven von verschiedener Periode.

Hier sind die Werthe der einfachen Kurven nie zu derselben Zeit gleich Null.

Die Addition von zwei Sinuskurven mit verschiedenen Amplituden und mit Perioden, welche im Verhältnisse von 1 : 3 stehen, wird durch die Fig. 7 und 8 illustrirt.

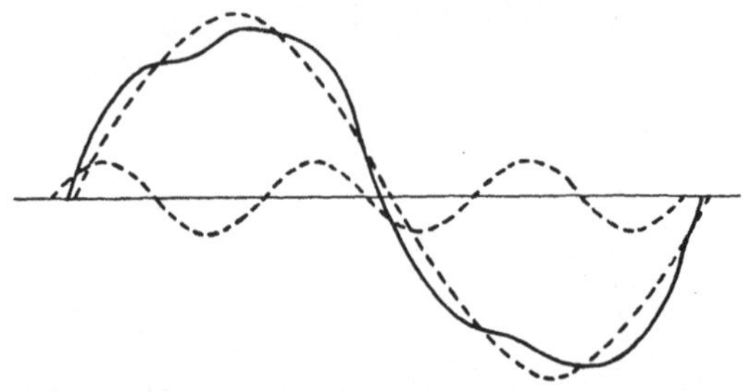

Fig. 7.

Summirung einfach harmonischer Kurven von verschiedener Periode.

Die Komponenten in Fig. 7 haben beim Anfang keine Phasendifferenz. Die resultirende Kurve wird also durch folgende Gleichung dargestellt:

$$y = a \sin \omega t - b \sin 3 \omega t.$$

Die Kurve in Fig. 8 stellt die Gleichung dar:

$$y = a \sin \omega t + b \sin (3 \omega t - \vartheta).$$

Man erhält durch Summirung einer Anzahl von einfachen Sinuskurven von verschiedenen Perioden und Amplituden resultirende periodische Kurven von mannigfaltiger Form.

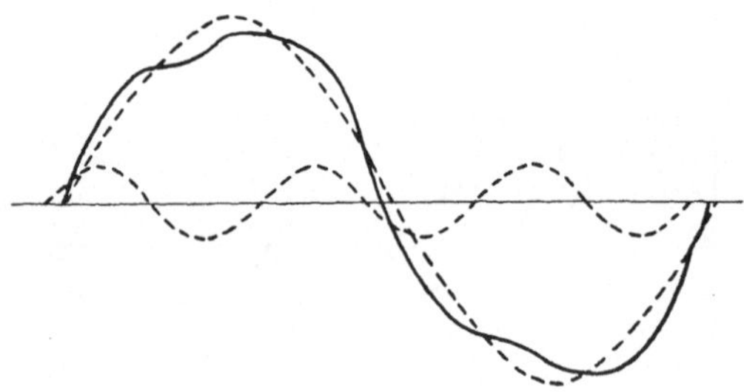

Fig. 8.

Summirung einfach harmonischer Kräfte von verschiedener Periode.

Fourier hat bewiesen, dass jede beliebige einzelwerthige periodische Kurve durch Kombination einer Anzahl einfacher

Sinuskurven konstruirt werden kann. Die analytische Bedeutung für diese Thatsache ist, dass jede einzelwerthige periodische Funktion als die Summe einer Anzahl von Sinusausdrücken dargestellt werden kann. So ist

$$y = f(x) = A \sin \alpha x + B \sin \beta x + C \sin \gamma x \ldots \ldots ,$$

wo f eine einzelwerthige Funktion bedeutet. Dieser Satz gilt für eine beliebige einzelwerthige periodische Funktion, auch für solche, die durch eine Reihe von unregelmässigen geraden Linien dargestellt sind.

Drittes Kapitel.

Stromkreise, welche Widerstand und Selbstinduktion enthalten.

Inhalt: E.M.K. und Energiegleichungen. Das Kennzeichen der Integrirbarkeit. Allgemeine Lösung, wenn $e = f(t)$.

I. Fall: Plötzliche Entfernung der elektromotorischen Kraft. Die Lösung nach der Differentialgleichung — aus der allgemeinen Gleichung. Die geometrische Konstruktion einer logarithmischen Kurve.

II. Fall: Plötzliche Einführung einer E.M.K. Die Lösung nach der Differentialgleichung — allgemeine Lösung.

III. Fall: Einfache harmonische elektromotorische Kraft. Die Lösung nach der allgemeinen Gleichung. Impedanz. Remanenz. Die Wirkung des Exponentialausdrucks beim Schliessen.

IV. Fall: Eine beliebige periodische elektromotorische Kraft. Die Summe zweier Sinusfunktionen. Die Summe einer beliebigen Anzahl von Sinusfunktionen.

Im ersten Kapitel wurde die Energiegleichung für einen Stromkreis, der Selbstinduktion und Widerstand enthielt, und daraus die Gleichung der E.M.K. abgeleitet:

$$(9) \qquad e = R\,i + L\,\frac{di}{dt},$$

d. h., die E.M.K., welche einem Stromkreise ertheilt wird, ist gleich der Summe aus der zur Ueberwindung des Widerstandes nöthigen E.M.K., und derjenigen, die nöthig ist, um die Kraft der Selbstinduktion zu überwinden. Diese Gleichung der E.M.K., welche drei Veränderliche enthält, genügt nicht der Bedingung der Integrirbarkeit; denn, wie man leicht erkennt, muss eine Beziehung zwischen zwei oder mehreren der Veränderlichen bekannt sein, damit Gleichung (9) das genaue Differential einer einzelnen Gleichung sei.

Wir wissen nun aber, dass die treibende E.M.K., e, in irgend einem Zeitpunkt einen einzigen Werth hat und deshalb als eine Funktion der Zeit ausgedrückt werden kann.

$$(14) \qquad e = f(t),$$

wo e eine beliebige einzelwerthige Funktion ist.

Durch Gleichsetzung von (14) und (9) erhalten wir eine lineare Gleichung, welche konstante Koefficienten hat, wo die rechte Seite gleich $\dfrac{f(t)}{L}$ wird. Also

$$(15) \qquad \frac{di}{dt} + \frac{R}{L}\, i = \frac{1}{L}\, f(t).$$

Die allgemeine Form dieser Gleichung ist

$$(16) \qquad \frac{dy}{dx} + P y = Q,$$

wo P und Q nur Funktionen von x sind. Die Lösung der Gleichung 16, welche eine lineare Differentialgleichung der I. Ordnung ist, ist

$$y = \varepsilon^{-\int P\,dx} \int \varepsilon^{\int P\,dx}\, Q\,dx + c\, \varepsilon^{-\int P\,dx}.$$

ε bedeutet die Basis des natürlichen Logarithmensystems und ist gleich 2,718. c ist die willkürliche Integrationskonstante. Diese beiden Buchstaben werden immer in derselben Weise angewandt werden.

Bei den in der Gleichung (15) vorkommenden besonderen Werthen der Koefficienten ist die Lösung daher

$$(17) \qquad i = \frac{1}{L}\, \varepsilon^{-\frac{Rt}{L}} \int \varepsilon^{\frac{Rt}{L}}\, f(t)\,dt + c\, \varepsilon^{-\frac{Rt}{L}}.$$

Dies ist die allgemeine Lösung für den Strom, der in einem Stromkreise fliesst, der Widerstand und Selbstinduktion und eine beliebige elektromotorische Kraft enthält.

Die in (17) angedeutete Integration kann nur ausgeführt werden, wenn wir unter e eine ganz bestimmte Funktion von t verstehen. Wir nehmen also verschiedene Arten und Weisen an, in denen die E.M.K. mit der Zeit sich ändert.

I. Fall. Die Abnahme des Stromes bei der Wegnahme der E.M.K. bei einem Stromkreise, der Widerstand und Selbstinduktion enthält.

Nehmen wir an, dass ein Strom in einem Leiter geflossen sei, bis der permanente Zustand erreicht ist, und dass dann die Quelle der E.M.K. plötzlich entfernt werde, während Widerstand und Selbstinduktion gleich bleiben. Bei dieser Annahme wird die Gleichung der E.M.K. (9)

$$0 = R\,i + \frac{L\,di}{dt}.$$

Die Lösung dieser Gleichung ist leicht, da die Veränderlichen getrennt werden können. Also

$$\frac{di}{i} = -\frac{R}{L}\,dt$$

$$\therefore \log\frac{i}{c} = \frac{R\,t}{L}$$

oder

$$i = c\,\varepsilon^{-\frac{R\,t}{L}}.$$

Die Integrationskonstante c ist durch die besondere Annahme bestimmt, dass in dem Punkte, wo wir die Zeit zu zählen anfangen, der Strom den stetigen Werth I habe. Hieraus folgt $c = I$. Wir haben also

$$(18) \qquad i = I\,\varepsilon^{-\frac{R\,t}{L}}.$$

Bei Benutzung der allgemeinen Gleichung (17) hätten wir (18) sofort schreiben können. Denn da $f(t) = 0$ (cf. 14), so verschwindet das Integral und wir erhalten sofort (18) als Resultat.

Diese Gleichung (18) ist graphisch durch die Fig. 9 dargestellt. Hier bedeuten die Ordinaten die Werthe des Stromes zu irgend welcher Zeit nach Wegnahme der E.M.K.

Die Selbstinduktion verhindert den Strom daran, sofort bis auf den Werth Null zu fallen. Es ist einleuchtend, dass dies geschehen würde, wenn keine Selbstinduktion vorhanden wäre, wie aus der Gleichung (18) hervorgeht. Denn setzen wir

$L = 0$, so wird $i = 0$. Der Strom, der nach Wegnahme der E.M.K. fliesst, heisst Extrastrom der Selbstinduktion. Die Energie, die erforderlich ist, einen solchen Strom zu erzeugen, ist die Energie, welche vorher im Felde aufgespeichert worden war, und wird jetzt also zurückgegeben. Nimmt t den Werth $\dfrac{L}{R}$ an, dann wird der Exponent von $\varepsilon = -1$, und wir haben die Beziehung $\dfrac{I}{i} = \varepsilon = 2{,}71828$.

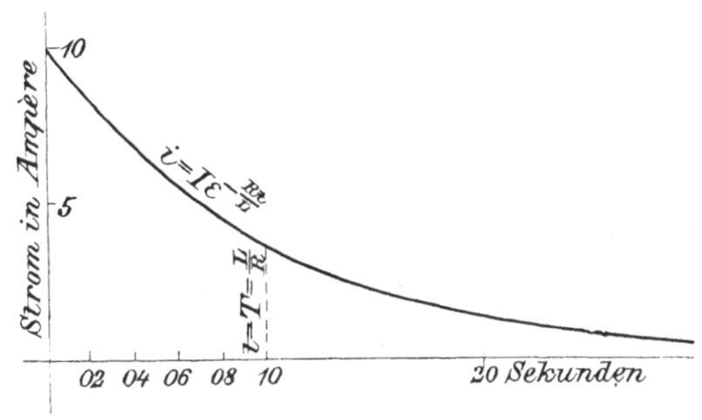

Fig. 9.

Abnahme des Stromes nach Wegnahme der E.M.K.
$R = 0{,}1$ Ohm. $L = 0{,}01$ Henry.

$\dfrac{L}{R}$ stellt deshalb die Zeit vor, die erforderlich ist, um den Strom auf ein εtel seines Anfangswerthes, nämlich $\dfrac{1}{2{,}71828}$ fallen zu lassen. Dieser Werth wird gewöhnlich die Zeitkonstante des Stromkreises genannt und mit T bezeichnet, d. h. $\dfrac{L}{R} = T$. Die Kurve repräsentirt eine Exponentialfunktion der Zeit und nähert sich der x-Achse asymptotisch. Dies bedeutet, dass der Strom kleiner und kleiner wird, aber nicht bis auf Null herabsinkt, als bis eine unendlich grosse Zeit verstrichen ist.

Die geometrische Methode der Konstruktion der logarithmischen Kurve.

Die in Figur 10 und 11 illustrirte Methode ist zur graphischen Darstellung der Gleichung (19) geeignet

$$(19) \qquad\qquad y = c\,\varepsilon^{-a\,x},$$

wo c und a beliebige rationelle Werthe haben mögen.

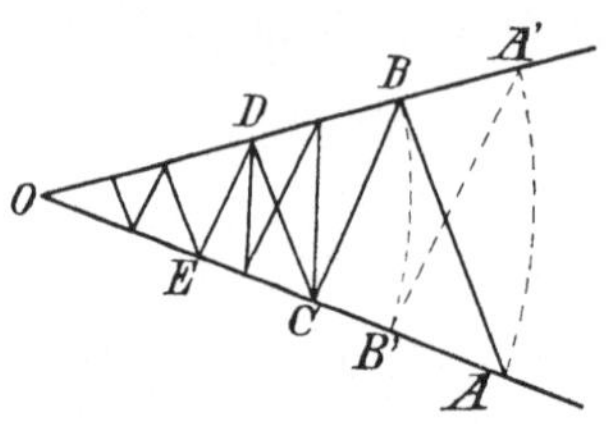

Fig. 10.

Graphische Methode der Konstruktion
einer logarithmischen Kurve.

Man mache $\overline{O\,A} = c$. Dann ist $\overline{O\,A}$ der Werth von y, wenn $x = 0$ ist. Wir bezeichnen ihn mit y_0, d. h. $y_0 = c = \overline{O\,A}$.

Man mache $\overline{O\,B} = c\,\varepsilon^{-a\,x_1}$. Dann ist $\overline{O\,B}$ der Werth von y, wenn $x = x_1$ ist. Man nenne ihn y_1, d. h.

$$y_1 = c\,\varepsilon^{-a\,x_1} = \overline{O\,B}.$$

Deshalb also ist

$$\frac{y_0}{y_1} = \frac{\overline{OA}}{\overline{OB}} = c^{a\,x_1}.$$

Wenn die Bogen $A\,A'$ und $B\,B'$ vom Centrum O aus beschrieben werden, und die Linie $\overline{B\,C}$ der Linie $\overline{A'\,B'}$ parallel gezogen wird, und eine fernere Linie $\overline{C\,D}$ parallel mit $\overline{A\,B}$ u. s. w., wie die Figur illustrirt, dann stellen die Entfernungen $\overline{OA}$, $\overline{OB}$, $\overline{OC}$, $\overline{OD}$ u. s. w. die respektiven Werthe von y dar, wenn x die Werthe von 0, x_1, $2\,x_1$, $3\,x_1$ u. s. w. annimmt. Denn wenn y_0, y_1, y_2, y_3 u. s. w. die Werthe von y bedeuten, wenn x die erwähnten Werthe annimmt, so haben wir

$$y_0 = c$$

$$y_1 = c\,\varepsilon^{-a\,x_1} \qquad \therefore \frac{y_0}{y_1} = \varepsilon^{a\,x_1}$$

$$y_2 = c\,\varepsilon^{-2\,a\,x_1} \qquad \therefore \frac{y_1}{y_2} = \varepsilon^{a\,x_1}$$

$$y_3 = c\,\varepsilon^{-3\,a\,x_1} \qquad \therefore \frac{y_2}{y_3} = \varepsilon^{a\,x_1}$$

$$\frac{y_0}{y_1} = \frac{y_1}{y_2} = \frac{y_2}{y_3} = \frac{y_3}{y_4} = \text{etc.} = \varepsilon^{a\,x_1}.$$

Da $\overline{O\,A} = y_0$ ist, und $\overline{O\,B} = y_1$, so folgt aus der Konstruktion, dass

$$\frac{\overline{O\,A}}{\overline{O\,B}} = \frac{\overline{O\,B}}{\overline{O\,C}} = \frac{\overline{O\,C}}{\overline{O\,D}} = \frac{\overline{O\,D}}{\overline{O\,E}} = \text{etc.} = \varepsilon^{a\,x_1},$$

daher $y_2 = \overline{O\,C}$, $y_3 = \overline{O\,D}$ u. s. w.

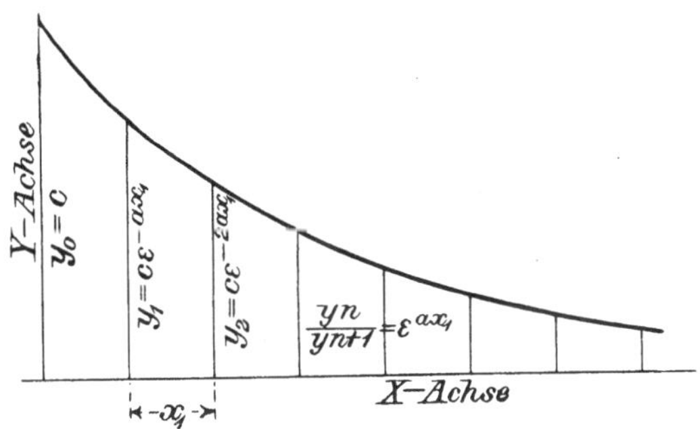

Fig. 11.

Logarithmische Kurven.

Um also die Kurve $y = c\,\varepsilon^{-a\,x}$, Figur 11, zu konstruiren, verfahren wir in folgender Weise: Auf zwei sich schneidenden Linien trage man die Stücke $y_0 = c$ und $y_1 = c\,\varepsilon^{-a\,x_1}$ ab, welch letzterer Werth berechnet werden muss. Man erhält so die Werthe $\overline{O\,C}$, $\overline{O\,D}$ u. s. w. Dann sind y_0, y_1, y_2 etc. oder $\overline{O\,A}$, $\overline{O\,B}$, $\overline{O\,C}$ etc. die aufeinander folgenden Ordinaten der logarithmischen Kurve, Fig. 11, mit den Entfernungen 0, x_1, $2\,x_1$, $3\,x_1$ u. s. w., und die Kurve kann beschrieben werden.

II. Fall. Erzeugung eines Stromes durch Einführung einer E. M. K. in einen Stromkreis, der Widerstand und Selbstinduktion enthält.

Nehmen wir an, dass die Quelle einer konstanten E. M. K. plötzlich in einen Stromkreis mit dem Widerstande R und der Selbstinduktion L eingeführt werde. In diesem Falle ist die Differentialgleichung:

$$(20) \qquad E = R\,i + L\,\frac{di}{dt}\,,$$

wo E eine Konstante ist. Die Veränderlichen können wieder getrennt werden.

$$\frac{di}{i - \dfrac{E}{R}} = -\frac{R}{L}\,dt,$$

und

$$\log\frac{1}{c}\left(i - \frac{E}{R}\right) = -\frac{R\,t}{L}\,,$$

daher

$$i = \frac{E}{R} + c\,\varepsilon^{-\frac{R\,t}{L}}.$$

Die Integrationskonstante c ist bestimmt durch den Umstand, dass wenn $t = 0$, dann auch $i = 0$ wird und deshalb $c = -\dfrac{E}{R}$. Wir haben dann als Resultat

$$(21) \qquad i = \frac{E}{R}\left(1 - \varepsilon^{-\frac{R\,t}{L}}\right) = I\left(1 - \varepsilon^{-\frac{R\,t}{L}}\right).$$

Mit Rücksicht auf die allgemeine Lösung (17) hätten wir $f(t) = E$ eine Konstante einsetzen können und hätten dann gleich die Gleichung (21) schreiben können. Denn in diesem Falle finden wir leicht das verlangte Integral:

$$\int E\,\varepsilon^{\frac{R\,t}{L}}\,dt = E\,\frac{L}{R}\,\varepsilon^{\frac{R\,t}{L}}.$$

Wenn wir dies mit dem Koëfficienten $\dfrac{1}{L}\,\varepsilon^{-\frac{R\,t}{L}}$ multipliciren, so wird die Gleichung (17)

$$i = \frac{E}{R} + c\,\varepsilon^{-\frac{R\,t}{L}}.$$

Wenn wir c durch $-\dfrac{E}{R}$ ersetzen, so erhalten wir

$$i = \frac{E}{R}\left(1 - \varepsilon^{-\frac{R\,t}{L}}\right),$$

ein Resultat, das mit der Gleichung (21) identisch ist.

Wir sehen hier, dass, wenn die Selbstinduktion $= 0$ wird, die Gleichung einfach die Form des Ohm'schen Gesetzes annimmt, d. h. die Selbstinduktion des Stromkreises hindert den Strom daran, sofort seinen vollen Werth nach Einführung der E.M.K. anzunehmen.

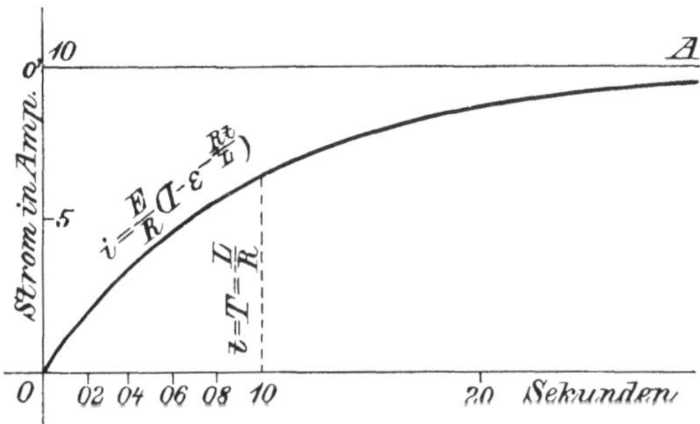

Fig. 12.

Der Strom beim Einführen einer E.M.K., wenn $R = 0,1$ Ohm und $L = 0,01$ Henry.

Das Anwachsen des Stromes mit der Zeit wird durch die Kurve, Fig. 12, illustrirt. Dies ist eine der Fig. 11 ähnliche logarithmische Kurve. Die Ordinaten sind von der horizontalen Linie $O'A$ gemessen, welche von der Achse eine Entfernung hat, die numerisch dem Maximalwerth von I entspricht.

III. Fall. Harmonische E.M.K. in einem Stromkreise, der Widerstand und Selbstinduktion enthält.

Wir nehmen jetzt an, dass in einem Stromkreise, der Widerstand und Selbstinduktion enthält, eine einfache, harmonische E.M.K. wirksam ist, d. h. dass die E.M.K. eine Sinusfunktion der Zeit ist. Daher:

$$(22) \qquad\qquad e = f(t) = E \sin \omega t.$$

Hier ist E die Amplitude oder der Maximalwerth der treibenden E.M.K., und ω bedeutet die Winkelgeschwindigkeit, welche $2\,\pi\,n$ oder $\dfrac{2\,\pi}{T}$ äquivalent ist. Die allgemeine Lösung für den Strom, Gleichung (17), ist:

$$(17) \qquad i = \frac{1}{L}\,\varepsilon^{-\frac{R\,t}{L}} \int \varepsilon^{\frac{R\,t}{L}} f(t)\, dt + c\,\varepsilon^{-\frac{R\,t}{L}}.$$

Setzen wir in (17) den Werth für $f(t)$ nach Gleichung (22) ein, so wird der allgemeine Ausdruck unter der Annahme einer harmonischen E.M.K. wie folgt:

$$(23) \qquad i = \frac{E}{L}\,\varepsilon^{-\frac{R\,t}{L}} \int \varepsilon^{\frac{R\,t}{L}} \sin \omega t\, dt + c\,\varepsilon^{-\frac{R\,t}{L}}.$$

Bevor wir diese Gleichung integriren, wollen wir zunächst die allgemeinen Integrale:

$$\int \varepsilon^{\alpha x} \sin (\beta x + \theta)\, dx \quad \text{und} \quad \int \varepsilon^{\alpha x} \cos (\beta x + \theta)\, dx$$

erhalten.

Wenden wir jetzt die folgende Formel an:

$$\int u\, dv = u\,v - \int v\, du,$$

so werden diese Integrale, wie folgt:

$$\int \sin (\beta x + \theta) \cdot \varepsilon^{\alpha x}\, dx = \sin (\beta x + \theta) \cdot \frac{\varepsilon^{\alpha x}}{\alpha} - \frac{\beta}{\alpha} \int \varepsilon^{\alpha x} \cos (\beta x + \theta)\, dx$$

$$\int \cos (\beta x + \theta) \cdot \varepsilon^{\alpha x}\, dx = \cos (\beta x + \theta) \cdot \frac{\varepsilon^{\alpha x}}{\alpha} + \frac{\beta}{\alpha} \int \varepsilon^{\alpha x} \sin (\beta x + \theta)\, dx.$$

Durch Eliminiren von

$$\int \varepsilon^{\alpha x} \cos (\beta x + \theta)\, dx$$

erhalten wir als eines der gesuchten Integrale:

(24)
$$\int \varepsilon^{a x} \sin (\beta x + \theta)\, dx$$

$$= \frac{\varepsilon^{a x}}{\alpha^2 + \beta^2} \left\{ \alpha \sin (\beta x + \theta) - \beta \cos (\beta x + \theta) \right\}.$$

Durch Eliminiren von

$$\int \varepsilon^{a x} \sin (\beta x + \theta)\, dx$$

aus denselben beiden Gleichungen erhalten wir in gleicher Weise das Integral:

(25)
$$\int \varepsilon^{a x} \cos (\beta x + \theta)\, dx$$

$$= \frac{\varepsilon^{a x}}{\alpha^2 + \beta^2} \left\{ \alpha \cos (\beta x + \theta) + \beta \sin (\beta x + \theta) \right\}.$$

Indem wir nun α durch $\dfrac{R}{L}$, β durch ω, θ durch 0, x durch t in der Gleichung (24) ersetzen, so erhalten wir die in (23) angedeutete Integration, und (23) wird dann

(26)
$$i = \frac{E}{L \left(\dfrac{R^2}{L^2} + \omega^2 \right)} \left(\frac{R}{L} \sin \omega t - \omega \cos \omega t \right) + c\, \varepsilon^{-\frac{R t}{L}}.$$

Diese Gleichung lässt sich vereinfachen durch Anwendung der trigonometrischen Formel (27).

(27)
$$A \sin \theta + B \cos \theta = \sqrt{A^2 + B^2} \, \sin \left(\theta + \operatorname{tang}^{-1} \frac{B}{A} \right).$$

Diese Formel wird in folgender Weise entwickelt:

$$A \sin \theta + B \cos \theta = \sqrt{A^2 + B^2} \left(\frac{A}{\sqrt{A^2 + B^2}} \sin \theta + \frac{B}{\sqrt{A^2 + B^2}} \cos \theta \right).$$

Wenn $\operatorname{tang} \varphi = \dfrac{B}{A}$, dann ist $\sin \varphi = \dfrac{R}{\sqrt{A^2 + B^2}}$ und

$$\cos \varphi = \frac{A}{\sqrt{A^2 + B^2}}.$$

Substituiren wir diese Werthe, so erhalten wir

$$A \sin \theta + B \cos \theta = \sqrt{A^2 + B^2} \, (\cos \Phi \sin \theta + \sin \Phi \cos \theta)$$

$$= \sqrt{A^2 + B^2} \, \sin (\theta + \Phi),$$

und (27) wird so bestätigt.

3*

Bringen wir Gleichung (26) durch Anwendung von (27) auf ihre einfachste Form, so können wir aus Gleichung (26) den Werth des Stromes in einem beliebigen Zeitpunkte finden.

$$(28) \qquad i = \frac{E}{\sqrt{R^3 + L^2\,\omega^2}}\,\sin\left(\omega\,t - \mathrm{tang}^{-1}\,\frac{L\,\omega}{R}\right) + c\,\varepsilon^{-\frac{R\,t}{L}}.$$

Erörterung der Stromgleichung.

Nach einer sehr kurzen Zeit wird der Exponentialausdruck, der die willkürliche Konstante der Integration enthält, unmessbar klein und kann vernachlässigt werden. Die Wirkung, die der Exponentialausdruck während dieser kurzen Zeit hat, soll später untersucht werden. Die Gleichung zeigt, dass, wenn eine harmonische E.M.K. in einem Stromkreise wirkt, der Strom ebenfalls eine Sinusfunktion der Zeit ist, und dass der Strom um einen Winkel hinter der E.M.K. zurückbleibt, dessen Tangente $= \dfrac{L\,\omega}{R}$ ist. Ist keine Selbstinduktion vorhanden, und ist $L = 0$, so nimmt die Gleichung (28) diese Form an:

$$i = \frac{E}{R}\,\sin\,\omega\,t,$$

was dem Ohm'schen Gesetz entspricht. So verursacht also die Selbstinduktion nicht nur ein Zurückbleiben des Stromes hinter der treibenden E.M.K., sondern sie verringert auch den Maximalwerth des Stromes.

Wenn $\sin\left(\omega\,t - \mathrm{tang}^{-1}\,\dfrac{L\,\omega}{R}\right)$ gleich 1 wird, so hat der Strom seinen Maximalwerth I und

$$(29) \qquad I = \frac{E}{\sqrt{R^2 + L^2\,\omega^2}}.$$

Der Werth von $\sqrt{R^2 + L^2\omega^2}$ wird Impedanz genannt und ist der anscheinende Widerstand eines Stromkreises, welcher Ohm'schen Widerstand und Selbstinduktion bei einer harmonischen E.M.K. enthält.

Die Gleichung (29) lässt sich schreiben:

$$(30) \qquad \text{der Maximalstrom} = \frac{\text{Maximal E.M.K.}}{\text{Impedanz}}.$$

Da der virtuelle Strom $= \dfrac{1}{\sqrt{2}}$ des Maximalstromes ist, und

die virtuelle E.M.K. $= \dfrac{1}{\sqrt{2}}$ der Maximal E.M.K. ist — siehe

Gleichung (12) —, so können wir schreiben

$$(31) \qquad \text{der virtuelle Strom} = \frac{\text{virtuelle E.M.K.}}{\text{Impedanz}} .$$

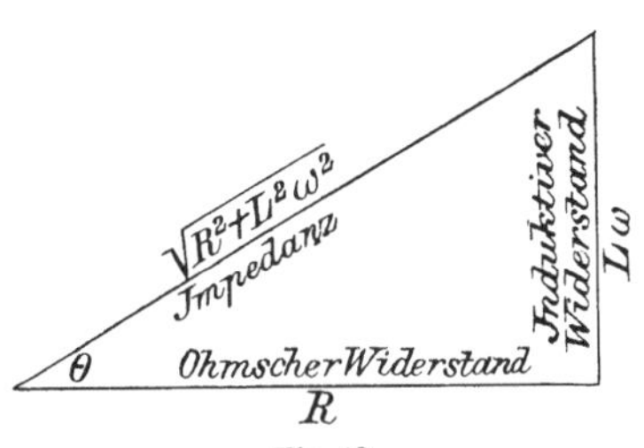

Fig. 13.

Werth der Impedanz.

Der Werth der Impedanz ist in Fig. 13 graphisch dargestellt. $L\omega$ wird zuweilen Induktionswiderstand zum Unterschied vom Ohm'schen Widerstand R genannt.

Es ist oben bewiesen worden, dass die Tangente des Verzögerungswinkels $= \dfrac{L\omega}{R}$ ist. Der Verzögerungswinkel ist also
in der Fig. 13 mit θ bezeichnet.

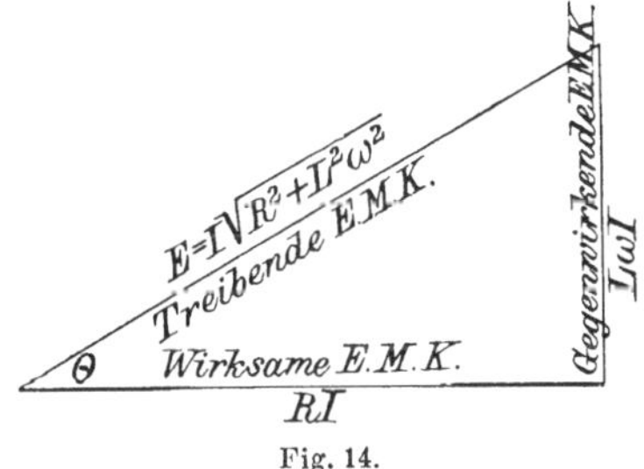

Fig. 14.

Werth der treibenden E.M.K.

Das Dreieck kann so beschrieben werden, dass die drei
Seiten je eine E.M.K. wie in Fig. 14 bedeuten. Hier stellt RI
die E.M.K. dar, die nothwendig ist, um den Ohm'schen Widerstand zu überwinden, sie hat dieselbe Richtung wie der Strom.

$L\omega I$ ist rechtwinklig dazu und repräsentirt die Gegen-E.M.K. der Selbstinduktion. $I\sqrt{R^2 + L^2\omega^2}$ ist die treibende E.M.K. θ ist der Winkel, um den der Strom hinter der treibenden E.M.K. zurückbleibt.

Eine gründliche Erörterung der Strom- und E.M.E.-Dreiecke wird in der graphischen Behandlung der Stromkreise mit Widerstand und Selbstinduktion, Kapitel XV, gegeben.

Es ist räthlich, die Impedanz als einen Widerstand zu betrachten, und die Berechtigung hierzu geht aus ihren Dimensionen hervor, welche dieselben sind, wie die eines Widerstandes, d. h. eine Geschwindigkeit im elektromagnetischen Maasssystem.

Die Dimensionen des Widerstandes R sind $\dfrac{\text{Länge}}{\text{Zeit}} = \text{Ge-}$ schwindigkeit.

Die Dimension des Koefficienten L ist eine Länge. Die Dimension einer Winkelgeschwindigkeit ω ist $\dfrac{1}{\text{Zeit}}$.

Deshalb sind die Dimensionen von $L\omega$ gleich $\dfrac{\text{Länge}}{\text{Zeit}} = $ Geschwindigkeit, und so hat die Impedanz dieselben Dimensionen wie der Widerstand.

Die Erklärung des Exponentialausdrucks.

Indem wir uns wieder der Stromgleichung (28) zuwenden, wollen wir den Exponentialausdruck $c\,\varepsilon^{-\frac{Rt}{L}}$ näher untersuchen, der in der kurzen Zeit nach der Schliessung, d. h. nachdem die einfache harmonische E.M.K. eingeführt wurde, zur Geltung kommt. Die Stromgleichung (28) kann in folgender Weise geschrieben werden:

$$(32) \qquad i = I\sin\psi + c\,\varepsilon^{-\frac{Rt}{L}} ;$$

wo

$$I = \frac{E}{\sqrt{R^2 + L^2\omega^2}} ,$$

und

$$\psi = \omega t - \tang^{-1}\frac{L\omega}{R} ;$$

d. h. I repräsentirt den Maximalwerth und ψ die Phase des Stromes. Die E.M.K. wird zur Zeit t_1 eingeführt. In diesem Zeitpunkte ist der Strom gleich Null, denn der Stromkreis wurde eben geschlossen. Nennen wir ψ_1 den Werth von ψ, wenn $t = t_1$ ist bei der Einführung der E.M.K., so wird die Gleichung (32)

$$0 = I \sin \psi_1 + c \, \varepsilon^{-\frac{Rt}{L}}$$

und

$$(33) \qquad c = - I \, \varepsilon^{+\frac{Rt_1}{L}} \sin \psi_1.$$

Setzen wir diesen Werth von c in die Gleichung (32) ein, so nimmt die Stromgleichung folgende Gestalt an:

$$(34) \qquad i = I \sin \psi - I \, \varepsilon^{-\frac{R}{L}(t - t_1)} \sin \psi_1.$$

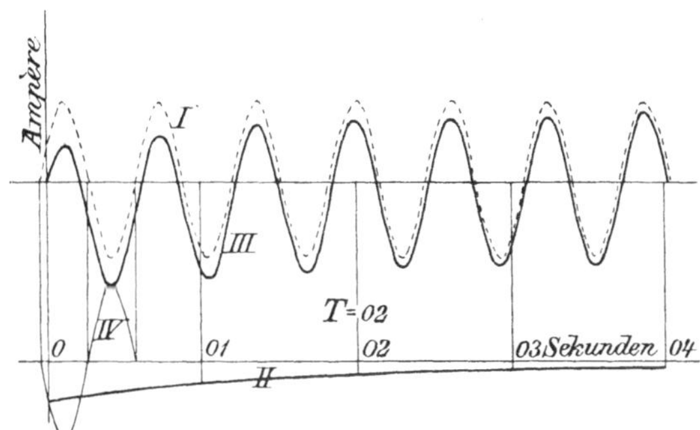

Fig. 15.

Wirkung des Exponentialausdrucks beim Schliessen, wenn $L = 1$ Henry, $R = 50$ Ohm, $\omega = 1000$, $\psi = 30^0$.

Diese Gleichung lässt sich am besten durch Hinweis auf Fig. 15, die die Kurve der Gleichung darstellt, klar machen. Die besonderen Werthe, die in diesem Falle gewählt wurden, sind

$$L = 1 \text{ Henry}$$
$$R = 50 \text{ Ohm}$$
$$\omega = 1000$$
$$\psi_1 = 30^0.$$

Die resultirende Stromkurve *III* besteht aus zwei Komponenten, $I \sin \psi$ und $- I \varepsilon^{-\frac{R}{L}(t - t_1)} \sin \psi_1$, die bzw. durch die Kurven *I* und *II* repräsentirt werden.

Die Kurve *I* ist eine Sinuskurve, und die Kurve *II* ist eine logarithmische Kurve. Die Wirkung der letzteren auf den resultirenden Strom wird nach sehr kurzer Zeit unmerklich; im vorliegenden Falle nach 5 oder 10 Perioden. Der Anfangswerth dieser logarithmischen Kurve ist gleich und entgegengesetzt dem Werthe der Ordinate der durch die Sinuskurve *I* zur Zeit t repräsentirten Komponente, wenn die E.M.K. eingeführt wird.

Dies erhellt aus der Gleichung, indem nämlich der Anfangswerth der logarithmischen Kurve $- I \sin \psi$ und der Werth der Sinuskurve, wenn $t = t_1$, gleich $+ I \sin \psi$ ist.

Konstruirt man eine fernere Kurve *IV*, so dass ihre Ordinaten die Anfangswerthe der logarithmischen Kurve darstellen, wenn die E.M.K. an verschiedenen Punkten der Periode eingeführt wird, so sieht man, dass es einfach eine Sinuskurve ist, die mit der Kurve *I* übereinstimmt, aber umgekehrt ist, d. h. 180⁰ Phasendifferenz hat.

Schliesslich sehen wir, dass die Wirkung des Exponentialausdrucks in der Gleichung am grössten ist, wenn die E.M.K. dann eingeführt wird, wenn der Strom seinen Maximalwerth erreicht hat. Dieser Ausdruck hat keine Wirkung, wenn die E. M. K. dann eingeführt wird, wenn der Strom auf den Werth Null gefallen ist.

IV. Fall. Eine periodische E.M.K., die nicht harmonisch ist, in Stromkreisen, die Widerstand und Selbstinduktion enthalten.

Im Falle III war die Lösung für einen Stromkreis gegeben worden, der eine E. M. K. hat, die eine einfache Sinusfunktion der Zeit ist. Wir nehmen jetzt an, dass die E. M. K. keinem einfachen Sinusgesetz folgt, sondern dass sie die Summe von zwei Komponenten sei, von denen jeder einem Sinusgesetz folgt, d. h.

$$(35) \qquad e = E_1 \sin \omega t + E_2 \sin (b \omega t + \theta).$$

Setzen wir in den allgemeinen Ausdruck für den Strom

diesen Werth für $f(t)$ ein, so erhalten wir

$$(36) \qquad i = \frac{E_1}{L}\,\varepsilon^{-\frac{Rt}{L}} \int \varepsilon^{\frac{Rt}{L}} \sin \omega t\, dt$$

$$+ \frac{E_2}{L}\,\varepsilon^{-\frac{Rt}{L}} \int \varepsilon^{\frac{Rt}{L}} \sin(b\,\omega\,t + \theta)\, dt + c\,\varepsilon^{-\frac{Rt}{L}}.$$

Indem wir die angedeuteten Integrationen mittelst der Integrationsformel (24) ausführen, erhalten wir:

$$(37) \qquad i = \frac{E_1}{L\left(\dfrac{R^2}{L^2} + \omega^2\right)} \left\{ \frac{R}{L} \sin \omega t - \omega \cos \omega t \right\}$$

$$+ \frac{E_2}{L\left(\dfrac{R^2}{L^2} + b^2\,\omega^2\right)} \left\{ \frac{R}{L} \sin(b\,\omega\,t + \theta) - b\,\omega \cos(b\,\omega\,t + \theta) \right\}$$

$$+ c\,\varepsilon^{-\frac{Rt}{L}}.$$

Vereinfachen wir diese Form mit Benutzung von (27), so erhalten wir

$$(38) \qquad i = \frac{E_1}{\sqrt{R^2 + L^2\,\omega^2}} \sin\left(\omega\,t - \tan^{-1}\frac{L\,\omega}{R}\right)$$

$$+ \frac{E_2}{\sqrt{R^2 + L^2\,b^2\,\omega^2}} \sin\left(b\,\omega\,t + \theta - \tan^{-1}\frac{L\,b\,\omega}{R}\right)$$

$$+ c\,\varepsilon^{-\frac{Rt}{L}}.$$

Wir erkennen aus dieser Gleichung, dass jede einfache harmonische E. M. K. einen Sinusausdruck in der resultirenden Stromgleichung beiträgt. Das Resultat kann deshalb leicht erweitert werden, und wir können allgemein sagen, dass, wenn n einfache harmonische E.M.K.K. von der Form $E \sin(b\,\omega\,t + \theta)$ vorhanden sind, wo E, b und θ in jedem einzelnen Ausdruck verschiedene Werthe haben, die Stromgleichung dann die Summe von n Ausdrücken von folgender Form sein wird:

$$\frac{E}{\sqrt{R^2 + L^2\,b^2\,\omega^2}} \sin\left\{ b\,\omega\,t + \theta - \tan^{-1}\frac{L\,b\,\omega}{R} \right\},$$

hierzu muss noch der Ausdruck $c\,\varepsilon^{-\frac{Rt}{L}}$, welcher die willkürliche Konstante enthält, addirt werden.

Hier haben E, b und θ die gleichen Werthe in jedem Ausdruck wie in dem entsprechenden Ausdruck der treibenden E. M. K.

Drücken wir den Strom als die Summe seiner einzelnen Elemente aus, so erhalten wir

$$(39)\qquad i = \sum_{E,\,b,\,\theta} \frac{E}{\sqrt{R^2 + L^2\,b^2\,\omega^2}}\,\sin\left\{ b\,\omega\,t + \theta - \tan^{-1}\frac{L\,b\,\omega}{R} \right\}$$

$$+\,c\,\varepsilon^{-\frac{Rt}{L}},$$

wo die treibende E. M. K. ist

$$(40)\qquad e = \sum_{E,\,b,\,\theta} E\sin\,(b\,\omega\,t + \theta).$$

In diesen Summen können E, b und θ n Werthe haben, aber in jedem Summanden müssen sie dieselben Werthe haben, so dass also in jeder Summe dieselbe Anzahl von Ausdrücken entsteht.

Fourier hat zuerst gezeigt, dass eine solche Summe von einfachen Sinusausdrücken, wie sie Gleichung (39) aufweist, eine jede beliebige einzelwerthige Funktion darstellen kann. Hieraus geht hervor, dass die Gleichung den allgemeinsten Fall eines Stromes darstellt, der in einem Stromkreise mit Widerstand und Selbstinduktion fliesst. Die Gleichung kann also einen Strom ausdrücken, der von einer beliebigen E. M. K. getrieben wird.

Die Prüfung dieses allgemeinsten Ausdrucks für den Strom verschieben wir, bis wir den Fall geprüft haben, wo nicht nur Widerstand und Selbstinduktion im Stromkreise sind, sondern auch Kapacität.

Viertes Kapitel.

Einleitung zur Abhandlung von Stromkreisen, die Widerstand und Kapacität enthalten.

Inhalt: Allgemeine Uebersicht. Ladung. Gesetz der Kraft. Die Einheit der Ladung. Die Arbeit bei Verschiebung einer Ladung. Das Potential. Kapacität. Die Energie der Ladung. Der Kondensator, seine Energie und Kapacität. Die Kapacität paralleler Platten; von kontinuirlichen Leitern. Die Energiegleichung in Ausdrücken von i; in Ausdrücken von q. Die Gleichung von E. M. K. K.

Im ersten Kapitel wurden nur die fundamentalen Principien erörtert, die zur Ableitung der Energiegleichung für Stromkreise nöthig sind, die nur Widerstand und Selbstinduktion enthalten. Im dritten Kapitel folgte dann die Lösung dieser Differentialgleichung, die uns in Stand setzte, den Strom zu finden, der zu irgendwelcher Zeit fliesst. In ähnlicher Weise wollen wir in diesem Kapitel die Grundprincipien auseinandersetzen, deren Kenntniss zur Ableitung der Energiedifferentialgleichung für Stromkreise, die Widerstand und Kapacität enthalten, nöthig ist, und im folgenden Kapitel werden wir die allgemeine Lösung dieser Differentialgleichung und ihre Anwendung auf verschiedene einzelne Fälle angeben.

Das Gesetz der Kraft.

Jedermann weiss, dass Körper mit Elektricität geladen werden können, und dass zwei gleichnamige Ladungen sich abstossen und zwei ungleichnamige Ladungen sich anziehen. Coulombe fand auf experimentellem Wege, dass, wenn wir zwei Ladungen haben, von denen jede in einem Punkt koncentrirt ist, dann die Kraft der Anziehung oder Abstossung dem Produkt der beiden Ladungen direkt und dem Quadrate der Entfernungen zwischen den beiden Punkten umgekehrt proportional ist, d. h.

$$F \sim \frac{q\,q_1}{r^2},$$

wo q und q_1 die Quantitäten der Ladungen bedeuten, r die Entfernung, und F die zwischen ihnen wirkende Kraft. Wenn die Quantitäten dasselbe Vorzeichen haben, so ist das Produkt $q\,q_1$ positiv, und deshalb hat die Kraft der Abstossung ein positives Vorzeichen. Die Kraft der Anziehung hat also ein negatives Vorzeichen.

Ist die Entfernung zwischen diesen Punkten $= 1$, sind die Ladungen gleich und ist die zwischen ihnen wirkende Kraft gleich der Einheit der Kraft, so nennt man jede Ladung eine Einheit der Ladung. Die Definition der Einheit einer elektrostatischen Ladung im C.G.S.-System ist also:

diejenige Quantität, die, bei einer Entfernung von 1 cm von einer gleichen Quantität, dieselbe mit einer Kraft von einem Dyn abstösst. Werden diese Maasse angewandt und ist das Medium ein Vakuum, so lässt sich das Gesetz der Kraft in folgender Weise bezeichnen:

$$F = \frac{q\,q'}{r^2}.$$

Ist das Medium kein Vakuum, so ist die Kraft geringer und gleich

$$F = \frac{q\,q'}{\varkappa\,r^2},$$

wo $\varkappa$ eine konstante Quantität ist, die man die dielektrische Konstante des betr. Mediums nennt.

Das Potential.

Da zwischen zwei elektrischen Ladungen eine Kraft wirksam ist, so wird mechanische Arbeit verrichtet, wenn eine von den beiden so bewegt wird, dass die Entfernung zwischen ihnen verändert wird. Die Arbeit, die bei der Bewegung eines beliebigen Körpers gegen eine gleichförmige Kraft geleistet wird, ist gleich dem Produkt aus der Kraft und der Entfernung, durch die der Körper gegen diese Kraft bewegt wird. Die Kraft, die zwischen den Ladungen q und q_1 wirksam ist, ist $\frac{q\,q'}{r^2}$. Werden sie in beliebiger Richtung bewegt, so dass die Entfernung zwischen ihnen $r + dr$ wird, dann ist die gethane Arbeit gleich der Kraft $\frac{q\,q_1}{r^2}$ multiplicirt mit dr, indem wir die Kraft innerhalb der sehr kleinen Entfernung dr als konstant betrachten. Die Arbeit ist also

$$d\,W = \frac{q\,q_1}{r^2}\,dr.$$

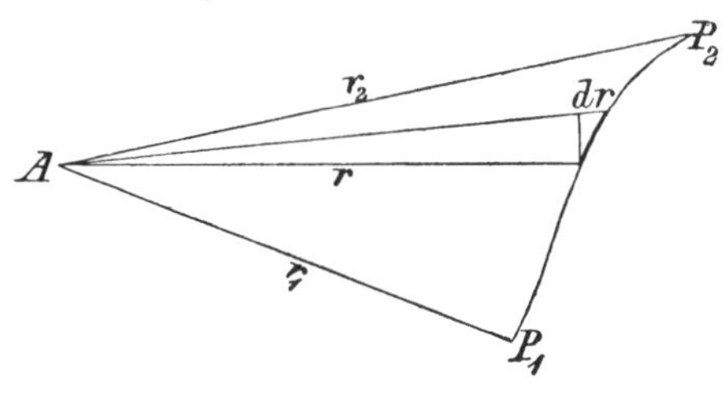

Fig. 16.

Die Arbeitsleistung bei der Bewegung eines geladenen Leiters.

Nehmen wir an, eine Ladung q befinde sich im Punkte A (Fig. 16) und eine Ladung q_1 werde vom Punkte P_1 zum Punkte P_2 gebracht, dann ist die gethane Arbeit gleich:

$$W = \int_{r_1}^{r_2} \frac{q\,q'}{r^2}\,dr = q\,q'\left(\frac{1}{r_1} - \frac{1}{r_2}\right),$$

oder, die gegen die elektrische Kraft gethane Arbeit ist

$$q\,q_1\left(\frac{1}{r_2} - \frac{1}{r_1}\right).$$

Man sieht also, dass die Arbeit, die verrichtet wird, wenn man eine Ladung von einem Punkt zum andern bringt, von dem Wege, auf dem sie sich bewegt, unabhängig ist und nur von der Anfangs- und Endentfernung zwischen den beiden Ladungen q und q_1 abhängt. Ist die Entfernung r_1 unendlich (d. h. bringt man die Ladung q' aus einer unendlichen Entfernung nach einem Punkte, der die Entfernung r_2 hat), so ist die gegen die E.K. geleistete Arbeit einfach:

$$W = \frac{q\,q'}{r_2}.$$

Ist $q' = 1$ und bewegt man die Einheit der Ladung, so wird die Arbeit gleich:

$$W = \frac{q}{r_2}.$$

Man sieht, dass jeder Punkt in der Umgebung einer elektrischen Ladung eine gewisse Eigenthümlichkeit besitzt, durch die der Betrag an Arbeit bedingt ist, die geleistet werden muss, um eine Ladung aus der Unendlichkeit an jenen Punkt zu bringen. Diese Eigenschaft des Punktes heisst sein Potential. Das Potential V eines Punktes definirt man daher als die Arbeit, die beim Hinbringen einer positiven Ladungseinheit aus unendlicher Entfernung an jenen Punkt geleistet wird. Es ist also $V = \frac{q}{r}$. Dieses Potential ist positiv, wenn die Arbeit positiv ist, d. h. wenn die Arbeit von einer ausserhalb des Systems befindlichen Kraft geleistet wird.

Das Potential an einem Punkte, das durch die Anwesenheit einer Anzahl von Ladungen bedingt ist, wovon jede an einem Punkte koncentrirt ist, ist die Summe der Potentiale, welche jede einzelne Ladung unabhängig an jenem Punkt hervorrufen würde, also:

$$V = \sum \frac{q}{r}.$$

Ist eine Ladung auf einer Fläche vertheilt und ist dq die Ladung auf jedem Elemente der Fläche, dann ist das Potential an irgend einem Punkte, das durch diese geladene Fläche hervorgerufen wird, gleich der Summe der Potentiale, welche durch jede einzelne elementare Ladung hervorgerufen werden, d. h.

$$V = \int \frac{dq}{r}.$$

Das Potential an jedem Punkte eines guten Leiters ist gleich, da die Elektricität sich so auf dem Körper vertheilen wird, dass keine Arbeit verrichtet werden würde, wenn man eine Ladung von einem Punkte des Leiters nach einem anderen bringen würde. Dieses Potential V nennt man das Potential am Leiter und vom Leiter sagt man, er sei auf das Potential V gebracht. Das Potential am Leiter kann seinen Ursprung theilweise oder gänzlich einer auf dem Leiter befindlichen Ladung verdanken.

Die Kapacität eines Leiters.

Die Kapacität eines elektrostatisch geladenen Körpers ist seiner Ladung direkt proportional, d. h. $V \sim q$, oder $q = CV$, wo C eine Konstante bedeutet. Nehmen wir an, der Körper besässe eine Einheit und sein Pontential sei V. Dann verdoppelt eine zweite Einheit der Ladung, die von der Unendlichkeit an den Körper hingebracht wird, seine ursprüngliche Ladung. Das Potential ist dann $2\,V$, denn das Potential ist die Arbeit, welche geleistet wird, wenn eine Einheit der Ladung aus unendlicher Entfernung an einen Punkt gebracht wird, und die Arbeit, die erforderlich ist, um die Einheit der Ladung zu einem Körper mit der Quantität $2\,q$ zu bringen, ist doppelt so gross als die Arbeit, die geleistet wird, wenn die Einheit der Ladung zu einem Körper mit der Quantität q gebracht wird. Hieraus folgt, dass q proportional V ist und ist folglich gleich V multiplicirt mit einer Konstanten, d. h.

$$(41) \qquad\qquad q = CV.$$

Wird ein Körper auf die Einheit des Potentials gebracht, indem man ihm die Ladung q ertheilt, dann ist q gleich C. Man definirt deshalb C als diejenige Quantität der Elektricität, die den Körper auf die Einheit des Potentials bringt. Man nennt sie die Kapacität des Leiters. Die Kapacität hängt von der Grösse und geometrischen Form des Leiters ab und die specifische Induktionskonstante, auch dielektrische Konstante genannt, von dem umgebenden Medium.

Die Energie eines geladenen Leiters.

Nehmen wir an, ein Körper besitze die Ladung q und das Potential V, dann ist die Arbeit, die geleistet werden muss, um eine Einheit der Elektricität aus unendlicher Entfernung zu dem Körper zu bringen, gemäss der Definition gleich V. (Dies ist nur richtig unter der Voraussetzung, dass die Ladung q

im Vergleich mit der Einheit der Quantität so gross ist, dass ihr Potential sich durch Zufügung der Einheit der Quantität nicht merklich ändert.) Bringen wir unter denselben Umständen nicht eine Einheit der Quantität, sondern die Quantität dq heran, so ist die geleistete Arbeit gleich $V\,dq$, und dieses ist der Zuwachs an Energie, den die Ladung q erhält, d. h.

$$(42) \qquad\qquad dW = V\,dq.$$

Mit Bezugnahme auf Gleichung (41) können wir V jederzeit durch den identischen Werth $\dfrac{q}{C}$, oder dq durch $C\,dV$ ersetzen und wir erhalten die Gleichungen

$$dW = \frac{q\,dq}{C}$$

$$dW = C\,V\,dV.$$

Durch Ausführung der Integration zwischen den Grenzen 0 und q, bzw. 0 und V, erhalten wir

$$W = \frac{1}{2}\,\frac{q^2}{C}$$

$$W = \frac{1}{2}\,C\,V^2.$$

Da $q = CV$, so kann man auch schreiben

$$(43) \qquad\qquad W = \frac{1}{2}\,q\,V.$$

Hier bedeutet W die potentielle Energie, die der geladene Körper besitzt, da wir als Grenzen der Integration 0 und q, bzw. 0 und V genommen haben.

Die Kapacität und Energie eines Kondensators.

Das Princip eines Kondensators besteht darin, dass die Kapacität eines Leiters durch die Nähe eines anderen ähnlichen Leiters, der durch irgend ein nicht leitendes Mittel — dielektrische Substanz — von ihm getrennt ist, vergrössert wird. Wir nehmen an, dass diese dielektrische Substanz ein absoluter Nichtleiter sei. Ein Kondensator besteht gewöhnlich aus zwei Systemen von parallelen Platten, die abwechselnd mit einander verbunden sind. Die Entfernung zwischen ihnen ist sehr klein, verglichen mit den Dimensionen der Platten.

Die Gesammtenergie eines geladenen Kondensators lässt sich leicht finden dadurch, dass man gemäss Gleichung (43) die einzelnen Energiemengen der geladenen Platten addirt.

Haben die Platten eines Kondensators die Ladungen q und $-q$ mit den dazu gehörigen Potentialen V_1 und V_2, so ist die Gesammtenergie

$$(44) \qquad W = \frac{1}{2} q V_1 - \frac{1}{2} q V_2 = \frac{1}{2} q (V_1 - V_2),$$

d. h. die Energie eines geladenen Kondensators ist gleich dem halben Produkt aus der Ladung einer der Platten und der Potentialdifferenz zwischen denselben. Ist diese Potentialdifferenz $= V$, dann ist die Energie des geladenen Kondensators

$$(45) \qquad W = \frac{1}{2} q V.$$

Die Kapacität C eines Kondensators ist diejenige Quantität der Elektricität, die sich auf einer Platte befindet, wenn die Einheit der Potentialdifferenz zwischen den Platten besteht; und ist die Potentialdifferenz V, dann ist die Ladung:

$$(46) \qquad q = C V.$$

Man kann beweisen, dass die Kapacität eines Kondensators, der aus parallelen Platten von gleicher Fläche besteht, deren Entfernung von einander im Vergleich mit den Dimensionen der Platten klein ist, der Fläche der Platten proportional und der Entfernung zwischen den Platten umgekehrt proportional ist und dass die Kapacität

$$(47) \qquad C = \frac{A}{4 \pi d},$$

wo A die Fläche einer Platte und d die Entfernung zwischen den Platten bedeutet.

Nähern sich die Platten eines Kondensators mehr und mehr, so wird die Kapacität grösser und grösser. Im Grenzfalle, wo die Platten sich berühren, wird die Kapacität unendlich gross, d. h. wie gross auch die Ladung einer Platte sein mag, es kann keine Potentialdifferenz zwischen ihnen bestehen. Wenn also ein Stromkreis aus einem kontinuirlichen Leiter besteht, d. h. wenn kein Kondensator eingeschaltet ist, so kann man von diesem Stromkreis sagen, dass ein Kondensator von unendlicher Kapacität eingeschaltet sei.

Kombiniren wir die Gleichung (45) und (46), so können wir die Energie der Ladung eines Kondensators durch Kapacität und Potential ausdrücken, oder durch Kapacität und Ladung, also:

$$(48) \qquad W = \frac{1}{2}\, C\, V^2 = \frac{1}{2}\, \frac{q^2}{C}\,.$$

Der Zuwachs an Energie dW beträgt, wenn das Potential und die Ladung gleichzeitig sich ändern:

$$(49) \qquad dW = C\, V\, dV = \frac{q\, dq}{C}\,.$$

Die Energiegleichung.

Wir können jetzt die Energiegleichung für einen elektrischen Stromkreis aufstellen, in welchen ein Widerstand R und ein Kondensator von der Kapacität C eingeschaltet ist.

Die Gesammtenergie, die dem Stromkreis durch die elektromotorische Kraft ertheilt wird, ist $e\, i\, dt$, und derjenige Theil der Energie, welcher dazu dient, um in der Zeit dt den Leiter zu erwärmen, ist, wie aus der Gleichung (5) und (4) hervorgeht, $R\, i^2\, dt$. Die Energie, die erforderlich ist, um in der Zeit dt die Ladung des Kondensators zu ändern, ist $\frac{dW}{dt}\, dt$.

Da nach der Voraussetzung dies die beiden einzigen Arten sind, in denen von der treibenden Kraft Energie ertheilt wird, so erhalten wir die Energiegleichung

$$(50) \qquad e\, i\, dt = R\, i^2\, dt + \frac{dW}{dt}\, dt.$$

Aus der Gleichung (49) geht hervor, dass $dW = \frac{q\, dq}{C}$; folglich erhalten wir:

$$(51) \qquad e\, i\, dt = R\, i^2\, dt + \frac{q}{C}\, \frac{dq}{dt}\, dt.$$

Fliesst ein Strom i während der Zeit dt in einen Kondensator, so ist die Quantität, welche geflossen ist, $= i\,dt$. Diese ist aber der Zuwachs an Ladung, die der Kondensator empfangen hat, d. h.

$$dq = i\,dt;$$

deshalb

$$(52) \qquad q = \int i\,dt.$$

Setzen wir diese Werthe von q und i in die Gleichung (51) ein, so erhalten wir zwei Formen der Energiegleichung.

$$(53) \qquad e\,i\,dt = R\,i^2\,dt + \frac{i\,dt \int i\,dt}{C}:$$

$$(54) \qquad e\,\frac{dq}{dt}\,dt = R\left(\frac{dq}{dt}\right)^2 dt + \frac{q}{C}\,\frac{dq}{dt}\,dt.$$

Dividiren wir (53) durch $i\,dt$, und (54) durch den gleichen Werth dq, so erhalten wir

$$(55) \qquad e = R\,i + \frac{\int i\,dt}{C};$$

$$(56) \qquad e = R\,\frac{dq}{dt} + \frac{q}{C}\cdot$$

Dies sind Gleichungen von elektromotorischen Kräften, wo e die treibende E.M.K. der Energiequelle bedeutet; $R\,i$ oder $R\,\dfrac{dq}{dt}$ ist dann die E.M.K., die erforderlich ist, um den Ohm'schen Widerstand zu überwinden, und

$$\frac{\int i\,dt}{C} = \frac{q}{C} = V$$

ist die E.M.K., die die E.M.K. des Kondensators überwindet. Ist C unendlich gross, d. h. wenn die Platten des Kondensators in Berührung mit einander kommen, so haben wir einen Stromkreis, der nur Widerstand enthält. In diesem Falle folgt aus Gleichung (55)

$$e = R\,i,$$

identisch mit dem Ohm'schen Gesetz.

Fünftes Kapitel.

Stromkreise, die Widerstand und Kapacität enthalten.

Inhalt: Die Gleichung der E.M.K.K. Die Differentialgleichung in linearer Form. Das Merkmal der Integrirbarkeit. Allgemeine Lösung, wenn $e = f(t)$.
  I. Fall: Entladung. Quantität und Strom aus der allgemeinen Gleichung, — aus den Differentialgleichungen.
  II. Fall: Ladung. Desgl.
  III. Fall: Einfache harmonische E.M.K. Quantität und Strom aus der allgemeinen Lösung. Erörterung.
  IV. Fall: Eine beliebige periodische E.M.K.

Im vorigen Kapitel wurde die Energiegleichung für einen Stromkreis aufgestellt, der Ohm'schen Widerstand und Kapacität enthält. Wir fanden, dass durch Division der Energiegleichung durch $i\,dt$ oder dq die Gleichung der E.M.K.K. in Ausdrücken vom Strom i oder der Ladung q erhalten werden konnte.

$$(55) \qquad e = R\,i + \int \frac{i\,dt}{C};$$

$$(56) \qquad e = R\,\frac{dq}{dt} + \frac{q}{C}.$$

Durch Differenziren von (55) eliminiren wir das Integral, und erhalten dann

$$(57) \qquad C\,de - R\,C\,di - i\,dt = 0.$$

$$(58) \qquad 0\,de - R\,C\,dq + (e\,C - q)\,dt = 0.$$

Jede dieser Gleichungen ist eine Differentialgleichung erster Ordnung mit 3 Veränderlichen, e, i und t bzw. e, q und t, von der Form

$$P\,dx + Q\,dy + S\,dz = 0.$$

Wir erkennen sofort, dass die Gleichungen (57) und (58) nicht ohne Weiteres integrirt werden können. Es besteht also keine einzelne Gleichung, wovon (57) und (58) das genaue Differential ist.

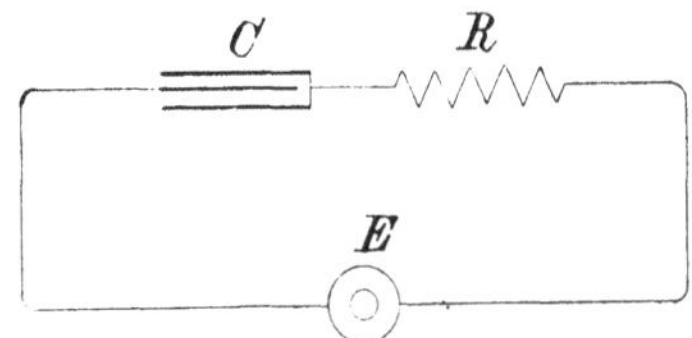

Fig. 17.

Stromkreis mit Ohm'schem Widerstand und Kapacität.

Wie aber vorher bemerkt wurde, kann die E.M.K. e immer als eine einzelwerthige Funktion der Zeit ausgedrückt werden. Wir haben also

$$(59) \qquad e = f(t),$$

wo f eine beliebige einzelwerthige Funktion bedeutet. Durch Differenziren erhält man aus (59)

$$(60) \qquad \frac{de}{dt} = f'(t).$$

Die Gleichungen (57) und (58) können jetzt in folgender Weise in linearer Form geschrieben werden:

$$(61) \qquad \frac{di}{dt} + \frac{i}{RC} = \frac{1}{R} f'(t);$$

$$(62) \qquad \frac{dq}{dt} + \frac{q}{RC} = \frac{1}{R} f(t).$$

Die Lösungen dieser linearen Gleichungen sind:

$$(63) \qquad i = \frac{\varepsilon^{-\frac{t}{RC}}}{R} \int \varepsilon^{+\frac{t}{RC}} f'(t)\, dt + c_1 \varepsilon^{-\frac{t}{RC}};$$

$$(64) \qquad q = \frac{\varepsilon^{-\frac{t}{RC}}}{R} \int \varepsilon^{+\frac{t}{RC}} f(t)\, dt + c_2 \varepsilon^{-\frac{t}{RC}}.$$

Die vorkommenden Integrale können nur dann gefunden werden, wenn wir die Art und Weise kennen, auf die sich die

E.M.K. mit der Zeit ändert. Wenn wir dies wissen, so liefern diese Gleichungen die Werthe des Stromes und der Ladung zu irgendwelcher Zeit. Wir wollen jetzt verschiedene Arten untersuchen, auf die sich die E.M.K. mit der Zeit ändert, wodurch die Integration leicht ausgeführt werden kann.

I. Fall. Entladung eines Kondensators.

Ein Kondensator enthalte die Ladung Q und die Potentialdifferenz zwischen den Endplatten betrage E. Verbinden wir nun die Endplatten durch einen Leiter mit dem Widerstande R, so wird der Kondensator sich entladen. Wir stellen uns nun die Frage: wie gross ist der Werth der Ladung q und des Stromes i zu einer beliebigen Zeit nach Beginn der Entladung. Die eingeprägte E.M.K. hat den Werth Null bei Beginn der Entladung; wir können also setzen:

$$(65) \qquad\qquad e = f(t) = 0.$$

Führen wir diesen Werth in die Gleichungen (63) und (64) ein, so verschwinden die betreffenden Integrale und wir erhalten:

$$i = c_1 \, \varepsilon^{-\frac{t}{RC}},$$

$$q = c_2 \, \varepsilon^{-\frac{t}{RC}}.$$

Die willkürlichen Konstanten c_1 und c_2 sind durch die Anfangsbedingungen bestimmt. Ist die Ladung Q, wenn die Zeit Null ist, so wird die Gleichung der Entladung:

$$(66) \qquad\qquad q = Q \, \varepsilon^{-\frac{t}{RC}}.$$

Da ferner $dq = i\,dt$, so ergiebt sich die Stromgleichung:

$$(67) \qquad\qquad i = -\frac{Q}{RC} \, \varepsilon^{-\frac{t}{RC}}.$$

Die Gleichungen (66) und (67) hätten sich noch einfacher aus den Gleichungen (61) und (62) ableiten lassen. Denn substituiren wir $f(t) = 0$ in Gleichung (62), so haben wir:

$$\frac{dq}{q} = -\frac{dt}{R\,C},$$

also:

$$\log \frac{q}{c} = -\frac{t}{R\,C},$$

$$q = c\,\varepsilon^{-\frac{t}{R\,C}}.$$

Fig. 18 ist die Entladungskurve eines Kondensators. Die Geschwindigkeit der Entladung erkennt man aus der Zeit-konstanten T, welche die Zeit angiebt, in welcher die Ladung auf den εten Theil des Anfangswerthes gefallen ist.

$$T = R\,C = 100 \times 10^{9} \times 4 \times 10^{-15} = 0{,}0004 \text{ Sekunden.}$$

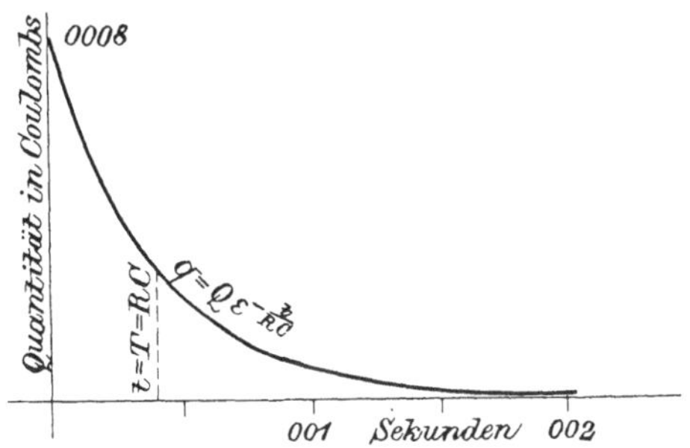

Fig. 18.

Entladungskurve eines Kondensators, dessen Kapacität
$C = 4$ Mikrofarad und $R = 100$ Ohm.

II. Fall. Die Ladung eines Kondensators.

Nehmen wir an, dass eine konstante E.M.K., E, plötzlich in einen Stromkreis eingeführt werde und dass der Widerstand dann R, und die Kapacität des Kondensators, der hinter den Widerstand geschaltet ist, C sei. Die Werthe des Stromes i und der Ladung q zu einer beliebigen Zeit nach Einführung der E.M.K. sind durch Gleichung (63) und (64) bestimmt, wenn wir annehmen, dass

$$(68) \qquad\qquad e = f(t) = E,$$

eine Konstante sei, und folglich

$$\frac{de}{dt} = f'(t) = 0.$$

Setzen wir diese Werthe in (63) und (64) ein, so erhalten wir

$$(69) \qquad i = c_1\, \varepsilon^{-\frac{t}{RC}}.$$

$$(70) \qquad q = CE + c_2\, \varepsilon^{-\frac{t}{RC}}.$$

Die Integrationskonstanten c_1 und c_2 sind durch die Bedingung bestimmt, dass zur Zeit $t=0$ keine Ladung im Kondensator war. Daraus folgt

$$c_2 = -CE.$$

Da aber $CE = Q$, so wird die Entladung des Kondensators, wenn alles den permanenten Zustand erreicht hat:

$$(71) \qquad q = Q\left(1 - \varepsilon^{-\frac{t}{RC}}\right),$$

und ferner wird durch die Beziehung $dq = i\, dt$ Gleichung (69) wie folgt

$$(72) \qquad i = \frac{Q}{RC}\, \varepsilon^{-\frac{t}{RC}}.$$

Es ist bemerkenswerth, dass die Stromgleichungen (67) und (72) bei Ladung und Entladung eines Kondensators bis auf das Vorzeichen übereinstimmen, d. h. die Richtung des Stromes ist in beiden Fällen entgegengesetzt.

Gleichung (71) kann auch leicht aus der Differentialgleichung (62) direkt abgeleitet werden; denn setzen wir $f(t) = E$, so erhalten wir

$$\frac{dq}{dt} + \frac{q}{RC} = \frac{E}{R},$$

oder

$$\frac{dq}{q - CE} = -\frac{dt}{RC},$$

und

$$\log\frac{(q - CE)}{c_2} = -\frac{t}{RC}.$$

Daher

$$q = CE + c_2 \varepsilon^{-\dfrac{t}{RC}},$$

was mit (70) identisch ist.

Die Kurve, die die Ladung eines Kondensators illustrirt, ist in Fig. 19 beschrieben. Die Zeitkonstante $RC = 0{,}0004$. Die Entladung ist:

$$Q = CV = 4 \times 10^{-15} \times 200 \times 10^8 \times 10{,}0008 \text{ Coulomb.}$$

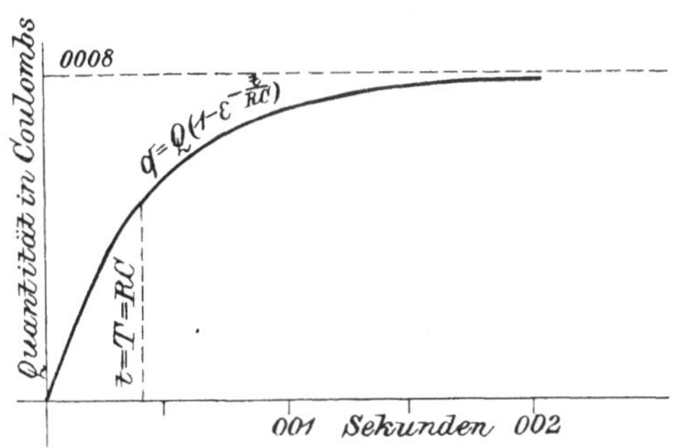

Fig. 19.

Ladungskurve eines Kondensators, dessen Kapacität $C = 4$ Mikrofarad, wenn der Widerstand R eines Stromkreises $= 100$ Ohm und das Potential $= 200$ Volt.

Die Entladungskurve für denselben Kondensator und unter denselben Umständen ist in Fig. 18 dargestellt.

III. Fall. Die E.M.K. als einfache harmonische Funktion der Zeit.

Nehmen wir an, dass die treibende E.M.K. eine einfache harmonische Funktion der Zeit sei, wie im Falle III, Kapitel III, bei der Erörterung von Stromkreisen, die Widerstand und Selbstinduktion enthalten, d. h. dass

$$(73) \qquad\qquad e = f(t) = E \sin \omega t,$$

wo E die Amplitude oder der Maximalwerth der E.M.K. ist und wo ω die Winkelgeschwindigkeit bedeutet. Durch Differenziren erhalten wir

$$\frac{de}{dt} = f'(t) = E \omega \cos \omega t.$$

Setzen wir diese Werthe in die allgemeinen Gleichungen (63) und (64) ein, so erhalten wir

$$(74) \qquad i = \frac{E\,\omega}{R}\,\varepsilon^{-\frac{t}{RC}} \int \varepsilon^{+\frac{t}{RC}} \cos\omega t\,dt + c_1\,\varepsilon^{-\frac{t}{RC}}.$$

$$(75) \qquad q = \frac{E}{R}\,\varepsilon^{-\frac{t}{RC}} \int \varepsilon^{+\frac{t}{RC}} \sin\omega t\,dt + c_2\,\varepsilon^{-\frac{t}{RC}}.$$

Diese Integrale können durch die Reduktionsformeln (25) und (24) gefunden werden. Wenden wir diese Formeln auf (74) und (75) an, so erhalten wir

$$(76) \qquad i = \frac{C^2 E R\,\omega}{1 + C^2 R^2\,\omega^2}\left\{ \omega\sin\omega t + \frac{1}{RC}\cos\omega t \right\} + c_1\,\varepsilon^{-\frac{t}{RC}}.$$

$$(77) \qquad q = \frac{C^2 E R}{1 + C^2 R^2\,\omega^2}\left\{ \frac{1}{RC}\sin\omega t - \omega\cos\omega t \right\} + c_2\,\varepsilon^{-\frac{t}{RC}}.$$

Diese Gleichungen (76) und (77) können durch folgende Formel vereinfacht werden:

$$(27) \qquad A\sin\theta + B\cos\theta = \sqrt{A^2 + B^2}\,\sin\left\{ \theta + \text{tang}^{-1}\frac{B}{A} \right\}. \;\;^*)$$

Durch Anwendung dieser Formel auf (76) und (77) erhalten wir die vollständige Lösung der Differentialgleichungen:

$$(78) \qquad i = \frac{E}{\sqrt{R^2 + \dfrac{1}{C^2\,\omega^2}}}\,\sin\left\{ \omega t + \text{tang}^{-1}\frac{1}{CR\,\omega} \right\} + c_1\,\varepsilon^{-\frac{t}{RC}},$$

und

$$q = \frac{E}{\omega\sqrt{R^2 + \dfrac{1}{C^2\,\omega^2}}}\,\sin\left\{ \omega t - \text{tang}^{-1}CR\,\omega \right\} + c_2\,\varepsilon^{-\frac{t}{RC}}.$$

Die letztere Gleichung lässt sich auch schreiben

$^*)$ Anm. Das Symbol tang^{-1} bedeutet arctang.

$$(79) \qquad q = \frac{-E}{\omega \sqrt{R^2 + \dfrac{1}{C^2\,\omega^2}}} \cos\left\{\omega t + \tan^{-1}\frac{1}{C\,R\,\omega}\right\} + c_2\,\varepsilon^{-\frac{t}{R\,C}}.$$

Diese Gleichungen (78) und (79) sind die vollständigen Lösungen in ihrer einfachsten Form. Man erkennt, dass das Differential von (79) (78) ist, gemäss der Beziehung $dq = i\,dt$. Es war nicht nothwendig, beide Gleichungen einzeln zu entwickeln, da die eine von der anderen durch einfache Integration bzw. Differentiation abgeleitet werden kann.

Nach einer sehr kurzen Zeit wird das Endglied jeder der beiden Gleichungen, welches die willkürliche Integrationskonstante enthält, unmerklich klein und kann deshalb vernachlässigt werden. Dann werden Strom und Ladung harmonische Funktionen der Zeit. Man erkennt aus der Gleichung, dass der Strom, anstatt hinter der treibenden E.M.K. zurückzubleiben, wie dies der Fall war, wenn Selbstinduktion im Stromkreise vorhanden war, nunmehr voraneilt, und zwar um einen Winkel, dessen Tangente $\dfrac{1}{C\,R\,\omega}$ ist. Ist die Kapäcität C unendlich gross, d. h. wenn kein Kondensator im Stromkreis ist, so wird die Tangente $\dfrac{1}{C\,R\,\omega} = 0$, und Strom und E.M.K. sind in derselben Phase. Besteht Kurzschluss im Kondensator, so dass der Widerstand vernachlässigt werden kann, so wird $\dfrac{1}{C\,R\,\omega}$ sehr gross, und der Ueberholungswinkel ist beinahe 90°.

Die Stromgleichung wird dann:

$$(80) \qquad\qquad i = C\,E\,\omega \sin(\omega t + 90^\circ),$$

und die Ladungsgleichung:

$$(81) \qquad\qquad q = -Q \cos(\omega t + 90^\circ).$$

Die Ladung wird immer ihren Maximalwerth erreichen, wenn der Strom Null ist, und umgekehrt, da der Kosinus seinen Maximalwerth dann erreicht, wenn der Sinus = Null. Wird

$$\sin\left\{\omega t + \tan^{-1}\frac{1}{C\,R\,\omega}\right\} = 1,$$

so erreicht der Strom seinen Maximalwerth I, deshalb:

$$(82) \qquad I = \frac{E}{\sqrt{R^2 + \dfrac{1}{C^2\,\omega^2}}} \,.$$

Der Wurzelwerth

$$\sqrt{R^2 + \frac{1}{C^2\,\omega^2}}$$

ist der scheinbare Widerstand des Stromkreises und ist analog dem Wurzelwerthe $\sqrt{R^2 + L^2\omega^2}$ in (29), den wir die Impedanz des Stromkreises nannten.

IV. Fall. Eine beliebige E.M.K., die nicht harmonisch ist.

Ist die treibende E.M.K. eine beliebige Funktion der Zeit, dann kann diese E.M.K. nach der oben gegebenen Regel von Fourier als die Summe von Ausdrücken folgender Art dargestellt werden:

$$E \sin (b\,\omega\,t + \theta).$$

Also kann:

$$(83) \qquad e = \sum E \sin (b\,\omega\,t + \theta)$$

eine beliebige E.M.K. vorstellen, wo E, b und θ n verschiedene Werthe gemäss den n Ausdrücken der Summe haben können. Wie vorher im Fall der Selbstinduktion bewiesen worden war, hat jeder Ausdruck der treibenden E.M.K. seinen entsprechenden Ausdruck in der resultirenden Stromgleichung, in folgender Weise:

$$\frac{E}{\sqrt{R^2 + \dfrac{1}{C^2 b^2\omega^2}}} \sin \left\{ b\,\omega\,t + \theta + \operatorname{tang}^{-1} \frac{1}{C\,R\,b\,\omega} \right\},$$

wo E, b und θ Werthe haben, die mit den entsprechenden Werthen der Gleichung der E.M.K. übereinstimmen.

Der Ausdruck für den Strom ist also, wenn (83) die E.M.K. darstellt:

$$(84) \qquad i = \sum_{E,\, b,\, \theta} \frac{E}{\sqrt{R^2 + \dfrac{1}{C^2 b^2 \omega^2}}} \sin \left| b\,\omega\,t + \theta \right.$$

$$\left. + \operatorname{tang}^{-1} \frac{1}{C\,R\,b\,\omega} \right| + c\,\varepsilon^{-\frac{t}{R\,C}}.$$

So erhält man die allgemeine Stromgleichung in einem einfachen Stromkreise, der Widerstand und Kapacität und eine beliebige E.M.K. enthält. Wir wollen diese allgemeine Gleichung erst dann erörtern, wenn wir Stromkreise mit Widerstand, Selbstinduktion und Kapacität in Betracht gezogen haben.

Sechstes Kapitel.

Stromkreise mit Widerstand, Selbstinduktion und Kapacität. Allgemeine Lösung.

Inhalt: Die Energiegleichung in Ausdrücken von e, i und t; in Ausdrücken von e, q und t. Die Gleichung der E.M.K.K. in Ausdrücken von e, i und t; in Ausdrücken von e, q und t. Die Umwandlung der Gleichungen zur Lösung in Ausdrücken von i und t; in Ausdrücken von q und t. Vollständige Lösung nach i in Ausdrücken von t. Vollständige Lösung nach q in Ausdrücken von t. Die vier Fälle: I. $e = f(t) = 0$; II. $e = f(t) = E$; III. $e = f(t) = E \sin \omega t$; IV. $e = f(t) = \Sigma E \sin (b \omega t + \theta)$.

In den vorhergehenden Kapiteln haben wir die Differentialgleichungen für Stromkreise mit Widerstand und Selbstinduktion und desgleichen mit Widerstand und Kapacität entwickelt und erörtert. Nun wollen wir einen Stromkreis betrachten, der Widerstand, Selbstinduktion und Kapacität hintereinander geschaltet enthält. Wir werden die Lösungen der Differentialgleichungen für den Fall, dass ein Strom im Leiter fliesst, und für die elektrische Ladung geben, und zwar sei die treibende E.M.K. beliebiger Art. Die nächsten fünf Kapitel des ersten Theils werden dann eine Erörterung dieser allgemeinen Gleichungen und ihrer Anwendung auf specielle Arten von treibenden E.M.K.K. enthalten.

Die Energiegleichung eines Stromkreises mit Widerstand, Selbstinduktion und Kapacität kann ohne Weiteres entwickelt werden, da wir sowohl die bei der Erwärmung des Leiters verbrauchte Energie als diejenige des magnetischen Feldes und ferner die Energie der Ladung eines Kondensators bestimmt haben.

Die Energiegleichung ist:

$$(85) \qquad e\,i\,dt = R\,i^2\,dt + L\,i\,\frac{di}{dt}\,dt + \frac{i\,dt \int i\,dt}{C}.$$

Das erste Glied $e\,i\,dt$ dieser Differentialgleichung repräsentirt die Gesammtenergie, die dem Stromkreis in der Zeit dt ertheilt wird. Ein Theil dieser Energie, $R\,i^2\,dt$, wird zur Erwärmung des Leiters aufgebraucht; ein fernerer Theil, $L\,i\,\dfrac{di}{dt}\,dt$, wird dazu verwandt, das magnetische Feld in dem den Leiter umgebenden Mittel zu erzeugen. Ein dritter Theil, $\dfrac{i\,dt \int i\,dt}{C}$, wird bei der Ladung des Kondensators verausgabt.

Die Gleichung (85) ist die allgemeine Differentialgleichung der Energie in Ausdrücken des Stromes, der im Leiter fliesst, der E.M.K., die den Strom treibt, und der Zeit, und zwar für einen Stromkreis, der Widerstand, Selbstinduktion und Kapacität hintereinander geschaltet enthält.

Diese Energiegleichung kann auch als eine Differentialgleichung in Ausdrücken der Ladung des Kondensators, der E.M.K. und der Zeit ausgedrückt werden, in folgender Beziehung:

$$dq = i\,dt \quad \text{oder} \quad q = \int i\,dt.$$

Setzen wir in (85) $i = \dfrac{dq}{dt}$ ein, so erhalten wir

$$(86) \qquad e\,\frac{dq}{dt}\,dt = R\left\{\frac{dq}{dt}\right\}^2 dt + L\,\frac{d^2q}{dt^2}\,\frac{dq}{dt}\,dt + \frac{q}{C}\,\frac{dq}{dt}\,dt.$$

Jedes Glied dieser Gleichung ist gleich dem entsprechenden Glied in (85), da dieselbe durch direkte Substitution erhalten ist. Das erste Glied $e\,\dfrac{dq}{dt}\,dt$ stellt die Gesammtenergie des Stromkreises dar, und die 3 Glieder der rechten Seite repräsentiren die drei Arten, auf die diese Energie verausgabt wird, nämlich bei der Erwärmung, der Hervorbringung des Feldes und bei der Ladung des Kondensators.

Dividiren wir die Gleichung (85) durch $i\,dt$, so wird sie zu einer Gleichung der E.M.K.K.:

$$(87) \qquad e = R\,i + L\,\frac{di}{dt} + \frac{\int i\,dt}{C}.$$

Dividiren wir (86) durch $\frac{dq}{dt}\,dt$, so wird sie ebenfalls eine Gleichung von E.M.K.K.:

$$(88) \qquad e = R\,\frac{dq}{dt} + L\,\frac{d^2q}{dt^2} + \frac{q}{C}.$$

Man erkennt sofort die Aehnlichkeit zwischen (87) und (88). Die linke Seite e ist die dem Stromkreise ertheilte E.M.K. Der Theil von e, der zur Ueberwindung des Widerstandes nöthig ist, ist $R\,i$ oder $R\,\frac{dq}{dt}$. Der Theil von e, der zur Ueberwindung der Gegen-E.M.K. der Selbstinduktion nothwendig ist, ist $L\,\frac{di}{dt}$ oder $L\,\frac{d^2q}{dt^2}$. Der dritte Theil von e, der zur Ueberwindung der Gegen-E.M.K. des Kondensators erforderlich ist, ist $\frac{\int i\,dt}{C}$ oder $\frac{q}{C}$.

Diese Differentialgleichungen können auf bequemere Form gebracht werden. Differenziren wir nach t, so erhalten wir:

$$(89) \qquad \frac{d^2i}{dt^2} + \frac{R}{L}\,\frac{di}{dt} + \frac{i}{LC} = \frac{1}{L}\,\frac{de}{dt}.$$

Transponiren wir, so nimmt (88) folgende Form an:

$$(90) \qquad \frac{d^2q}{dt^2} + \frac{R}{L}\,\frac{dq}{dt} + \frac{q}{LC} = \frac{e}{L}.$$

Wir wissen, dass die treibende E.M.K. in jedem Zeitpunkt einen einzelnen Werth hat. Führen wir diese Beziehung in (89) und (90) ein, so kann man die allgemeinen Lösungen der Gleichungen leicht erhalten. Die Lösung von (89) liefert den Werth des Stromes zu einer beliebigen Zeit, während (90) den Werth der Kondensatorladung zu beliebiger Zeit liefert.

Ist $e = f(t)$ und $\frac{de}{dt} = f'(t)$, so erhalten wir durch Einsetzung in (89) und (90) die folgenden Gleichungen:

$$(91) \qquad \frac{d^2 i}{dt^2} + \frac{R}{L} \frac{di}{dt} + \frac{i}{LC} = \frac{1}{L} f'(t).$$

$$(92) \qquad \frac{d^2 q}{dt^2} + \frac{R}{L} \frac{dq}{dt} + \frac{q}{LC} = \frac{1}{L} f(t).$$

Allgemeine Lösung für den Strom zu beliebiger Zeit.

Zur Lösung der Gleichung (91) bedienen wir uns der symbolischen Methode für lineare Gleichungen. Es bedeute

$$D = \frac{d\,[\,]}{dt}, \quad D^2 = \frac{d^2\,[\,]}{dt^2}.$$

Indem wir nun (91) auf die symbolische Form bringen, erhalten wir

$$\left\{ D^2 + \frac{R}{L} D + \frac{1}{LC} \right\} i = \frac{1}{L} f'(t),$$

oder

$$(93) \qquad i = \frac{1}{L \left\{ D^2 + \dfrac{R}{L} D + \dfrac{1}{LC} \right\}} \cdot f'(t).$$

Lösen wir den reciproken Werth von

$$\frac{1}{D^2 + \dfrac{R}{L} D + \dfrac{1}{LC}}$$

in partielle Brüche auf, so erhalten wir die identische Gleichung:

$$(94) \qquad \frac{1}{D^2 + \dfrac{R}{L} D + \dfrac{1}{LC}} = \frac{LC}{\sqrt{R^2 C^2 - 4LC}}$$

$$\left\{ \frac{1}{D + \dfrac{RC - \sqrt{R^2 C^2 - 4LC}}{2LC}} - \frac{1}{D + \dfrac{RC + \sqrt{R^2 C^2 - 4LC}}{2LC}} \right\} \cdot$$

Nun ist

$$(95) \qquad T_1 = \frac{2LC}{RC - \sqrt{R^2 C^2 - 4LC}},$$

und

Bedell-Crehore.

$$T_2 = \frac{2\,L\,C}{R\,C + \sqrt{R^2\,C^2 - 4\,L\,C}}\,.$$

Setzen wir diese Werthe in (94) ein und wiederum (94) in (93), so erhalten wir:

$$(96) \qquad i = \frac{C}{\sqrt{R^2\,C^2 - 4\,L\,C}} \left\{ \frac{1}{D + \dfrac{1}{T_1}} f'(t) - \frac{1}{D + \dfrac{1}{T_2}} f'(t) \right\}.$$

Jeder Ausdruck der Gleichung (96) bildet, wenn er einzeln gleich i gesetzt wird, eine lineare Gleichung erster Ordnung zwischen den Veränderlichen x und y, d. h. $\dfrac{dy}{dx} + a\,y = f(x)$. Wird diese Gleichung in die symbolische Form gefasst, so erhalten wir

$$(D + a)\,y = f(x),$$

oder

$$(97) \qquad y = \frac{1}{D + a}\,f(x).$$

Die Lösung dieser linearen Gleichung erster Ordnung ist bekanntlich:

$$(98) \qquad y = \varepsilon^{-\,a\,x} \int \varepsilon^{a\,x} f(x)\,dx + c\,\varepsilon^{-\,a\,x}\,.$$

Hier bedeutet c die willkürliche Integrationskonstante und bei der Ausführung der Integration darf keine andere hinzugefügt werden.

Setzen wir (97) und (98) einander gleich, so erhalten wir:

$$\frac{1}{D + a}\,f(x) = \varepsilon^{-\,a\,x} \int \varepsilon^{a\,x} f(x)\,dx + c\,\varepsilon^{-\,a\,x}\,.$$

Ersetzen wir in dieser allgemeinen Formel a durch den konstanten Werth $\dfrac{1}{T'}$ und $f(x)$ durch $f'(t)$, so erhalten wir

$$\frac{1}{D + \dfrac{1}{T_1}}\,f'(t) = \varepsilon^{-\frac{t}{T_1}} \int \varepsilon^{\frac{t}{T_1}} f'(t)\,dt + c\,\varepsilon^{-\frac{t}{T_1}}\,.$$

Dies ist aber der Werth des ersten Gliedes in der Klammer

von Gleichung (96). Der Werth des zweiten Gliedes in jener Klammer lässt sich in ähnlicher Weise finden, und so nimmt dann (96) endlich diese Form an:

$$(99) \qquad i = \frac{C}{\sqrt{R^2 C^2 - 4\,L\,C}} \left\{ \varepsilon^{-\frac{t}{T_1}} \int \varepsilon^{\frac{t}{T_1}} f'(t)\,dt \right.$$

$$\left. - \varepsilon^{-\frac{t}{T_2}} \int \varepsilon^{\frac{t}{T_2}} f'(t)\,dt \right\} + c_1\, \varepsilon^{-\frac{t}{T_1}} + c_2\, \varepsilon^{-\frac{t}{T_2}}.$$

Dies ist die allgemeine Lösung der Gleichung (91) und liefert uns den Werth des Stromes, der zu irgend einer Zeit in einem Stromkreise mit Widerstand, Selbstinduktion und Kapacität fliesst.

Da die Differentialgleichung (92), die für die Ladung mit der Differentialgleichung (91), die den Werth des Stromes ausdrückt, identisch ist, im Falle wir $f'(t)$ für $f(t)$ einsetzen, und da ferner f eine beliebige einzelwerthige Funktion ausdrückt, so dürfen wir in der Gleichung (99) die Indices bei den willkürlichen Funktionen auslassen, und erhalten so die Lösung nach q.

$$(100) \qquad q = \frac{C}{\sqrt{R^2 C^2 - 4\,L\,C}} \left\{ \varepsilon^{-\frac{t}{T_1}} \int \varepsilon^{\frac{t}{T_1}} f(t)\,dt \right.$$

$$\left. - \varepsilon^{-\frac{t}{T_2}} \int \varepsilon^{\frac{t}{T_2}} f(t)\,dt \right\} + c_1\, \varepsilon^{-\frac{t}{T_1}} + c_2\, \varepsilon^{-\frac{t}{T_2}}.$$

Besondere E.M.K.K.

Die Gleichungen (99) und (100) drücken, wie erwähnt, die Werthe des Stromes und der Ladung zu einer beliebigen Zeit aus, wenn die treibende E.M.K. beliebiger Art ist.

Wir haben hier 4 Fälle zu unterscheiden, welche gemäss der Natur der treibenden E.M.K. auftreten können:

$$\text{I.} \quad e = f(t) = 0.$$

$$\text{II.} \quad e = f(t) = E = \text{konstant.}$$

$$\text{III.} \quad e = f(t) = E \sin \omega t.$$

$$\text{IV.} \quad e = f(t) = \sum_{E,\,b,\,\theta} E \sin (b\,\omega\,t + \theta).$$

Im ersten Falle nehmen wir an, dass die treibende E.M.K. in jedem Zeitpunkte gleich Null sei. Dieser Fall tritt ein, wenn wir einen Kondensator mit der Quantität Q laden, und dann plötzlich die treibende E.M.K. entfernen, d. h. wenn wir die beiden Platten des Kondensators durch einen Leiter verbinden. Die treibende E.M.K. bleibt Null in jedem Zeitpunkt nach Wegnahme der E.M.K., und folglich ist der Bedingung genügt, dass $e = f(t) = 0$. Die Lösungen der Differentialgleichungen liefern also in diesem Falle den Strom, der zu irgend einer Zeit im Stromkreis fliesst, und die Ladung, die zu irgend einer Zeit im Kondensator zurückbleibt. Die Gleichung behält ihre Gültigkeit für irgend eine Kombination von Widerstand, Selbstinduktion und Kapacität, z. B. für einen Stromkreis mit R und L allein, oder mit R und C allein, oder mit R, L und C. Falls der Stromkreis R und C, oder R, L und C enthält, liefern die Gleichungen den Strom i und die Quantität q zu einer beliebigen Zeit nach Entladung des Kondensators. Enthält der Leiter nur R und L, so liefert die Gleichung den Werth des Stromes zu einer beliebigen Zeit, während derselbe nach Wegnahme der E.M.K. auf Null fällt.

Nehmen wir an, dass $e = f(t) = E = $ eine Konstante, dass also die E.M.K. in jedem Zeitpunkte $= E$ ist, so wird dieser Bedingung genügt, wenn die Quelle der E.M.K. in einem Stromkreise plötzlich von einem konstanten Werth zu einem anderen übergeht, in welchem Falle beide gleich Null sein können. Enthält der Stromkreis R und C, oder R, L und C, so liefern die Gleichungen den Strom, der im Leiter fliesst, und ebenso die Ladung des Kondensators zu einer beliebigen Zeit nach der Aenderung der E.M.K. Enthält der Stromkreis R und L, so liefert die Gleichung die Stromstärke zu irgend einer Zeit, bis sie ihren Endwerth erreicht hat.

Der dritte Fall $e = E \sin \omega t$ tritt dann ein, wenn der

Stromkreis eine treibende E.M.K. enthält, die mit der Zeit harmonisch veränderlich ist. Die allgemeinen Gleichungen nach q und i lassen erkennen, dass, wenn die treibende E.M.K. harmonisch ist, der Strom und die Ladung ebenfalls einfache Sinusfunktionen der Zeit sind und zwar von derselben Periode.

Der vierte Fall

$$e = \sum_{E\,b\,\theta} E \sin (b\,\omega\,t + \theta),$$

wo b der Reihe nach beliebige ganze Werthe annehmen kann, bedeutet, dass der Stromkreis eine E.M.K. enthält, die irgend eine beliebige Funktion der Zeit ist.

Die Lösung und Erörterung dieser vier Fälle ist in den folgenden Kapiteln enthalten.

Siebentes Kapitel.

Stromkreise mit Widerstand, Selbstinduktion und Kapacität.

I. Fall. Entladung.

Inhalt: Integral- und Differentialgleichungen, wenn $e = f(t) = 0$. Lord Kelvin's Lösung. Die Stromgleichung nach Ersetzung von T. Drei Formen von Strom- und Ladungsgleichung. Die Umformung der Stromgleichung, wenn $R^2 C$ kleiner als $4 L$ ist. Ableitung der Lösung aus den Differentialgleichungen, wenn $R^2 C = 4 L$.

Nicht oscillirende Entladung.

Bestimmung der Konstanten. Vollständige Lösung. Ersetzung des Werthes von T. Strom- und Ladungskurven für einen besonderen Stromkreis. Der Zeitpunkt des Maximalstromes. Die Gleichung (125) für einen Stromkreis mit R und L, und für einen Stromkreis mit R und C.

Oscillirende Entladung.

Bestimmung der Konstanten. Vollständige Lösung nach i und q. Strom- und Ladungskurven für einen besonderen Stromkreis.

Die Entladung eines Kondensators, wenn $R^2 C = 4 L$.

Bestimmung der Konstanten. Vollständige Lösungen nach i und q. Methode zur Konstruktion von Strom- und Ladungskurven. Kurven für i und q in einem besonderen Stromkreis.

In diesem Kapitel wollen wir den Fall untersuchen, wo die treibende E.M.K. plötzlich aus dem Stromkreis entfernt oder auf Null reducirt wird, d. h. $e = f(t) = 0$. Wenn ein Strom in einem Stromkreise fliesst und die E.M.K. plötzlich entfernt wird, so fliesst der Strom noch eine merkliche Zeit, bevor er den Werth Null erreicht. Der Werth des Stromes zu einer beliebigen Zeit lässt sich durch Anwendung der allgemeinen Gleichung (99) auf diesen speciellen Fall finden.

Dieser Fall tritt auch ein, wenn wir einen Kondensator, wie z. B. eine Leydener Flasche, auf ein gewisses Potential laden und dann die Energiequelle plötzlich wegnehmen. Verbinden wir nun die beiden Platten des Kondensators oder die Belegungen der Flasche mit einem Leiter, so fliesst ein Strom durch den Draht, und der Kondensator entladet sich. Die Energiequelle war vorher entfernt worden, und so erhalten wir $e = f(t) = 0$. Wir können daher die allgemeinen Gleichungen (99) und (100) auf diesen Fall anwenden und so Strom- und Ladungswerth zu beliebiger Zeit finden.

Da $f(t) = 0$, so ist auch das erste Differential $f'(t) = 0$. Setzen wir $f'(t) = 0$ in Gleichung (99) ein, und ferner den Werth $f(t) = 0$ in Gleichung (100), so erhalten wir die Gleichungen:

$$(101) \qquad i = c_1 \varepsilon^{-\frac{t}{T_1}} + c_2 \varepsilon^{-\frac{t}{T_2}},$$

$$(102) \qquad q = c_3 \varepsilon^{-\frac{t}{T_1}} + c_4 \varepsilon^{-\frac{t}{T_2}}.$$

Hätten wir den Werth $e = f(t)$ in Gleichung (92) eingesetzt, und $f'(t) = 0$ in (91), so hätten wir erhalten:

$$(103) \qquad \frac{d^2i}{dt^2} + \frac{R}{L}\frac{di}{dt} + \frac{i}{LC} = 0.$$

$$(104) \qquad \frac{d^2q}{dt^2} + \frac{R}{L}\frac{dq}{dt} + \frac{q}{LC} = 0.$$

Es ist bemerkenswerth, dass die Form der Differentialgleichung nach i mit der nach q identisch ist. Daher haben ihre Integrale (101) und (102) dieselbe Form, obwohl die willkürlichen Integrationskonstanten verschieden sind. Die Lösungen der Differentialgleichungen (103) und (104), die mit (91) und (92) identisch sind, falls ihre rechten Seiten gleich Null werden, liefern die sog. Komplementfunktion. Die letztere enthält alle willkürlichen Integrationskonstanten. Die Summe des speciellen Integrals — dasjenige, welches den Gleichungen (91) und (92) genügt, wenn die rechte Seite nicht gleich Null ist — und der Komplementfunktion liefert das vollständige Integral von (91) und (92)

Der besondere Fall der Entladung eines Kondensators in einem Stromkreise mit R und L ist von Lord Kelvin gründlich erörtert worden (Philos. Magazine 1853). Er erhielt die Gleichung (102) als Resultat, und er zeigte, dass diese Gleichung in zwei Formen dargestellt werden könne, je nachdem T_1 und T_2 wirkliche oder imaginäre Werthe haben.

Schreiben wir (101) ganz aus, indem wir die Werthe von T_1 und T_2, die in (95) gegeben sind, ersetzen, so erhalten wir:

$$(105) \qquad i = c_1\, \varepsilon^{-\frac{RC - \sqrt{R^2C^2 - 4LC}}{2LC}t} + c_2\, \varepsilon^{-\frac{RC + \sqrt{R^2C^2 - 4LC}}{2LC}t}.$$

Ist der Werth $R^2 C$ grösser als $4L$, so ist der Werth von i ein wirklicher. Ist $R^2 C$ kleiner als $4L$, so wird i imaginär. Wir werden beweisen, dass i durch eine trigonometrische Umformung auf eine reale Form gebracht werden kann, wenn $R^2 C$ kleiner als $4L$ ist.

Ist $R^2 C = 4L$, so ersieht man, dass die beiden Ausdrücke der Gleichung (105) zusammengefasst werden können und die beiden willkürlichen Konstanten werden auf eine reducirt. In diesem Falle kann die vollständige Lösung, die zwei willkürliche Konstanten enthalten muss, indem sie ja von einer Differentialgleichung zweiter Ordnung abgeleitet ist, nicht aus (105) erhalten werden; aber sie lässt sich sofort aus (103) und (104) ableiten.

Die Umwandlung der Gleichung (105) in eine reale Form, falls R² C kleiner als 4 L ist.

Sondern wir den gemeinsamen Faktor $\varepsilon^{-\frac{Rt}{2L}}$ aus, so erhalten wir:

$$(106) \qquad i = \varepsilon^{-\frac{Rt}{2L}}\left\{ c_1\, \varepsilon^{\frac{j\sqrt{4LC - R^2C^2}}{2LC}t} + c_2\, \varepsilon^{-\frac{j\sqrt{4LC - R^2C^2}}{2LC}t} \right\}.$$

Hier ist j benutzt, um $\sqrt{-1}$ zu bezeichnen. Schreiben wir

$$(107) \qquad \theta = \frac{\sqrt{4LC - R^2C^2}}{2LC}t,$$

dann wird (106)

$$(108) \qquad i = \varepsilon^{-\frac{R t}{2 L}} \left\{ c_1\, \varepsilon^{j\theta} + c_2\, \varepsilon^{-j\theta} \right\}.$$

Der Sinus und Kosinus können in der Exponentialform verwandt werden:

$$(109) \quad \sin\theta = \frac{\varepsilon^{j\theta} - \varepsilon^{-j\theta}}{2j}, \quad \text{und} \quad \cos\theta = \frac{\varepsilon^{j\theta} + \varepsilon^{-j\theta}}{2}.$$

Letztere Formel ist durch Gebrauch der Maclaurin'schen Reihe entwickelt worden.

Es ist also:

$$\cos\theta + j\sin\theta = \varepsilon^{j\theta}$$

und

$$\cos\theta - j\sin\theta = \varepsilon^{-j\theta}.$$

Multipliciren wir diese Gleichungen mit c_1 bzw. c_2, so erhalten wir:

$$(110) \qquad c_1\,\varepsilon^{j\theta} + c_2\,\varepsilon^{-j\theta} = (c_1 + c_2)\cos\theta + (c_1 - c_2)j\sin\theta.$$

Wenn c_1 und c_2 konjugirte imaginäre Quantitäten bedeuten, so kann man schreiben:

$$c_1 = \frac{A + Bj}{2},$$

$$c_2 = \frac{A - Bj}{2},$$

wo A und B wirkliche Werthe sind. Es folgt hieraus, dass

$$c_1 + c_2 = A,$$

$$c_1 - c_2 = Bj.$$

Setzen wir diese Werthe in (110) ein, so erhalten wir:

$$(111) \qquad c_1\,\varepsilon^{j\theta} + c_2\,\varepsilon^{-j\theta} = A\cos\theta + B\sin\theta,$$

wo c_1 und c_2 imaginär sind, während A und B wirkliche Werthe haben. Durch Einsetzen von (111) in (108) erhält man:

$$(112) \qquad i = \varepsilon^{-\frac{R t}{2 L}} (A\cos\theta + B\sin\theta).$$

Durch Anwendung der trigonometrischen Formel (cf. (27)) erhält man:

$$A \cos \theta + B \sin \theta = \sqrt{A^2 + B^2} \sin\left(\theta + \tang^{-1} \frac{A}{B}\right).$$

Wir können also schliesslich die Gleichung (112), indem wir den Werth von θ restituiren, in folgender Form schreiben:

$$(113) \qquad i = A \, \varepsilon^{-\frac{R\,t}{2\,L}} \sin\left\{ \frac{\sqrt{4\,L\,C - R^2\,C^2}}{2\,L\,C} \, t + \varPhi \right\},$$

wo A und $\varPhi$ reale Integrationskonstanten sind. Hier hat A nicht dieselbe Bedeutung wie in (112); es hat hier den Werth $\sqrt{A^2 + B^2}$ und $\varPhi = \tang^{-1} \frac{A}{B}$. Diese Gleichung ist dieselbe wie (105). Sie ist eine reale Gleichung, wenn (105) imaginär ist, und umgekehrt.

Die Lösung der Differentialgleichung, wenn $R^2\,C = 4\,L$.

Ist $R^2\,C = 4\,L$, so erhält man aus den Differentialgleichungen (103) und (104):

$$(114) \qquad \frac{d^2 i}{dt^2} + \frac{R\,di}{L\,dt} + \frac{R^2}{4\,L^2}\, i = 0,$$

$$(115) \qquad \frac{d^2 q}{dt^2} + \frac{R}{L}\,\frac{dq}{dt} + \frac{R^2}{4\,L^2}\, q = 0.$$

Substituiren wir $i = \varepsilon^{m\,t}$, so erhalten wir:

$$(116) \qquad m^2 + \frac{R}{L}\,m + \frac{R^2}{4\,L^2} = 0.$$

Wie man sieht, ist dies ein vollständiges Quadrat, woraus folgt, dass die beiden Werthe von m gleich sind, und $m = -\dfrac{R}{2\,L}$. Sind gleiche Wurzeln vorhanden, so ist die Gleichung von der Form:

$$i = c_1\,\varepsilon^{m\,t} + c_2\,t\,\varepsilon^{m\,t}.$$

Oder durch Einsetzen von $-\dfrac{R}{2\,L}$ für m, gestalten sich diese beiden Gleichungen wie folgt:

$$(117) \qquad i = c_1\, \varepsilon^{-\frac{Rt}{2L}} + c_2\, t\, \varepsilon^{-\frac{Rt}{2L}},$$

$$(118) \qquad q = c'\, \varepsilon^{-\frac{Rt}{2L}} + c''\, t\, \varepsilon^{-\frac{Rt}{2L}},$$

Kehren wir zu (103) zurück, so können wir die Komplementfunktion (101) auf 3 verschiedene Arten ausdrücken. Diese Formeln sind:

Wenn $R^2 C > 4\,L$,

$$(119) \quad i = c_1\, \varepsilon^{-\frac{RC - \sqrt{R^2 C^2 - 4LC}}{2LC}\,t} + c_2\, \varepsilon^{-\frac{RC + \sqrt{R^2 C^2 - 4LC}}{2LC}\,t}.$$

Wenn $R^2 C < 4\,L$,

$$(120) \qquad i = A\, \varepsilon^{-\frac{Rt}{2L}} \sin\left\{ \frac{\sqrt{4LC - R^2 C^2}}{2LC}\, t + \varPhi \right\}.$$

Wenn $R^2 C = 4\,L$,

$$(121) \qquad i = c_1\, \varepsilon^{-\frac{Rt}{2L}} + c_2\, t\, \varepsilon^{-\frac{Rt}{2L}}.$$

Der Werth der Ladung q, den die Gleichung (102) liefert, und die dieselbe Form hat, wie (101), kann 3 verschiedene Formen annehmen, je nachdem $R^2 C$ grösser, kleiner oder gleich $4\,L$ ist. Diese Formen unterscheiden sich von der obigen nur durch die willkürlichen Konstanten.

Wenn $R^2 C > 4\,L$,

$$(122) \quad q = c'\, \varepsilon^{-\frac{RC - \sqrt{R^2 C^2 - 4LC}}{2LC}\,t} + c''\, \varepsilon^{-\frac{RC + \sqrt{R^2 C^2 - 4LC}}{2LC}\,t}.$$

Wenn $R^2 C < 4\,L$,

$$(123) \qquad q = A'\, \varepsilon^{-\frac{Rt}{2L}} \sin\left\{ \frac{\sqrt{4LC - R^2 C^2}}{2LC}\, t + \varPhi' \right\}.$$

Wenn $R^2 C = 4\,L$,

$$(124) \qquad q = c'\, \varepsilon^{-\frac{Rt}{2L}} + c''\, t\, \varepsilon^{-\frac{Rt}{2L}}.$$

Die Integrationskonstanten in diesen Gleichungen sind durch die Anfangsbedingungen der uns gestellten Aufgabe bedingt. Z. B., ertheilt man einem Kondensator die Ladung Q und entladet ihn dann plötzlich durch einen Leiter, der R und L enthält, so können wir die Zeit vom Augenblicke der Entladung an rechnen, und daraus ergiebt sich, dass $q = Q$, und $i = 0$, wenn $t = 0$; und $q = 0$ und $i = 0$, wenn $t = \infty$.

Nicht oscillirende Entladung.

Bestimmung der Konstanten. — Die Gleichungen (119) und (122) können in die Form von (101) und (102) gefasst werden durch Benutzung der Zeitkonstanten T_1 und T_2 [cf. (95)].

$$(125) \qquad i = c_1\, \varepsilon^{-\frac{t}{T_1}} + c_2\, \varepsilon^{-\frac{t}{T_2}},$$

$$(126) \qquad q = c'\, \varepsilon^{-\frac{t}{T_1}} + c''\, \varepsilon^{-\frac{t}{T_2}}.$$

Die willkürlichen Konstanten c_1, c_2, c', c'' lassen sich durch die vorher erwähnten Bedingungen finden nämlich, dass, wenn $t = 0$, dann $i = 0$ und $q = Q$; und ferner, dass wenn $t = \infty$, dann $i = 0$ und $q = 0$. Setzen wir diese Werthe in (125) und (126) ein, so erhalten wir:

$$0 = c_1 + c_2 \quad \text{oder} \quad c_1 = -c_2,$$

folglich

$$(127) \qquad Q = c' + c''.$$

Da wir die Beziehung haben $dq = i\, dt$, so können wir differenziren und erhalten

$$i = -\frac{c'}{T_1}\, \varepsilon^{-\frac{t}{T_1}} - \frac{c''}{T_2}\, \varepsilon^{-\frac{t}{T_2}}.$$

Setzen wir diesen Werth gleich (125), so erhalten wir

$$c_1 = -\frac{c'}{T_1}, \quad \text{oder} \quad c' = -c_1 T_1;$$

$$c_2 = -\frac{c''}{T_2}, \quad \text{oder} \quad c'' = -c_2 T_2.$$

Da $c_1 = -\, c_2$ ist, so können wir schreiben

$$c'' = c_1\, T_2.$$

Addiren wir c' und c'', so erhalten wir

$$c' + c'' = c_1\,(T_2 - T_1) = Q \quad [\text{cf. (127)}].$$

Wir haben also

$$c_1 = \frac{Q}{T_2 - T_1}\,;$$

$$c_2 = \frac{Q}{T_1 - T_2}\,;$$

$$c' = \frac{Q\,T_1}{T_1 - T_2}\,;$$

$$c'' = \frac{Q\,T_2}{T_2 - T_1}\,.$$

Setzen wir in (125) und (126) die Konstanten c_1, c_2, c' und c'' mit ihren ermittelten Werthen ein, so erhalten wir

$$(128)\qquad i = \frac{Q}{T_2 - T_1}\left\{ \varepsilon^{-\frac{t}{T_1}} - \varepsilon^{-\frac{t}{T_2}} \right\},$$

$$(129)\qquad q = \frac{Q}{T_1 - T_2}\left\{ T_1\,\varepsilon^{-\frac{t}{T_1}} - T_2\,\varepsilon^{-\frac{t}{T_2}} \right\}.$$

Die Erörterung einer nicht oscillirenden Entladung. — Diese Gleichungen liefern die vollständige Lösung nach Strom und Ladung zu einer beliebigen Zeit nach der Entladung. Sie lassen erkennen, dass, wenn $R^2 C$ grösser als $4\,L$ ist, die Entladung allmählich und kontinuirlich ohne Oscillation vor sich geht. i und q können geometrisch als die Differenz zweier absteigender logarithmischer Kurven dargestellt werden. Um dies noch klarer zu machen, können die Werthe der Zeitkonstanten T_1 und T_2 in die Koefficienten der Gleichungen (128) und (129) eingesetzt werden, mit dem Resultat:

$$(130)\qquad i = \frac{Q}{\sqrt{R^2 C^2 - 4\,L\,C}}\left\{ \varepsilon^{-\frac{t}{T_2}} - \varepsilon^{-\frac{t}{T_1}} \right\}.$$

$$(131) \qquad q = \frac{Q}{2} \left\{ \frac{RC}{\sqrt{R^2 C^2 - 4LC}} + 1 \right\} \varepsilon^{-\frac{t}{T_1}}$$

$$- \frac{Q}{2} \left\{ \frac{RC}{\sqrt{R^2 C^2 - 4LC}} - 1 \right\} \varepsilon^{-\frac{t}{T_2}}.$$

Die Figuren 20 und 21 illustriren diese Gleichungen für besondere Werthe von R, L und C. Die Werthe sind

$$R = 100 \text{ Ohm}; \quad L = 0{,}0016 \text{ Henry}; \quad C = 1 \text{ Mikrofarad}.$$

Durch Berechnung der Werthe T_1 und T_2 (95), nämlich $T_1 = 8 \times 10^{-5}$, und $T = 2 \times 10^{-5}$, nehmen die Gleichungen (130) und (131) mit diesen besonderen Werthen folgende Gestalt an:

$$(132) \qquad i = \frac{Q}{0{,}6 \times 10^{-5}} \left\{ \varepsilon^{-\frac{t}{2 \times 10^{-5}}} - \varepsilon^{-\frac{t}{8 \times 10^{-5}}} \right\},$$

$$(133) \quad q = \frac{Q}{2} \left(1\,^2/_3 + 1 \right) \varepsilon^{-\frac{t}{8 \times 10^{-5}}} - \frac{Q}{2} \left(1\,^2/_3 - 1 \right) \varepsilon^{-\frac{t}{2 \times 10^{-5}}}.$$

War der Kondensator bis auf das Potential 2000 Volt geladen und hatte derselbe eine Kapacität von 1 Mikrofarad, so ist die Ladung 0,002 Coulomb. Setzen wir diesen Werth für q ein, so ergiebt sich:

$$i = 33{,}33 \left(\varepsilon^{-\frac{t}{2 \times 10^{-5}}} - \varepsilon^{-\frac{t}{8 \times 10^{-5}}} \right),$$

$$q = \frac{1}{1000} \left(1\,^2/_3 + 1 \right) \varepsilon^{-\frac{t}{8 \times 10^{-5}}} - \frac{1}{1000} \left(1\,^2/_3 - 1 \right) \varepsilon^{-\frac{t}{2 \times 10^{-5}}},$$

wo i in Ampère und q in Coulomb gemessen ist.

In Fig. 20 stellen die Kurven I und II die beiden logarithmischen Kurven als Komponenten dar, entsprechend dem ersten und zweiten Glied von (130). Die Differenz dieser liefert die resultirende Stromkurve III. Die Kurve II, die dem zweiten Glied entspricht, hat die grössere Zeitkonstante und ist deshalb die wichtigere Kurve.

Die von Kurve III und von der Abscissenachse eingeschlossene Fläche ist gleich $\int i\,dt = Q$, ist also von den Konstanten des Leiters, durch den der Kondensator entladen wird, unabhängig.

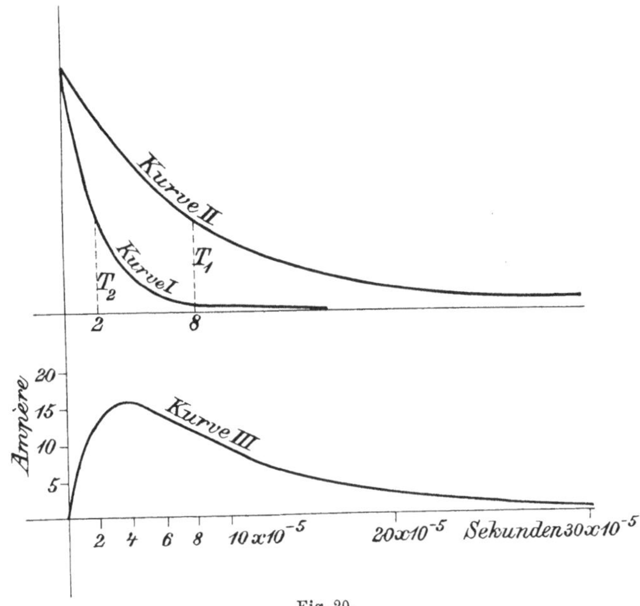

Fig. 20.

Die Stromkurve während einer nicht oscillirenden Ladung eines Kondensators von der Kapacität $C = 1$ Mikrofarad, $R = 100$ Ohm, $L = 0,0016$ Henry, Potential $= 2000$ Volt.

Der Strom erreicht seinen Maximalwerth in einem Punkte, der durch Differenziren von (130) gefunden werden kann. Man setzt das erste Differential dieser Gleichung in der bekannten Weise gleich Null. Auf diese Weise findet man, dass t_m die Zeit, zu der der Strom seinen Maximalwerth erreicht, gleich ist:

$$(134) \qquad t_m = \frac{L\,C}{\sqrt{R^2\,C^2 - 4\,L\,C}}\,\log\frac{T_1}{T_2}.$$

Setzen wir in (134) die besonderen Werthe, die bei Konstruktion der Kurve 20 gebraucht wurden, ein, so finden wir, dass die Zeit, wann der Strom seinen Maximalwerth erreicht, folgende ist:

$$t_m = 3{,}78 \times 10^{-5}.$$

Die Kurven I und II der Fig. 21 sind die beiden logarithmischen Kurven als Komponenten, entsprechend dem ersten und zweiten Glied der Ladungsgleichung (131). Die Kurve III wird erhalten durch Subtraktion von II und I und stellt die Ladung des Kondensators zu beliebiger Zeit dar. Wie man sieht, hat die obere Kurve I den grösseren Anfangswerth und fällt langsamer ab, da $T_1 > T_2$. Es ist dies also die wichtigere Kurve bei der Bestimmung der Entladung des Kondensators.

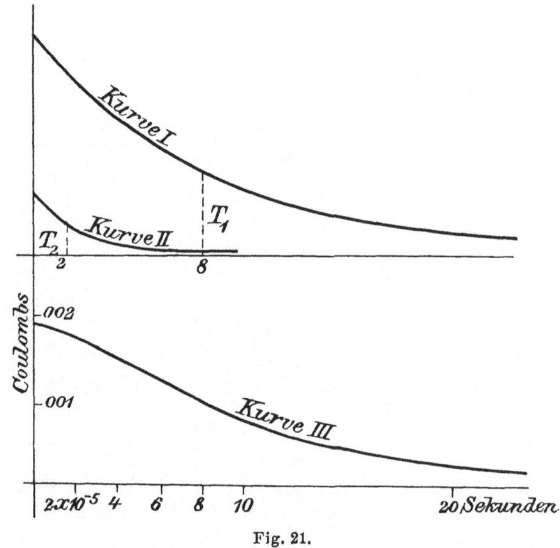

Fig. 21.

Die Ladungskurve bei der nicht oscillirenden Entladung eines Kondensators mit $C = 1$ Mikrofarad, $R = 100$ Ohm und $L = 0{,}0016$ Henry, Potential = 2000 Volt.

Die Gleichung (125) lässt sich auf einen Stromkreis anwenden, der nur R und L enthält.

Ist kein Kondensator im Stromkreis, so ist dies dasselbe, als ob ein Kondensator von unendlicher Kapacität im Stromkreis wäre. Substituiren wir also $C = \infty$ in (95) für die Zeitkonstanten, so erhalten wir

$$T_1 = \frac{2LC}{RC - \sqrt{R^2 C^2 - 4LC}} = \infty,$$

$$T_2 = \frac{2LC}{RC + \sqrt{R^2 C^2 - 4LC}} = \frac{L}{R}.$$

Nach Gleichung (101) erhalten wir für den Werth des Stromes zu beliebiger Zeit:

$$i = c_1\, \varepsilon^{-\frac{t}{T_1}} + c_2\, \varepsilon^{-\frac{t}{T_2}}.$$

Substituiren wir die obigen Werthe von T_1 und T_2 in diese Gleichung, so erhalten wir

$$i = c_1 + c_2\, \varepsilon^{-\frac{Rt}{L}}.$$

Wenn $t = 0$, dann ist $i = I$, d. h. der Stromwerth vor Wegnahme der E.M.K. Hieraus ergiebt sich

$$i = I = c_1 + c_2.$$

Ist aber $t = \infty$, dann ist $i = c_1 = 0$. Setzen wir diese Werthe für die Konstanten ein, so erhalten wir

$$i = I\, \varepsilon^{-\frac{Rt}{L}},$$

ein Resultat, das wir schon früher erlangt hatten [cf. (18)].

Gleichung (125) lässt sich auf einen Stromkreis anwenden, der nur R und C enthält.

Setzen wir $L = 0$ in die Werthe der Zeitkonstanten T und T_1 (95) ein, so werden die Ausdrücke unbestimmt, sie können aber leicht evaluirt werden, wenn wir Zähler und Nenner differenziren und dann $L = 0$ setzen. Wir haben

$$T_1 = \frac{2\,L\,C}{R\,C - \sqrt{R^2\,C^2 - 4\,L\,C}}.$$

Differenziren wir Zähler und Nenner in Bezug auf L, so erhalten wir:

$$\frac{\frac{d}{dL}(2\,L\,C)}{\frac{d}{dL}(R\,C - \sqrt{R^2\,C^2 - 4\,L\,C})} = \frac{2\,C}{\dfrac{4\,C}{2\sqrt{R^2\,C^2 - 4\,L\,C}}}$$

$$= \sqrt{R^2\,C^2 - 4\,L\,C}.$$

Setzen wir jetzt $L = 0$, so erhalten wir:

$$T_1 = R\,C,$$

und ähnlich

$$T_2 = - R\,C.$$

Gleichung (101) und (102) nehmen also die Form an:

$$(135) \qquad i = c_1\,\varepsilon^{-\frac{t}{RC}} + c_2\,\varepsilon^{+\frac{t}{RC}},$$

$$(136) \qquad q = c_3\,\varepsilon^{-\frac{t}{RC}} + c_4\,\varepsilon^{+\frac{t}{RC}}.$$

c_2 und c_4 müssen beide gleich Null sein, denn sonst wäre, wenn $t = \infty$, dann auch $i = \infty$ und $q = \infty$. Wenn $t = 0$, so ist $q = Q = c_3$. Differenziren wir (136) und setzen es gleich (135), so erhalten wir

$$i = \frac{dq}{dt} = -\frac{c_3}{RC}\,\varepsilon^{-\frac{t}{RC}} = c_1\,\varepsilon^{-\frac{t}{RC}},$$

und daher

$$c_1 = -\frac{c_3}{RC} = -\frac{Q}{RC}.$$

Setzen wir in (135) und (136) die für die Konstanten c_1, c_2, c_3, c_4 gefundenen Werthe ein, so erhalten wir:

$$(137) \qquad i = -\frac{Q}{RC}\,\varepsilon^{-\frac{t}{RC}} = I\,\varepsilon^{-\frac{t}{RC}},$$

$$(138) \qquad q = Q\,\varepsilon^{-\frac{t}{RC}}.$$

Dies sind die wohlbekannten Resultate für den Fall der Entladung, wenn der Stromkreis keine Selbstinduktion enthält [cf. (67) und (68)].

Oscillirende Entladung.

Bestimmung der Konstanten. — Für den Fall der oscillirenden Entladung sind die Strom- und Ladungsgleichungen zu beliebiger Zeit die folgenden:

$$(120) \qquad i = A\,\varepsilon^{-\frac{Rt}{2L}}\sin\left\{\frac{\sqrt{4\,L\,C - R^2\,C^2}}{2\,L\,C}\,t + \Phi\right\},$$

$$(123) \qquad q = A'\varepsilon^{-\frac{Rt}{2L}}\sin\left\{\frac{\sqrt{4\,L\,C - R^2\,C^2}}{2\,L\,C}\,t + \Phi'\right\}.$$

Die willkürlichen Konstanten A, A', Φ und Φ' werden gemäss denselben Bedingungen wie oben bestimmt werden, d. h. wenn $t = 0$, dann ist $i = 0$ und $q = Q$; in gleicher Weise wenn $t = \infty$, dann ist $i = 0$ und $q = 0$. Setzen wir in (120) $i = 0$ ein, wenn $t = 0$ ist, und in (123) $q = Q$, wenn $t = 0$, so erhalten wir

$$0 = A\,\sin\Phi$$

und

$$(139) \qquad Q = A'\sin\Phi'.$$

Da A und $\sin\Phi$ Konstanten sind und ihr Produkt $= 0$, so muss eins von ihnen gleich Null sein. Wenn aber $A = 0$, dann ist auch i für jeden Zeitpunkt $= 0$, was unmöglich ist. Folglich

$$(140) \qquad \Phi = 0.$$

Differenziren wir (123) und berücksichtigen nur, dass

$$i = \frac{dq}{dt},$$

so erhalten wir:

$$(141) \qquad i = \frac{dq}{dt} = -\frac{A'\,R\,\varepsilon^{-\frac{Rt}{2L}}}{2\,L}\sin\left\{\frac{\sqrt{4\,L\,C - R^2\,C^2}}{2\,L\,C}\,t + \Phi'\right\}$$

$$+ \frac{A'\varepsilon^{-\frac{Rt}{2L}}\sqrt{4\,L\,C - R^2\,C^2}}{2\,L\,C}\cos\left\{\frac{\sqrt{4\,L\,C - R^2\,C^2}}{2\,L\,C}\,t + \Phi'\right\}.$$

Setzen wir $i = 0$, wenn $t = 0$, so erhalten wir:

$$0 = -R\sin\Phi' + \frac{\sqrt{4\,L\,C - R^2\,C^2}}{C}\cos\Phi',$$

daher

$$(142) \qquad \Phi' = \tang^{-1}\frac{\sqrt{4\,L\,C - R^2\,C^2}}{R\,C}.$$

Aus (139) folgt:

$$A' = \frac{Q}{\sin \varPhi'}.$$

Und aus (142):

$$(143) \qquad A' = \frac{Q}{\sin \tan\mathrm{g}^{-1} \dfrac{\sqrt{4LC - R^2 C^2}}{RC}} = \frac{Q}{\sqrt{1 - \dfrac{R^2 C^2}{4LC}}}.$$

Um die Konstante A zu finden, transformiren wir (141) nach der Formel (27), so dass wir nur Sinusausdrücke haben. Der Koefficient des Sinus in der umgeänderten Gleichung ist

$$A' = \sqrt{\frac{1}{LC}}.$$

Da (141) und (120) Gleichungen nach i sind, so können wir die Koefficienten des Sinus einander gleich setzen und erhalten:

$$A = \frac{A'}{\sqrt{LC}}.$$

Und aus (143) folgt

$$(144) \qquad A = \frac{2Q}{\sqrt{4LC - R^2 C^2}}.$$

Setzen wir die Werthe A und $\varPhi$ aus (144) und (140) in Gleichung (120) ein, ferner A' und $\varPhi'$ aus (143) und (142) in Gleichung (123) ein, so erhalten wir:

$$(145) \qquad i = \frac{2Q}{\sqrt{4LC - R^2 C^2}}\, \varepsilon^{-\frac{Rt}{2L}} \sin\left\{ \frac{\sqrt{4LC - R^2 C^2}}{2LC}\, t \right\},$$

$$(146) \qquad q = \frac{2Q\sqrt{LC}}{\sqrt{4LC - R^2 C^2}}\, \varepsilon^{-\frac{Rt}{2L}}$$

$$\sin\left\{ \frac{\sqrt{4LC - R^2 C^2}}{2LC}\, t + \tan\mathrm{g}^{-1} \frac{\sqrt{4LC - R^2 C^2}}{LC} \right\}.$$

Besprechung der oscillirenden Entladung. — Diese Gleichungen sind leicht verständlich durch Hinweis auf Fig. 22. In diesen Kurven sind gemäss den vorstehenden Gleichungen

Strom und Ladung dargestellt. Besondere Werthe von R, L und C sind angenommen. Die besonderen Konstanten sind in diesem Falle:

$$R = 100 \text{ Ohm}; \quad L = 0{,}0125 \text{ Henry}; \quad C = 1 \text{ Mikrofarad}.$$

Hatte der Kondensator Anfangs eine Spannung von 2000 Volt, so ist $Q = 0{,}002$ Coulomb. Setzen wir diese Werthe in (145) und (146) ein, so erhält man die folgenden Werthe für Strom und Ladung:

$$i = 20\,\varepsilon^{-4000\,t} \sin 8000\,t,$$

und

$$q = 0{,}00224\,\varepsilon^{-4000\,t} \sin(8000\,t + \text{tang}^{-1} 2),$$

wo i in Ampères und q in Coulombs ausgedrückt ist. Kurve I,

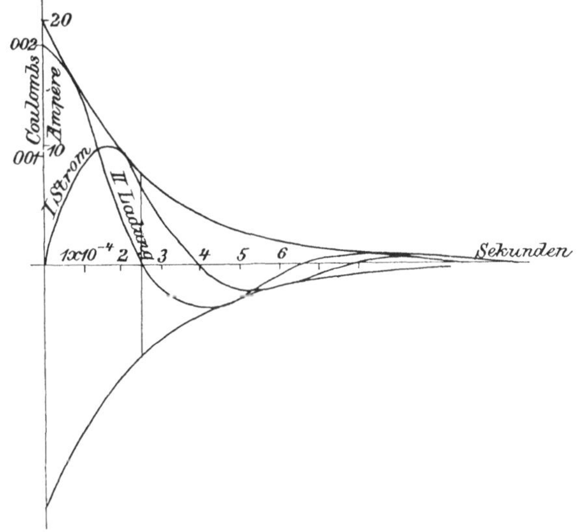

Fig. 22.

Oscillirende Entladung eines Kondensators mit $C = 1$ Mikrofarad, $R = 100$ Ohm und $L = 0{,}0125$ Henry, Anfangspotential 2000 Volt.

die den Strom darstellt, ist eine Sinuskurve mit einer Amplitude, die gemäss der logarithmischen Kurve $20\,\varepsilon^{-4000\,t}$ abfällt. Die Periode ist $\dfrac{2\pi}{8000} = 0{,}000785$ Sekunden, d. h. es finden 1275 vollständige Schwingungen pro Sekunde statt. Eine sehr geringe Anzahl von Schwingungen ist zur völligen Entladung hinreichend.

Die Ladung zu irgend einer Zeit ist durch Kurve II dargestellt, die ebenfalls eine Sinuskurve ist, deren Amplitude gemäss der logarithmischen Kurve in diesem Falle gleich $0{,}00224\,\varepsilon^{-4000\,t}$ ist. Die Verhältnisse in Fig. 22 sind so gewählt, dass ein und dieselbe logarithmische Kurve für Strom- und Ladungskurve eine Umhüllungskurve ist.

Die Perioden der beiden Kurven sind identisch, aber die Kurven haben einen Phasenunterschied $= \tan^{-1} 2$, d. h. die Ladung eilt dem Strom in einem Winkel von $63^{\circ}\,27'$ voran.

Die Entladung des Kondensators, wenn $R^2 C = 4\,L$.

Die Bestimmung der Konstanten. — Dies ist der kritische Fall, wenn die Entladung eben nicht oscillirend ist. Die Strom- und Ladungsgleichungen sind:

$$(121) \qquad i = c_1\,\varepsilon^{-\frac{Rt}{2L}} + c_2\,t\varepsilon^{-\frac{Rt}{2L}},$$

$$(124) \qquad q = c'\,\varepsilon^{-\frac{Rt}{2L}} + c''t\varepsilon^{-\frac{Rt}{2L}}.$$

Die willkürlichen Konstanten c_1, c_2, c', c'' dieser Gleichungen werden wir durch dieselben Bedingungen feststellen wie in den vorhergehenden Fällen, nämlich dass, wenn $t = 0$, dann auch $i = 0$ und $q = Q$. Die Gleichungen (121) und (124) werden dann zu

$$(147) \qquad 0 = c_1$$

$$Q = c'.$$

Differenziren wir (124) und setzen wir Q für c_1, so erhalten wir

$$(148) \qquad i = \frac{dq}{dt} = \left(-\frac{QR}{2L} + c'' - \frac{c''Rt}{2L}\right)\varepsilon^{-\frac{Rt}{2L}}.$$

Ist aber $t = 0$, dann ist auch $i = 0$; deshalb:

$$(149) \qquad c'' = \frac{QR}{2L}.$$

Setzen wir (121) und (148) einander gleich und ersetzen wir die Werthe der Konstanten, die in (147) und (149) erscheinen, so erhalten wir

$$(150) \qquad c_2 = \frac{Q\,R^2}{4\,L^2}.$$

Setzen wir für Q seinen Werth $E\,C$ ein, und für R^2 seinen äquivalenten Werth, in diesem Falle $\dfrac{4\,L}{C}$, so erhält (150) die Form:

$$c_2 = -\frac{E}{L}.$$

Nachdem wir so die Werthe der willkürlichen Konstanten bestimmt haben, erhalten wir für Strom und Ladung die folgenden Gleichungen:

$$(151) \qquad i = -\frac{E}{L}\, t\, \varepsilon^{-\frac{R\,t}{2\,L}},$$

$$(152) \qquad q = \left(1 + \frac{R\,t}{2\,L}\right) Q\, \varepsilon^{-\frac{R\,t}{2\,L}}.$$

Erörterung der Entladung, wenn $R^2 C = 4L$. — Diese Gleichungen liefern den Werth des Stromes und der Ladung zu einer beliebigen Zeit während der Entladung; für den Fall, dass letztere eben nicht oscillirend stattfindet. Dieser Fall heisst oft der Fall der schnellsten Entladung, derselbe wurde von Dr. W. E. Sumpner im „Philosophical Magazine" und später von Dr. Oliver Lodge im „London Electrician" vom 18. Mai 1888 besprochen.

Die Kurve I ist eine logarithmische Kurve. Der Anfangswerth beträgt $\dfrac{E}{L}$, die Zeitkonstante ist $\dfrac{2\,L}{R}$. Diese Kurve stellt die Gleichung dar für den Fall, dass t aus dem Koeffizienten ausgelassen ist, und jede Ordinate ist mit der Ordinate einer geraden Linie II multiplicirt, welch' letztere durch den Anfangspunkt geht und den gleichmässigen Zuwachs von t bedeutet. Das Produkt der Ordinaten der Kurven I und II liefert in jedem Punkte die Ordinate der Stromkurve III für jenen Punkt. Nimmt man wirkliche Werthe für R, L und C

an, so findet man es schwierig, diese Kurven abzutragen. Fig. 23 soll nur die Methode illustriren, nach der die Stromkurve konstruirt wird. Kurve I in Fig. 25 stellt den Strom

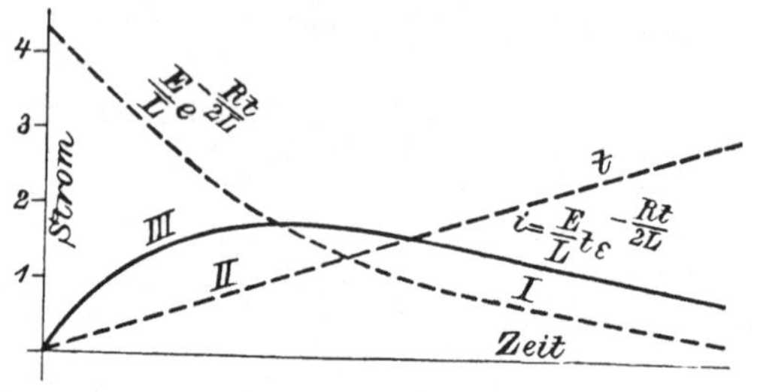

Fig. 23.

Methode der Konstruktion der Stromkurve für den Fall, dass $R^2C = 4L$.

für den Fall dar, dass $R = 100$ Ohm, $L = 2,5$ Henry und $C = 1000$ Mikrofarad, das Anfangspotential des Kondensators beträgt 2000 Volt.

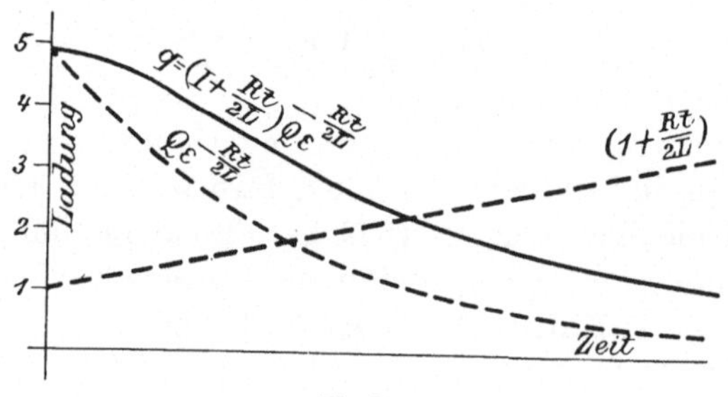

Fig. 24.

Die Konstruktionsmethode für eine Kurve, die die Ladung eines Kondensators zu beliebiger Zeit nach Entladung darstellt.

Die Konstruktionsmethode für eine Kurve, die die Ladung des Kondensators zu beliebiger Zeit nach Beginn der Entladung darstellt, ist durch Fig. 24 illustrirt und ist mit der vorerwähnten Methode der Konstruktion der Stromkurve identisch. Der Unterschied ist der, dass die gerade Linie durch einen Punkt geht, der um eine Längeneinheit über dem Koordinaten-Anfangspunkt auf der vertikalen Y-Axe liegt, anstatt wie vorher durch den Anfangspunkt zu gehen. Die logarithmische Kurve hat den Anfangswerth Q und die Zeitkonstante $\dfrac{2L}{R}$. Die Kurve, die für den Fall, dass $R = 100$ Ohm, $L = 2{,}5$ Henry und $C = 1000$ Mikrofarad, die Ladung darstellt,

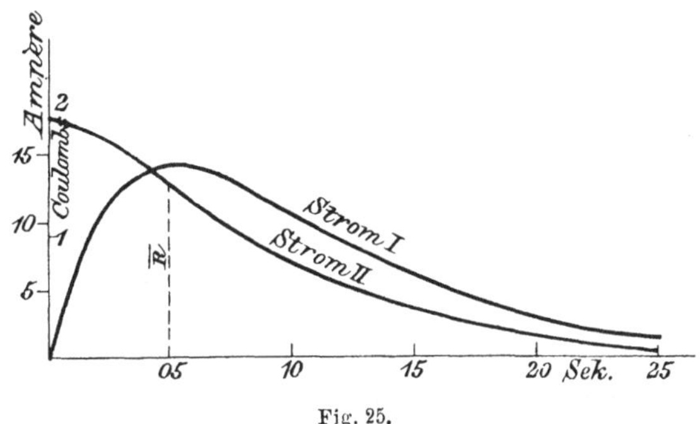

Fig. 25.

Die kritische Entladung eines Kondensators, wo $C = 1000$ Mikrofarad, durch einen Leiter mit $R = 100$ Ohm und $L = 2{,}5$ Henry.

ist durch Kurve II, Fig. 25, dargestellt. Auch hier ist ein Potential von 2000 Volt angenommen.

Achtes Kapitel.

Stromkreise mit R, L und C.

II. Fall. Die Ladung.

Inhalt: Differentialgleichungen mit $e = f(t) = E$. Lösungen: Aus der allgemeinen Integralgleichung. Drei Formen für i- und q-Gleichungen.

Nicht oscillirende Ladung.

Bestimmung der Konstanten. Vollständige Lösung nach i und q. Anwendung von (101) auf einen Stromkreis mit R und L; mit R und C.

Oscillirende Ladung.

Bestimmung der Konstanten. Vollständige Lösungen nach i und q. Strom- und Ladungskurven für einen besonderen Stromkreis.

Ladung eines Kondensators, wenn $R^2 C = 4 L$.

Bestimmung der Konstanten. Vollständige Lösungen nach i und q. Strom- und Ladungskurven in einem besonderen Stromkreis.

Die E.M.K., anstatt Null zu sein, wie in Fall I, hat in dem jetzt vorliegenden Falle den konstanten Werth E, d. h. $e = f(t) = E$. Dies ist der Fall, wenn eine E.M.K. plötzlich von einem konstanten Werth zu einem andern übergeht. Fall I ist also als besonderer Fall eingeschlossen, da $E = 0$ sein kann. Da e eine Konstante ist, so ist ihr erstes Differential gleich Null, also $f'(t) = 0$. Setzen wir diese Werthe von $f(t)$ und $f'(t)$ in die Differentialgleichungen (89) und (90) ein, so erhalten wir:

$$(153) \qquad \frac{d^2 i}{dt^2} + \frac{R}{L}\,\frac{di}{dt} + \frac{i}{LC} = 0,$$

und

$$(154) \qquad \frac{d^2 q}{dt^2} + \frac{R}{L}\,\frac{dq}{dt} + \frac{q}{LC} = \frac{E}{L}.$$

Wie man sieht, ist die Stromgleichung (153) mit (103) identisch, während die Ladungsgleichung (154) als rechte Seite der Gleichung $\frac{E}{L}$ aufweist, eine Konstante, anstatt, wie in (104), gleich Null zu sein. Durch Einsetzen einer neuen Veränderlichen $q' = q - EC$ kann diese Gleichung so umgewandelt werden, dass die rechte Seite gleich Null wird. So erhalten wir denn:

$$(155) \qquad \frac{d^2 q'}{dt^2} + \frac{R}{L}\,\frac{dq'}{dt} + \frac{q'}{LC} = 0.$$

Die Gleichungen (153) und (155) sind also wie im vorigen Falle:

$$(101) \qquad i = c_1\,\varepsilon^{-\frac{t}{T_1}} + c_2\,\varepsilon^{-\frac{t}{T_2}},$$

$$q' = c_3\,\varepsilon^{-\frac{t}{T_1}} + c_4\,\varepsilon^{-\frac{t}{T_2}}.$$

Setzen wir den Werth von q' ein und berücksichtigen wir, dass $Q = EC = $ Endladung ist, so erhalten wir

$$(156) \qquad q = Q + c_3\,\varepsilon^{-\frac{t}{T_1}} + c_4\,\varepsilon^{-\frac{t}{T_2}}.$$

Diese Gleichungen (101) und (156) für Strom und Ladung hätten wir ohne Weiteres aus (99) und (100) erhalten können, indem wir $f(t) = E$ und $f'(t) = 0$ gesetzt hätten. Führen wir dies aus, so erhalten wir:

$$q = \frac{EC}{\sqrt{R^2 C^2 - 4LC}}\,(T_1 - T_2) + c_3\,\varepsilon^{\frac{t}{T_1}} + c_4\,\varepsilon^{\frac{t}{T_2}}.$$

Mit Benutzung der Werthe von T_1 und T_2 in (95) finden wir, dass

$$T_1 - T_2 = \sqrt{R^2 C^2 - 4LC}\,;$$

und so ist diese Gleichung mit (156) identisch, da $Q = EC$.

Wie im Fall I, wo $f(t) = 0$ ist, können die Gleichungen (101) und (156), wenn $f(t) = E$, drei Formen annehmen.

Wenn $R^2 C > 4 L$,

$$i = c_1 \varepsilon^{-\frac{t}{T_1}} + c_2 \varepsilon^{-\frac{t}{T_2}}, \tag{157}$$

$$q = Q + c' \varepsilon^{-\frac{t}{T_1}} + c'' \varepsilon^{-\frac{t}{T_2}}. \tag{158}$$

Wenn $R^2 C < 4 L$,

$$i = A \varepsilon^{-\frac{Rt}{2L}} \sin \left\{ \frac{\sqrt{4 L C - R^2 C^2}}{2 L C} t + \Phi \right\}, \tag{159}$$

$$q = Q + A' \varepsilon^{-\frac{Rt}{2L}} \sin \left\{ \frac{\sqrt{4 L C - R^2 C^2}}{2 L C} t + \Phi \right\}. \tag{160}$$

Wenn $R^2 C = 4 L$,

$$i = c_1 \varepsilon^{-\frac{Rt}{2L}} + c_2 t \varepsilon^{-\frac{Rt}{2L}}, \tag{161}$$

$$q = Q + c' \varepsilon^{-\frac{Rt}{2L}} + c'' t \varepsilon^{-\frac{Rt}{2L}}. \tag{162}$$

Die Integrationskonstanten müssen, wie immer, durch die Bedingungen der Aufgabe bestimmt werden. Wir müssen also den früheren Zustand des Stromkreises, die stattfindenden Aenderungen und den Endzustand berücksichtigen.

Nicht oscillirende Entladung.

Bestimmung der Konstanten. — Die Konstanten c_1, c_2, c', c'' von (157) und (158) werden durch die folgenden Bedingungen bestimmt:

Wenn $t = 0$, dann $i = 0$ und $q = Q_0$.

Wenn $t = \infty$, dann $i = 0$ und $q = Q$.

Das bedeutet, dass der Kondensator plötzlich geladen oder entladen wird von der Anfangsladung Q_0 bis auf die Endladung Q. Bestimmen wir die Konstanten wie in Fall I, so finden wir die Werthe:

$$c_1 = \frac{Q_0 - Q}{T_2 - T_1},$$

$$c_2 = \frac{Q_0 - Q}{T_1 - T_2},$$

$$c' = \frac{(Q_0 - Q)\, T_1}{T_1 - T_2},$$

$$c'' = \frac{(Q_0 - Q)\, T_2}{T_2 - T_1}.$$

Setzen wir diese Werthe in (157) und (158) ein, so erhalten wir:

$$(163) \qquad i = \frac{Q_0 - Q}{T_2 - T_1} \left\{ \varepsilon^{-\frac{t}{T_1}} - \varepsilon^{-\frac{t}{T_2}} \right\},$$

$$(164) \qquad q = Q + \frac{Q_0 - Q}{T_1 - T_2} \left\{ T_1\, \varepsilon^{-\frac{t}{T_1}} - T_2\, \varepsilon^{-\frac{t}{T_2}} \right\}.$$

Für die Anfangsladung Q_0 können wir $C E_0$ und für die Endladung Q können wir $C E$ setzen.

Diese Gleichungen liefern den Werth des Stromes und der Ladung zu beliebiger Zeit nach der Aenderung der E.M.K. von E_0 auf E in einem Stromkreis, wo $R^2 C > 4 L$. Da die Gleichungen nun auf ihre allgemeine Form gebracht sind, so gelten sie entweder für vollständige oder theilweise Ladung oder Entladung, je nachdem wir die Werthe von E_0 und E, und folglich von Q_0 und Q wählen.

Ist die Endladung $Q = 0$, so haben wir den Fall einer vollständigen Entladung, und die Gleichungen nehmen die Form von (128) und (129) an. Ist die Anfangsladung $Q_0 = 0$, so haben wir den Fall einer Ladung von 0 auf Q.

Erörterung der nicht oscillirenden Endladung. — Diese Gleichungen werden verständlich durch Hinblick auf Fig. 26.

Der Kondensator hatte ursprünglich keine Ladung, und wenn er auf das Potential von 2000 Volt gebracht ist, hat er eine Ladung von 0,002 Coulomb. Die Stromkurve I, Fig. 26, ist identisch mit Kurve III, Fig. 20, die den Strom während der Entladung darstellt. Kurve II, welche die Ladung darstellt, ist dieselbe wie Kurve III, Fig. 21, mit dem Unterschied, dass sie von der horizontalen Linie $Q - 0{,}002$ umgekehrt und abwärts abgetragen ist. Es ist bemerkenswerth, dass die Ordinaten der Kurve I, die den Strom darstellen, in jedem Punkte den Tangenten des Neigungswinkels der Kurve II proportional sind, indem der Strom $i = \dfrac{dq}{dt}$, und $\dfrac{dq}{dt}$ ist die Tangente des Neigungswinkels der Kurve II. Man sieht, dass der Punkt der Richtungsänderung der Kurve II da liegt, wo die

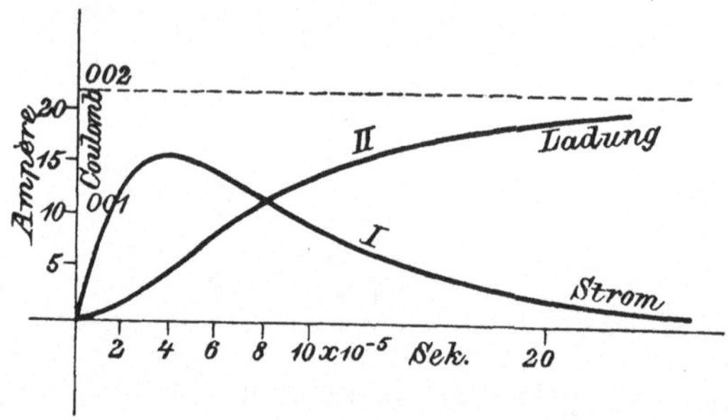

Fig. 26.

Nicht oscillirende Entladung eines Kondensators mit $C = 1$ Mikrofarad, durch einen Leiter mit $R = 100$ Ohm, $L = 0{,}0125$ Henry, mit dem Potential 2000 Volt.

Stromkurve I ihren Maximalwerth erreicht. Thatsächlich könnte man die Kurve I geometrisch nach der oben erwähnten Betrachtung zeichnen.

Anwendung von Gleichung (101) auf einen Stromkreis, der nur R und L enthält, im Falle der Einführung einer E.M.K.

In diesem Falle ist kein Kondensator im Stromkreis, d. h. $C = \infty$. Setzen wir $C = \infty$ in die Werthe der Zeitkonstanten (95) ein, so erhalten wir

$$T_1 = \infty, \quad T_2 = \frac{L}{R},$$

wie im Fall I, wo der Strom nach Wegnahme der E.M.K. abfällt.

$$i = c_1 + c_2\,\varepsilon^{-\frac{Rt}{L}}.$$

Wenn $t = 0$,
$$i = 0 = c_1 + c_2.$$
Wenn $t = \infty$,
$$i = I = c_1. \quad \therefore c_2 = -I.$$

Setzen wir diese Werthe für die Konstanten c_1 und c_2 ein, so erhalten wir:

$$i = I \left(1 - \varepsilon^{-\frac{Rt}{L}} \right).$$

I ist der stationäre Endwerth des Stromes und ist gleich $\dfrac{E}{R}$; deshalb haben wir:

$$(21) \qquad i = \frac{E}{R} \left(1 - \varepsilon^{-\frac{Rt}{L}} \right),$$

Anwendung von (156) auf einen Stromkreis mit R und C im Falle der Ladung.

Setzen wir $L = 0$ in die Werthe der Zeitkonstanten T_1 und T_2 ein, so werden die Ausdrücke unbestimmt, aber sie können wie früher evaluirt werden, indem wir Zähler und Nenner differenziren, ehe wir $L = 0$ setzen. Wir erhalten demnach:

$$T_1 = RC. \qquad T_2 = -RC.$$

Setzen wir diese Werthe in (101) und (165) ein, so erhalten wir:

$$(165) \qquad i = c_1 \varepsilon^{-\frac{t}{RC}} + c_2 \varepsilon^{\frac{t}{RC}},$$

$$(166) \qquad q = Q + c_3 \varepsilon^{-\frac{t}{RC}} + c_4 \varepsilon^{+\frac{t}{RC}}.$$

Q_0 ist die ursprüngliche Ladung des Kondensators und Q ist die Endladung. Die Konstanten c_2 und c_4 müssen gleich Null sein, denn sonst wäre bei $t = \infty$, auch $i = \infty$ und $q = \infty$. Wenn $t = 0$, so wird (166)

$$Q_0 = Q + c_3. \qquad \therefore c_3 = Q_0 - Q.$$

Differenziren wir (166) und setzen es gleich (165), so erhalten wir:

$$i = \frac{dq}{dt} = -\frac{c_3}{RC} \varepsilon^{-\frac{t}{RC}} = c_1 \varepsilon^{-\frac{t}{RC}},$$

daher

$$c_1 = -\frac{c_2}{RC} = -\frac{Q_0 - Q}{RC}.$$

Setzen wir in (165) und (166) die Werthe für die Konstanten c_1, c_2, c_3, c_4 ein, so ergiebt sich

$$(167) \qquad i = -\frac{Q_0 - Q}{RC}\,\varepsilon^{-\frac{t}{RC}},$$

$$(168) \qquad q = Q + (Q_0 - Q)\,\varepsilon^{-\frac{t}{RC}}.$$

Diese Gleichungen gelten für Ladung und Entladung von Q_0 bis Q durch einen Leiter mit R, aber ohne L. Ist die Endladung $Q = 0$, so haben wir den Fall der vollständigen Entladung. Die Gleichungen werden mit (137) und (138) identisch. Ist die Anfangsladung $Q_0 = 0$, so erhalten wir den Fall einer Ladung von 0 auf Q. Hierdurch nehmen (167) und (168) folgende Form an:

$$i = \frac{Q}{RC}\,\varepsilon^{-\frac{t}{RC}},$$

$$q = Q\left(1 - \varepsilon^{-\frac{t}{RC}}\right).$$

Diese Gleichungen sind mit (72) und (71) identisch. Man erkennt, dass die Stromgleichung und die Entladungsgleichung (137) gleich sind, und ferner, dass die Ladungsgleichung der Gleichung (21) analog ist.

Oscillirende Ladung.

Bestimmung der Konstanten. — Die Konstanten A, A', Φ und Φ' in (159) und (160) werden wie oben bestimmt, nämlich:

Wenn $t = 0$, dann $i = 0$ und $q = Q_0$.

Wenn $t = \infty$, dann $i = 0$ und $q = Q$.

Die Bedeutung dieser Annahme ist dieselbe wie im vorhergehenden Falle, nämlich dass der Kondensator plötzlich von der Anfangsladung Q_0 auf die Endladung Q gebracht wird. Indem wir die Konstanten auf dieselbe Weise wie in Fall I bestimmen, erhalten wir die Beziehung

$$A = \frac{2(Q_0 - Q)}{\sqrt{4LC - R^2 C^2}},$$

$$A' = \frac{2(Q_0 - Q)\sqrt{LC}}{\sqrt{4LC - R^2 C^2}},$$

$$\varphi = 0,$$

$$\Phi' = \tan^{-1} \frac{\sqrt{4LC - R^2 C^2}}{RC}.$$

Benutzen wir diese Werthe, so erhalten (159) und (160) die Form

$$(169) \qquad i = \frac{2(Q_0 - Q)}{\sqrt{4LC - R^2 C^2}}\, \varepsilon^{-\frac{Rt}{2L}} \sin \frac{\sqrt{4LC - R^2 C^2}}{2LC}\, t.$$

$$(170) \qquad q = Q + \frac{2(Q_0 - Q)\sqrt{LC}}{\sqrt{4LC - R^2 C^2}}\, \varepsilon^{-\frac{Rt}{2L}}$$

$$\sin \left\{ \frac{\sqrt{4LC - R^2 C^2}}{2LC}\, t + \tan^{-1} \frac{\sqrt{4LC - R^2 C^2}}{RC} \right\}.$$

Wir können CE_0 für die Anfangsladung Q_0 und CE für die Endladung Q setzen.

Erörterung der oscillirenden Entladung. — Da die Gleichungen nun auf ihre allgemeine Form gebracht sind, so gelten sie für vollständige oder theilweise Ladung oder Entladung, je nach den Werthen, die wir Q_0 und Q zuweisen. Ist die Endladung $Q = 0$, so haben wir den Fall der vollständigen Entladung und dann nehmen die Gleichungen die Form von (145) und (146) an. Ist Q kleiner als Q_0, so haben wir eine theilweise Entladung, im umgekehrten Fall haben wir eine theilweise Ladung.

Ist die ursprüngliche Ladung $Q_0 = 0$, so haben wir den Fall einer Ladung von 0 auf Q.

Fig. 27 illustrirt den Fall einer oscillirenden Ladung mittelst eines Leiters, der dieselben Konstanten aufweist wie Fig. 22. Die Stromkurve I ist dieselbe wie in Fig. 22, und die Ladungskurve II ist dieselbe wie in jener Figur, nur umgekehrt und von der horizontalen Linie $Q = 0{,}002$ nach abwärts aufgetragen. Man sieht, dass bei der Ladung die Quantität anfangs ihren

Endwerth übersteigt und dann um diesen Endwerth oscillirt, bis sie stationär geworden ist.

Ladung eines Kondensators, wenn $R^2 C = 4 L$.

Bestimmung der Konstanten. — Dies ist der kritische Fall, wo die Ladung eben nicht oscillirend ist. Die Strom- und Ladungsgleichungen sind wie folgt:

$$(161) \qquad i = c_1 \varepsilon^{-\frac{R t}{2 L}} + c_2 t \varepsilon^{-\frac{R t}{2 L}},$$

$$(162) \qquad q = Q + c' \varepsilon^{-\frac{R t}{2 L}} + c'' t \varepsilon^{-\frac{R t}{2 L}}.$$

Die Anfangsladung ist Q_0 und die Endladung ist Q. Zur Bestimmung der willkürlichen Konstanten setzen wir $t = 0$.

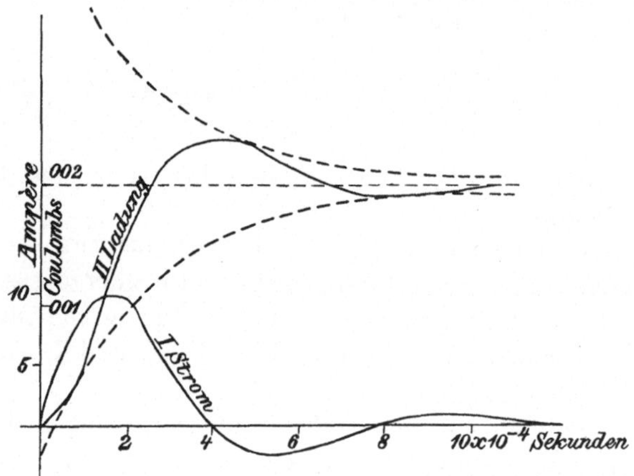

Fig. 27.

Oscillirende Ladung eines Kondensators mit $C = 1$ Mikrofarad, durch einen Leiter mit $R = 100$ Ohm, $L = 0,0125$ Henry, bei einem Potential von 2000 Volt.

Es ist $i = 0$ und $q = Q_0$. Gleichung (161) und (162) werden dann:

$$c_1 = 0,$$

$$c' = Q_0 - Q.$$

Differenziren wir Gleichung (162) und setzen dann den Werth für c_1 ein, so ergiebt sich:

$$(171) \qquad i = \frac{dq}{dt} = \left(- \frac{(Q_0 - Q) R}{2 L} + c'' - \frac{c'' R t}{2 L} \right) \varepsilon^{- \frac{R t}{2 L}}.$$

Wenn $t = 0$, dann ist $i = 0$, und deshalb:

$$c'' = \frac{(Q_0 - Q) R}{2 L}.$$

Setzen wir (161) und (171) einander gleich, und ersetzen die Werthe von c_1, c', c'', so erhalten wir:

$$c_2 = - (Q_0 - Q) \frac{R^2}{4 L^2}.$$

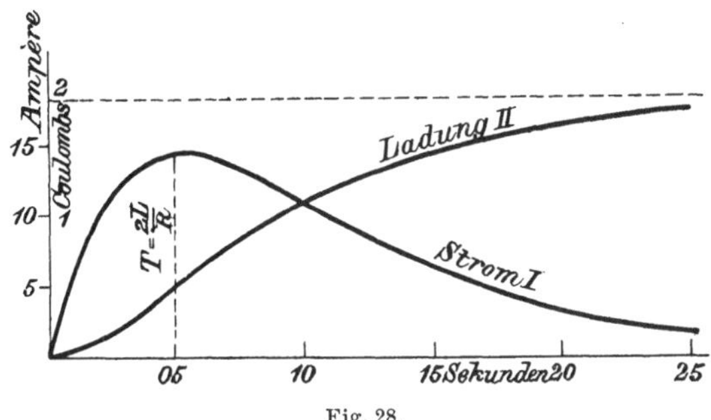

Fig. 28.

Die eben nicht oscillirende Ladung eines Kondensators mit $C = 1000$ Mikrofarad,
durch einen Leiter mit $R = 100$ Ohm, $L = 2{,}5$ Henry.

Sind E_0 und E die Anfangs- und Endpotentiale, so können wir $E_0 c$ für Q_0 und $E c$ für Q setzen. Da nun $R^2 = \frac{4 L}{C}$, so ergiebt sich:

$$c_2 = \frac{E - E_0}{L}.$$

Setzen wir die Werthe der willkürlichen Konstanten wieder ein, so ergiebt sich:

$$(172) \qquad i = \frac{E - E_0}{L} t \varepsilon^{- \frac{R t}{2 L}},$$

$$(173) \qquad q = Q + (Q_0 - Q) \left(1 + \frac{R t}{2 L} \right) \varepsilon^{- \frac{R t}{2 L}}.$$

Erörterung der Ladung, wenn $R^2 C = 4 L$. — Im Falle der Ladung eines Kondensators ist die Stromkurve, wie sie durch (172) dargestellt ist, dieselbe wie bei (151). Sie ist durch Fig. 28, Kurve I, dargestellt und lässt sich nach der in Fig. 23 gezeigten Weise konstruiren. Die Kurve II in Fig. 28, die die Ladung darstellt, ist ebenso wie Kurve II, Fig. 25, konstruirt. Die Analogie zwischen Kurve II, Fig. 28, und Kurve II, Fig. 25, tritt sofort zu Tage.

Neuntes Kapitel.

Stromkreise mit Widerstand, Selbstinduktion und Kapacität.

III. Fall.
Lösung und Erörterung für den Fall einer harmonischen E.M.K.

Inhalt: Ableitung der besonderen Gleichung aus den allgemeinen Gleichungen für den Fall einer harmonischen E.M.K. Vollständige Lösungen nach i und q. Direkte Ableitung derselben Gleichung von den Differentialgleichungen.

Erörterung des III. Falles. Harmonische E.M.K.

Das Impediment. Fall A: Stromkreise mit R und L. Fall B: Stromkreise mit R und C. Fall C: Stromkreise mit R. Fall D: Stromkreise mit C.

Wirkungen der Aenderung der Konstanten eines Stromkreises.

I. Aenderung der E.M.K. II. Aenderung von R. III. Aenderung der Konstanten L. IV. Aenderung von C. V. Aenderung der Periode. Die Energie, die pro Sekunde in einem Stromkreis verausgabt wird, in dem ein harmonisch veränderlicher Strom fliesst.

Ableitung der Gleichungen für den Fall einer harmonischen E.M.K. von der allgemeinen Gleichung.

Bei der Untersuchung der vorhergehenden Fälle der Entladung und Ladung wurden die Gleichungen für den Werth des Stromes und der Ladung auf doppelte Weise abgeleitet, zunächst von der allgemeinen Gleichung und darauf von der Differentialgleichung.

Der Fall eines Stromkreises mit R, L und C, in dem die treibende E.M.K. harmonisch veränderlich ist, soll jetzt in Betracht gezogen werden. Wir werden die betreffenden Gleichungen zuerst von den allgemeinen Gleichungen (99) und (100) und dann direkt von den Differentialgleichungen (89) und (90) ableiten. Im vorliegenden Falle ist:

$$(174) \qquad e = f(t) = E \sin \omega t,$$

und

$$(175) \qquad \frac{de}{dt} = f'(t) = E \omega \cos \omega t.$$

Setzen wir diese Werthe in (99) und (100) ein, so ergiebt sich:

$$(176) \qquad i = \frac{C E \omega}{\sqrt{R^2 C^2 - 4 L C}} \left\{ \varepsilon^{-\frac{t}{T_1}} \int \varepsilon^{+\frac{t}{T_1}} \cos \omega t \, dt \right.$$

$$\left. - \varepsilon^{-\frac{t}{T_2}} \int \varepsilon^{+\frac{t}{T_2}} \cos \omega t \, dt \right\} + c_1 \varepsilon^{-\frac{t}{T_1}} + c_2 \varepsilon^{-\frac{t}{T_2}},$$

und

$$(177) \qquad q = \frac{C E}{\sqrt{R^2 C^2 - 4 L C}} \left\{ \varepsilon^{-\frac{t}{T_1}} \int \varepsilon^{+\frac{t}{T_1}} \sin \omega t \, dt \right.$$

$$\left. - \varepsilon^{-\frac{t}{T_2}} \int \varepsilon^{+\frac{t}{T_2}} \sin \omega t \, dt \right\} + c_3 \varepsilon^{-\frac{t}{T_1}} + c_4 \varepsilon^{-\frac{t}{T_2}}.$$

Da die Lösung nach q derjenigen nach i ähnlich ist, so wollen wir die Integration und Reduktion von (176) allein geben, und dann werden wir einfach den entsprechenden Ausdruck für q angeben. Man findet die Integrale nach der Reduktionsformel [cf. (24) und (25)]. Die Integration eines jeden Gliedes der (176) liefert:

$$(178). \quad \varepsilon^{-\frac{t}{T}} \int \varepsilon^{+\frac{t}{T}} \cos \omega t \, dt = \frac{1}{\frac{1}{T^2} + \omega^2} \left\{ \frac{1}{T} \cos \omega t + \omega \sin \omega t \right\}.$$

Setzen wir zur Vereinfachung

$$\tau_1 = \frac{1}{T_1} \quad \text{und} \quad \tau_2 = \frac{1}{T_2},$$

so liefert (176) das folgende Resultat:

$$(179) \quad i = \frac{C E \omega}{\sqrt{R^2 C^2 - 4 L C}} \left\{ \left(\frac{\tau_1}{\tau_1{}^2 + \omega^2} - \frac{\tau_2}{\tau_2{}^2 + \omega^2} \right) \cos \omega t \right.$$

$$\left. + \left(\frac{\omega}{\tau_1{}^2 + \omega^2} - \frac{\omega}{\tau_2{}^2 + \omega^2} \right) \sin \omega t \right\} + c_1 \varepsilon^{-\frac{t}{T_1}} + c_2 \varepsilon^{-\frac{t}{T_2}}.$$

Diese Gleichung lässt sich durch Einsetzung der Werthe für τ_1 und τ_2 vereinfachen [siehe (95)]:

$$\tau_1 = \frac{1}{T_1} = \frac{R C - \sqrt{R^2 C^2 - 4 L C}}{2 L C},$$

$$\tau_2 = \frac{1}{T_2} = \frac{R C + \sqrt{R^2 C^2 - 4 L C}}{2 L C}.$$

Bringen wir noch einige Vereinfachungen an, so erhalten wir endlich:

$$(180) \quad i = \frac{E R \omega^2}{R^2 \omega^2 + \left(\dfrac{1}{C} - L \omega^2 \right)^2} \sin \omega t$$

$$+ \frac{E \omega \left(\dfrac{1}{C} - L \omega^2 \right)}{R^2 \omega^2 + \left(\dfrac{1}{C} - L \omega^2 \right)^2} \cos \omega t + c_1 \varepsilon^{-\frac{t}{T_1}} + c_2 \varepsilon^{-\frac{t}{T_2}}.$$

Diese Gleichung lässt sich durch Anwendung der bekannten trigonometrischen Formel [siehe (27)] noch weiter vereinfachen:

$$A \sin x + B \cos x = \sqrt{A^2 + B^2} \sin \left(x + \tang^{-1} \frac{B}{A} \right).$$

Wir erhalten schliesslich die folgende Form:

$$(181) \quad i = \frac{E}{\sqrt{R^2 + \left(\dfrac{1}{C \omega} - L \omega \right)^2}}$$

$$\sin \left\{ \omega t + \tang^{-1} \left(\frac{1}{C R \omega} - \frac{L \omega}{R} \right) \right\} + c_1 \varepsilon^{-\frac{t}{T_1}} + c_2 \varepsilon^{-\frac{t}{T_2}}.$$

Dies ist die vollständige Lösung für den Strom, der in

einem Stromkreise fliesst mit R, L und C, wenn die E.M.K. harmonisch und gleich $E \sin \omega t$ ist. Die Erörterung dieser Gleichung folgt gegen Ende des Kapitels.

Die Ladungsgleichung.

Die entsprechende Ladungsgleichung, die durch die Beziehung $q = \int i\, dt$ gegeben ist, hat die folgende Form:

$$(182) \qquad q = \frac{-E}{\omega \sqrt{R^2 + \left(\dfrac{1}{C\omega} - L\omega\right)^2}}$$

$$\cos\left\{\omega t + \tang^{-1}\left(\frac{1}{CR\omega} - \frac{L\omega}{R}\right)\right\} + c_3\, \varepsilon^{-\frac{t}{T_1}} + c_4\, \varepsilon^{-\frac{t}{T_2}}.$$

Es ist dies die vollständige Lösung für die Ladung für einen Stromkreis unter den obigen Bedingungen.

Direkte Ableitung von der Differentialgleichung.

Gleichung (181) lässt sich wie erwähnt auch direkt aus der ursprünglichen Differentialgleichung erhalten, wenn wir annehmen, dass die E.M.K. harmonisch veränderlich ist, d. h. wenn $e = E \sin \omega t$. Setzen wir $\dfrac{de}{dt} = E\omega \cos \omega t$ in (89) ein, so ergiebt sich

$$(183) \qquad \frac{d^2 i}{dt^2} + \frac{R}{L}\,\frac{di}{dt} + \frac{i}{LC} = \frac{E\omega}{L}\cos \omega t.$$

Dies ist eine lineare Gleichung zweiter Ordnung mit konstanten Koefficienten. Das vollständige Integral einer solchen Gleichung besteht aus zwei Summanden, dem besonderen Integral und der Komplementfunktion.

Man erhält die letztere, indem man die linke Seite gleich Null setzt; sie enthält zwei willkürliche Konstanten. Das besondere Integral enthält keine willkürlichen Konstanten. Die Komplementfunktion ist:

$$(101) \qquad i = c_1\, \varepsilon^{-\frac{t}{T_1}} + c_2\, \varepsilon^{-\frac{t}{T_2}}.$$

Um das besondere Integral zu finden, bedienen wir uns der symbolischen Bezeichnungsweise:

$$D = \frac{d\,[\ ]}{dt}, \qquad D^2 = \frac{d^2\,[\ ]}{dt^2}.$$

Durch Einführung dieser Bezeichnungsweise nimmt (183) folgende Form an:

$$\left(D^2 + \frac{R}{L}\,D + \frac{1}{L\,C}\right) i = \frac{E\,\omega}{L}\,\cos \omega\, t,$$

oder

$$(184) \qquad i = \frac{\dfrac{E\,\omega}{L}\,\cos \omega\, t}{\left(D^2 + \dfrac{R}{L}\,D + \dfrac{1}{L\,C}\right)}.$$

Um ferner den Werth von D^2 zu finden, beachten wir, dass

$$\frac{d\,\cos \omega\, t}{dt} = D \cos \omega\, t = -\,\omega \sin \omega\, t,$$

$$\frac{d^2\,\cos \omega\, t}{dt^2} = D^2 \cos \omega\, t = -\,\omega^2 \cos \omega\, t.$$

Daher

$$D^2 = -\,\omega^2.$$

Setzen wir in (184) $D^2 = -\,\omega^2$ ein, so ergiebt sich

$$(185) \qquad i = \frac{E\,\omega}{L\left(\dfrac{R}{L}\,D + \dfrac{1}{L\,C} - \omega^2\right)}\,\cos \omega\, t$$

$$= \frac{E\,\omega}{R\,D + \dfrac{1}{C} - L\omega^2}\,\cos \omega\, t.$$

Multipliciren wir jetzt Zähler und Nenner des Koefficienten von $\cos \omega\, t$ mit

$$R\,D - \left(\frac{1}{C} - L\,\omega^2\right),$$

so erhalten wir:

$$i = \frac{E\,\omega\left\{R\,D - \left(\dfrac{1}{C} - L\,\omega^2\right)\right\}}{R^2\,D^2 - \left(\dfrac{1}{C} - L\,\omega^2\right)^2}\,\cos \omega\, t.$$

Setzen wir $-\omega^2$ für D^2 ein, und theilen wir dann in zwei Glieder, so ergiebt sich:

$$i = \frac{-E\,\omega\,R\,D\,\cos\,\omega\,t + E\,\omega\left(\dfrac{1}{C} - L\,\omega^2\right)\cos\,\omega\,t}{R^2\,\omega^2 + \left(\dfrac{1}{C} - L\,\omega^2\right)^2}.$$

Da aber $D\cos\,\omega\,t = -\,\omega\sin\,\omega\,t$, so ist

$$i = \frac{E\,\omega^2\,R\sin\,\omega\,t}{R^2\,\omega^2 + \left(\dfrac{1}{C} - L\,\omega^2\right)^2} + \frac{E\,\omega\left(\dfrac{1}{C} - L\,\omega\right)\cos\,\omega\,t}{R^2\,\omega^2 + \left(\dfrac{1}{C} - L\,\omega^2\right)^2}.$$

Dies ist das besondere Integral, zu dem die Komplementfunktion (101) hinzuzuaddiren ist, um das vollständige Integral zu erhalten. Letzteres ist dann

$$(186)\qquad i = \frac{E\,\omega^2\,R\sin\,\omega\,t}{R^2\,\omega^2 + \left(\dfrac{1}{C} - L\,\omega^2\right)^2} + \frac{E\,\omega\left(\dfrac{1}{C} - L\,\omega^2\right)\cos\,\omega\,t}{R^2\,\omega^2 + \left(\dfrac{1}{C} - L\,\omega^2\right)^2}$$
$$+\, c_1\,\varepsilon^{-\frac{t}{T_1}} + c_2\,\varepsilon^{-\frac{t}{T_2}}.$$

Wie man sieht, ist diese Lösung mit (180) identisch. In ähnlicher Weise lässt sich die Lösung für die Ladung aus der Differentialgleichung (90) erhalten.

Erörterung von Fall III. — Harmonische E.M.K.

Diese Lösungen (180) und (182) deuten an, dass nach einer sehr kurzen Zeit, nämlich wenn die Exponentialausdrücke, die die willkürlichen Integrationskonstanten enthalten, vernachlässigt werden können, Strom und Ladung einfache harmonische Funktionen sind und entweder der treibenden E.M.K. voraneilen oder hinter ihr zurückbleiben. Der Strom bleibt hinter der treibenden E.M.K. zurück, wenn $L\,\omega > \dfrac{1}{C\,\omega}$, und eilt derselben voran, wenn $L\,\omega < \dfrac{1}{C\,\omega}$. Wenn $L\,\omega = \dfrac{1}{C\,\omega}$, d. h. wenn $\omega = \dfrac{1}{\sqrt{L\,C}}$, dann giebt es weder Verzögerung noch ein Voraneilen, und der Strom ist genau in Phase mit der treibenden E.M.K. In diesem Falle nimmt die Stromgleichung die folgende Form an:

$$i = \frac{E}{R} \sin \omega t,$$

welche ein Ausdruck des Ohm'schen Gesetzes ist. Nimmt der Sinus in (181) den Werth 1 an, so ergiebt sich für den Maximalwerth des Stromes, den wir mit I bezeichnen, die folgende Gleichung:

$$(187) \qquad I = \frac{E}{\sqrt{R^2 + \left(\dfrac{1}{C\omega} - L\omega\right)^2}}.$$

Aus der Analogie dieser Gleichung mit dem Ohm'schen Gesetz entnehmen wir, dass der Ausdruck

$$\sqrt{R^2 + \left(\frac{1}{C\omega} - L\omega\right)^2}$$

das Wesen eines Widerstands besitzt; es ist also der anscheinende Widerstand eines Leiters mit R, L und C. Diesen scheinbaren Widerstand könnte man auch „Impedanz" nennen; da dieser Ausdruck aber schon für den Werth

$$\sqrt{R^2 + L^2 \omega^2}$$

benutzt wird, so schlagen wir die Bezeichnung „Impediment" vor. Die Gleichung (187) lässt sich auch in folgender Weise ausdrücken:

$$(188) \qquad \text{Maximalstrom} = \frac{\text{Maximal E.M.K.}}{\text{Impediment}}.$$

Da der virtuelle Strom (Quadratwurzel des Durchschnittsquadrats der momentanen Werthe des Stromes) gleich $\dfrac{1}{\sqrt{2}} \times$ dem Maximalwerth des Stromes ist, und da die virtuelle E.M.K. gleich $\dfrac{1}{\sqrt{2}} \times$ Maximal E.M.K. ist, so erhalten wir

$$(189) \qquad \text{Virtueller Strom} = \frac{\text{Virtuelle E.M.K.}}{\text{Impediment}}.$$

Wir werden das Impediment als einen Widerstand auffassen, was insofern gerechtfertigt ist, als es dieselben Dimensionen wie ein Widerstand hat, d. h. diejenigen einer Geschwindigkeit im elektromagnetischen Maasssystem.

$$\omega = \frac{2\,\pi}{\text{Zeit}},$$

$$L = \text{Länge}.$$

Deshalb ist

$$L\,\omega = \frac{\text{Länge}}{\text{Zeit}} = \text{Geschwindigkeit},$$

$$C = \frac{(\text{Zeit})^2}{\text{Länge}},$$

$$\frac{1}{C\,\omega} = \frac{\text{Länge}}{\text{Zeit}} = \text{Geschwindigkeit}.$$

Dies liefert die Dimensionen einer Geschwindigkeit für
den Ausdruck des Impediments. Wir können es also als
Widerstand auffassen.

Die speciellen Fälle von Stromkreisen mit mannigfaltigen
Kombinationen von R, L und C lassen sich leicht durch Anwendung der allgemeinen Gleichung (181) berechnen.

Fall A. Stromkreise mit R und L.

In diesem Falle hat der Stromkreis R, L und eine harmonische E.M.K., $E \sin \omega\, t$. Da kein Kondensator im Stromkreis eingeschaltet ist, so ist C unendlich gross. Nach Verlauf
einer sehr kurzen Zeit können die Glieder, die die willkürlichen Konstanten enthalten, vernachlässigt werden. Stellen
wir in (181) $C = \infty$ ein, so ergiebt sich:

$$i = \frac{E}{\sqrt{R^2 + L^2 \omega^2}} \sin\left\{ \omega\,t - \tang^{-1} \frac{L\,\omega}{R} \right\}.$$

Diese Gleichung ist bereits auf andere Weise entwickelt
worden [siehe (28)]. Der Strom muss immer hinter der treibenden E.M.K. zurückbleiben, und zwar um einen Winkel, dessen
Tangente $\dfrac{L\,\omega}{R}$ beträgt. In diesem Fall nimmt das Impediment

den besonderen Werth

$$\sqrt{R^2 + L^2 \omega^2}$$

an, also den Werth der Impedanz.

Fall B. Stromkreise mit R und C.

In diesem Falle hat der Stromkreis R, C bei einer E.M.K., $e = E \sin \omega t$. Setzen wir $L = 0$ in (181) ein, so erhalten wir

$$i = \frac{E}{\sqrt{R^2 + \dfrac{1}{C^2 \omega^2}}} \sin \left\{ \omega t + \mathrm{tang}^{-1} \frac{1}{C R \omega} \right\}.$$

Diese Gleichung ist direkt aus der Differentialgleichung [siehe (78)] abgeleitet worden. Der Strom muss der treibenden E.M.K. immer vorauseilen, wenn nur R und C vorhanden sind, und zwar um einen Winkel, dessen Tangente $= \dfrac{1}{C R \omega}$.

Fall C. Stromkreise mit R.

In diesem Falle ist $L = 0$ und $C = \infty$. Setzen wir diese Werthe in (181) ein, so ergiebt sich:

$$i = \frac{E}{R} \sin \omega t.$$

Dies Resultat ergiebt sich auch direkt aus dem Ohm'schen Gesetz, da

$$e = E \sin \omega t,$$

so ist

$$\frac{e}{R} = \frac{E}{R} \sin \omega t,$$

oder

$$i = \frac{E}{R} \sin \omega t.$$

Fall D. Stromkreise mit C.

In diesem Falle ist $R = 0$ und $L = 0$. Substituiren wir diese Werthe in (181), so ergiebt sich sofort:

$$i = C E \omega \sin \left\{ \omega t + \frac{\pi}{2} \right\}.$$

Wirkungen durch Aenderung der Konstanten eines Stromkreises.

Die allgemeine Gleichung (181) macht es uns möglich, den Strom zu ermitteln, wenn wir R, L und C und ebenfalls die treibende E.M.K. und ihre Periode kennen. Zwei Punkte sind von Wichtigkeit: 1. der Maximalwerth I, und 2. der Winkel θ, um den der Strom hinter der treibenden E.M.K. zurückbleibt oder ihr voraneilt. Der Werth des Durchschnittquadrates lässt sich leicht aus dem Maximalwerth berechnen. Ist R, C, L und ω gegeben, so ist der Winkel θ der Verzögerung oder des Voraneilens:

$$\theta = \operatorname{tang}^{-1}\left(\frac{1}{C R \omega} - \frac{L\omega}{R}\right),$$

oder

$$\operatorname{tang} \theta = \frac{1}{C R \omega} - \frac{L \omega}{R}.$$

Je nachdem $\dfrac{1}{C R \omega}$ grösser oder kleiner als $\dfrac{L \omega}{R}$ ist, haben wir eine Verzögerung oder ein Voraneilen. Der Maximalwerth des Stromes ist:

$$(191) \qquad I = \frac{E}{\sqrt{R^2 + \left(\dfrac{1}{C \omega} - L\omega\right)^2}} = \frac{\dfrac{E}{R}}{\sqrt{1 + \operatorname{tang}^2 \theta}} = \frac{E}{R}\cos\theta.$$

Es ist bemerkenswerth, wie eine Aenderung von R, L, C und ω oder E die Werthe von θ und Strom beeinflusst.

I. Aendern wir die treibende E.M.K. E unter sonst gleichen Umständen, so ändert sich der Strom und nur dieser in gleicher Weise wie E d. h.

$$I \sim E.$$

II. Aendert sich R unter sonst gleichbleibenden Verhältnissen, so ändert sich gleichzeitig der Winkel der Verzögerung oder des Voraneilens und zwar in umgekehrter Weise:

$$\operatorname{tang} \theta = \sim \frac{1}{R}.$$

$\operatorname{tang} \theta$ hat ein positives oder negatives Vorzeichen, d. h.

wir haben einen Winkel der Verzögerung oder des Voraneilens, je nach den Werthen von L, C und ω.

Das Vorzeichen hängt also nicht von Aenderungen des
Widerstandes ab. Der Strom wird auf alle Fälle durch ein
Wachsen von R verringert, aber die Grösse dieser Verringerung hängt nicht nur von R ab, sondern auch von der Beziehung zwischen C, L und ω.

In Fig. 29 sind zwei besondere Fälle von Aenderungen
von R dargestellt. Kurve I ist ein Stromkreis, in dem

$$L = 2 \text{ Henry} = 2 \times 10^9 \text{ C.G S.-Einheiten}$$

$$C = 55 \text{ Mikrofarad} = 0{,}55 \times 10^{15} \text{ C.G.S.-Einheiten.}$$

$$\text{Treibende E.M.K. } E = 200 \text{ Volt} = 200 \times 10^8 \text{ C.G.S.-Einheiten.}$$

$$2\,\pi\,n = \omega = 955.$$

Die Abscisse hat den Widerstand in Ohm (1 Ohm $= 10^9$
C.G.S. R-Einheiten). Die Ordinaten stellen den Strom in Ampère dar (1 Ampère $= 10^{-1}$ C.G.S.-Einheiten).

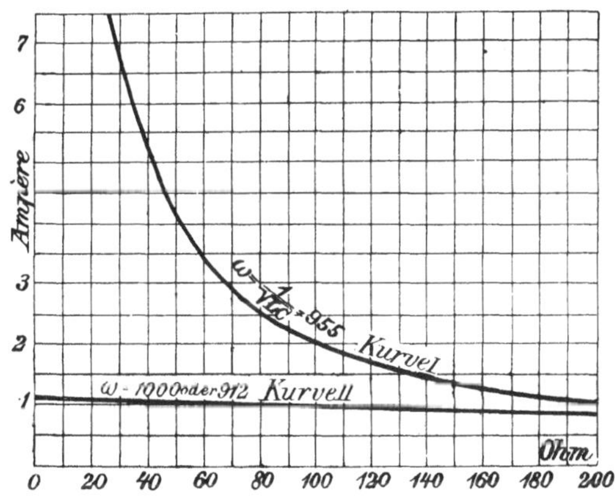

Fig. 29.

Veränderung des Stromes bei Veränderung von R in einem Stromkreis,
wenn $E = 200$, $C = 0{,}55$, $L = 2$.

Die Beziehung zwischen L, C und ω ist hier so gewählt,
dass $\dfrac{1}{C\omega} = L\,\omega$ oder $\omega = \dfrac{1}{\sqrt{LC}}$ ist, wobei weder eine Verzögerung noch ein Voraneilen stattfindet. Es besteht also dieselbe

Beziehung zwischen Strom und R, wie die durch das Ohm'sche Gesetz bezeichnete. Diese Beziehung liefert die hyperbolische Kurve *I*. Kurve *II* in derselben Figur stellt den Stromwerth dar, wenn verschiedene Widerstände eingeschaltet werden und wenn:

$$L = 2 \text{ Henry,}$$

$$C = 0{,}55 \text{ Mikrofarad,}$$

$$E = 200 \text{ Volt,}$$

$$\omega = 1000 \text{ oder } 912.$$

Die Konstanten sind hier die gleichen wie im vorigen Falle mit Ausnahme von ω, welches von 955 d. h. von $\dfrac{1}{\sqrt{LC}}$ auf 1000 gestiegen, resp. auf 912 gefallen ist. Wie man sieht, verursacht jede Abweichung von ω vom Werthe $\dfrac{1}{\sqrt{LC}}$ ein Abweichen der Kurve von der Form der Hyperbel. Die Kurve *I* wird zur Kurve *II* durch eine so geringfügige Periodenänderung wie sieben Wechsel pro Sekunde.

III. Aendert man den Koefficienten L unter sonst gleichbleibenden Verhältnissen, und ist $L < \dfrac{1}{C\,\omega^2}$, dann ist tang θ positiv und θ ist ein Ueberholungswinkel; es wird daher

$$\left. \begin{array}{l} \theta \text{ kleiner} \\ \text{und} \quad I \text{ grösser} \end{array} \right\} \text{ wenn } L \text{ zunimmt.}$$

Ist $L > \dfrac{1}{C\,\omega^2}$, dann ist tang θ negativ und θ ist ein Verzögerungswinkel. Es wird daher

$$\left. \begin{array}{l} \theta \text{ grösser} \\ \text{und} \quad I \text{ kleiner} \end{array} \right\} \text{ wenn } L \text{ zunimmt.}$$

Diese Aenderungen im Verzögerungs- oder Ueberholungswinkel und im Stromwerth, die durch Aenderungen von L hervorgebracht werden, werden noch deutlicher durch Untersuchen eines besonderen Falles. In Fig. 30 sind die Werthe von θ und I für verschiedene Werthe von L aufgetragen, und zwar in einem Stromkreis, in dem

$$R = 50 \text{ Ohm},$$
$$i = 0{,}55 \text{ Mikrofarad},$$
$$\omega = 1000,$$
$$E = 200 \text{ Volt}.$$

Ist $L = \dfrac{1}{C\,\omega^2} = 1{,}82$, so erreicht der Strom seinen Maximal-

werth $\dfrac{E}{R}$, und $\theta = 0$. Dies ist ein kritischer Punkt und eine

geringe Aenderung von L verursacht eine bedeutende Aenderung im Werthe von θ. Der Strom fällt also beträchtlich unter
seinen Maximalwerth. Wächst L von 1,82 auf 1,92, so ändert

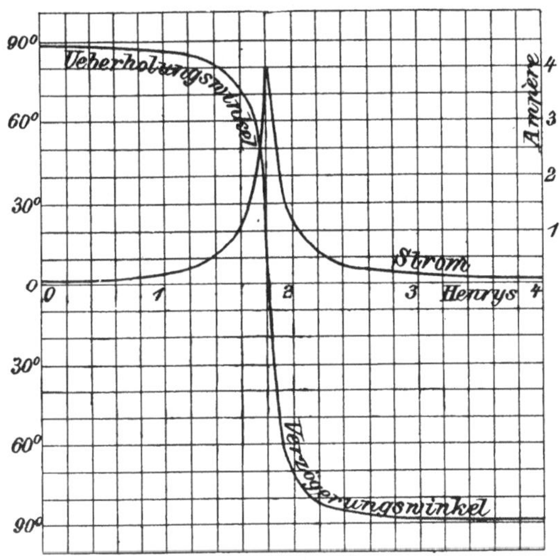

Fig. 30.

Stromwerth und Ueberholungs- oder Verzögerungswinkel für verschiedene Werthe von L, wenn $R = 50$, $C = 0{,}55$, $E = 200$ und
$\omega = 1000$.

sich θ von 0 auf -63^0, und der Strom fällt von 4 auf 1,8
Ampère. Macht man $L = 1{,}72$, so wird θ ein Ueberholungswinkel von 63^0 und der Strom nimmt den Werth von 1,8 Ampère an. Man sieht also, dass ein genaues Gleichgewicht
zwischen L und C in diesem Falle schwer zu erreichen ist.

Wie schnell sich die Werthe der Kurven in der Nähe des Gleichgewichtspunktes ändern, hängt von den Konstanten des Stromkreises ab. Die Kurven werden immer eine Form haben, welche denen in Fig. 30 ähnlich sind. Die kritischen Theile der Kurve können mehr oder weniger hervortreten, je nach den Werthen von R, C und ω.

IV. Aendert sich C unter sonst gleichbleibenden Verhältnissen, und ist $C < \dfrac{1}{L\,\omega^2}$, dann wird tang θ positiv und θ ist ein Ueberholungswinkel. Dann ist

$$\left.\begin{array}{l} \theta \text{ kleiner} \\ \text{und} \quad I \text{ grösser} \end{array}\right\} \text{wenn } C \text{ zunimmt.}$$

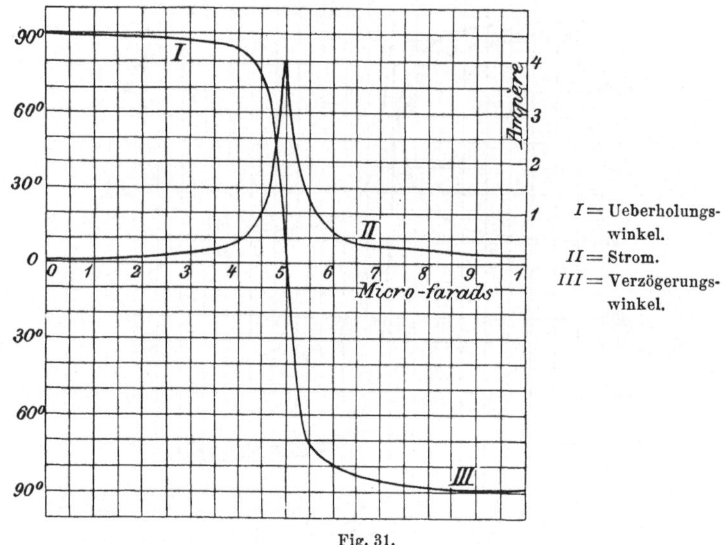

Fig. 31.

Stromwerth und Ueberholungs- oder Verzögerungswinkel für verschiedene Werthe von C in einem Stromkreis, in dem $R = 50$, $L = 2$, $E = 200$, $\omega = 1000$.

Ist $C > \dfrac{1}{L\,\omega^2}$, dann wird tang θ negativ und θ ist ein Verzögerungswinkel. Dann ist

$$\left.\begin{array}{l} \theta \text{ grösser} \\ \text{und} \quad I \text{ kleiner} \end{array}\right\} \text{wenn } C \text{ zunimmt.}$$

Diese Verhältnisse sind in Fig. 31 dargestellt. Hier haben wir

$$R = 50 \text{ Ohm,}$$
$$L = 2 \text{ Henry,}$$
$$\omega = 1000$$
$$E = 200 \text{ Volt.}$$

Der Maximalwerth des Stromes wird erreicht, wenn

$$C = \frac{1}{L\,\omega^2} = 0{,}5 \text{ Mikrofarad.}$$

Dies ist ein kritischer Punkt in der Kurve, ähnlich wie bei den Kurven, die die Wirkung der Aenderung von L darstellen. Hier ist $\theta = 0$, und der Strom hat dann nach dem Ohm'schen Gesetz den Werth von 4 Ampère. Der kritische Charakter der Kurve tritt hervor, wenn wir C ein wenig ändern. Ist $C = 0{,}55$, so beträgt der Verzögerungswinkel 75^0, und $I = 1{,}07$; ist $C = 0{,}458$, so ist der Ueberholungswinkel $= 75^0$. Aendert sich der Werth von C von 0,5 auf 0,488, so fällt der Strom von 4 auf 2,83 Ampère und ist der treibenden E.M.K. um einen Winkel von 45^0 voraus.

V. Aendert man die Periode, während die übrigen Werthe unverändert bleiben, so treten noch grössere Aenderungen in den Werthen von I und θ ein.

Ist $\omega < \dfrac{1}{\sqrt{LC}}$, so ist die Tangente θ positiv und θ ist ein Vorauswinkel.

$$\left.\begin{array}{ll} \theta \text{ wird kleiner} \\ \text{und } I \quad\quad \text{grösser} \end{array}\right\} \text{ wenn } \omega \text{ zunimmt.}$$

Ist $\omega > \dfrac{1}{\sqrt{LC}}$, dann ist tang θ negativ und θ ist ein Verzögerungswinkel.

$$\left.\begin{array}{ll} \theta \text{ wird grösser} \\ \text{und } I \quad\quad \text{kleiner} \end{array}\right\} \text{ wenn } \omega \text{ zunimmt.}$$

In Fig. 32 sind die Werthe von Strom und Verzögerungswinkel dargestellt für verschiedene Werthe von ω in einem Stromkreise, in dem

$$R = 50 \text{ Ohm},$$

$$L = 2 \text{ Henry},$$

$$C = 0{,}55 \text{ Mikrofarad},$$

$$E = 200 \text{ Volt}.$$

Ist $\omega = \dfrac{1}{\sqrt{LC}} = 955$, so erreicht der Strom in Uebereinstimmung mit dem Ohm'schen Gesetz den Werth von 4 Ampère, hier ist $\theta = 0$. Eine Aenderung von 5 % in der einen oder andern Richtung im Werthe von ω bringt einen Phasenunterschied von 75^0 hervor. Der Strom fällt auf $^1/_4$ seines Maximalwerthes.

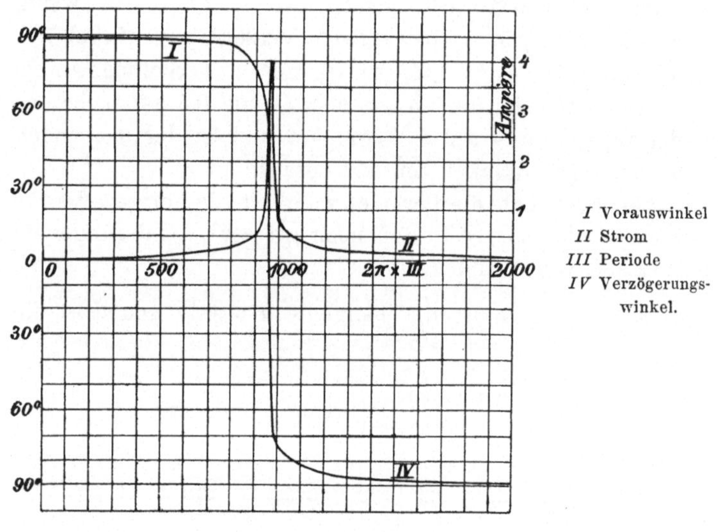

Fig. 32.

Werth des Stromes und des Phasenwinkels für verschiedene Perioden in einem Stromkreise, in dem $R = 50$, $L = 2$, $C = 0{,}55$ und $E = 200$.

Der kritische Charakter der Kurven hängt von den besonderen Werthen von R, L und C ab.

In Fig. 33 ist die E.M.K. dargestellt, die nothwendig ist, um einen konstanten Strom zu treiben in einem Stromkreis,

in dem R, C und ω konstant sind. In diesem besonderen
Falle ist:

$$R = 50 \ \text{Ohm},$$

$$C = 0{,}55 \ \text{Mikrofarad},$$

$$I = 1 \ \text{Ampère},$$

$$\omega = 1000.$$

Wenn L vergrössert wird bis auf den Werth $1{,}82 = \dfrac{1}{C\,\omega^2}$,
so wird die treibende E.M.K. kleiner und nimmt den Werth
von nur 50 Volt an. Lässt man L wachsen, so wird die erforderliche E.M.K. grösser. Mit Ausnahme der Punkte, welche

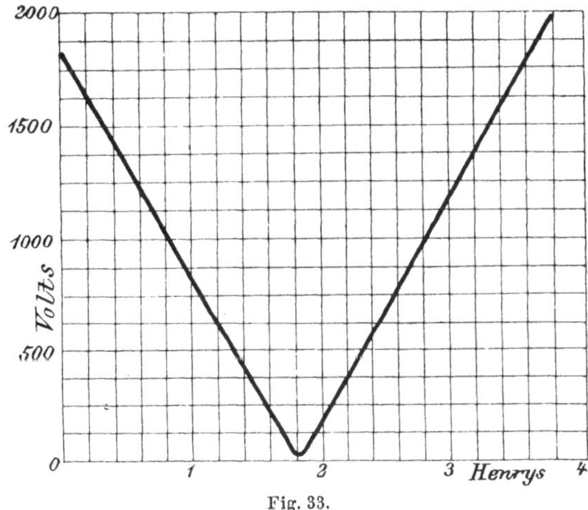

Fig. 33.

Die Beziehung zwischen treibender E.M.K. und L in einem Stromkreis,
in dem $R = 50$, $C = 0{,}55$ und $\omega = 1000$.

dem kritischen Punkte nahe liegen, ist die Aenderung der erforderlichen E.M.K. beinahe direkt proportional der Aenderung
von L, d. h. die Kurve besteht aus 2 Geraden mit einem ab-
gerundeten Schnittpunkt. Diese Kurve ist das Gegenstück
der Kurve, die durch Fig. 30 dargestellt ist, wo E konstant
und L veränderlich ist.

Der Energieverbrauch in einem Stromkreis, in dem ein harmonisch veränderlicher Strom fliesst.

Die Energie, die in einem Stromkreis in der Zeit dt verbraucht wird, ist das Produkt aus der momentan vorhandenen E.M.K. und dem zugehörigen Strom und der Zeit, d. h.

$$dW = e\,i\,dt \quad \text{[siehe (5)]}.$$

Ist die E.M.K. harmonisch, so ist der momentane Werth derselben $e = E \sin \omega\,t$. Der Strom beträgt in diesem Zeitpunkt $i = I \sin \{\omega\,t - \theta\}$. Es ist also die Differentialgleichung der Energie:

$$(192) \qquad dW = E\,I \sin \omega\,t \sin \{\omega\,t - \theta\}\,dt.$$

Wenn wir zwischen den Grenzen 0 und T, der Zeit einer vollständigen Periode integriren, so erhalten wir

$$(193) \qquad W = E\,I \int_0^T \sin \omega\,t \sin \{\omega\,t - \theta\}\,dt.$$

Expandiren wir $\sin \{\omega\,t - \theta\}$, so ergiebt sich

$$W = E\,I \cos \theta \int_0^T \sin^2 \omega\,t\,dt - E\,I \sin \theta \int_0^T \sin \omega\,t \cos \omega\,t.$$

Ersetzen wir $\sin \omega\,t \cos \omega\,t$ durch den äquivalenten Werth $\dfrac{\sin 2\,\omega\,t}{2}$, so erhalten wir:

$$W = E\,I \cos \theta \int_0^T \sin^2 \omega\,t\,dt - \frac{E\,I \sin \theta}{2} \int_0^T \sin 2\,\omega\,t\,dt.$$

Zwischen den Grenzen 0 und T verschwindet das zweite Integral und das erste Integral ist gleich $\dfrac{T}{2}$. Die während der Zeit einer Periode verbrauchte Energie ist also:

$$(194) \qquad W = \frac{E\,I \cos \theta}{2}\,T.$$

Dies beträgt pro Sekunde:

$$(195) \qquad W = \frac{E\,I\cos\theta}{2} \,;$$

d. h. die pro Sekunde verausgabte Energie ist gleich dem halben Produkt aus der Maximal-E.M.K., dem Maximalstrom und dem cos der Phasendifferenz zwischen Strom und E.M.K. Da die wirksame E.M.K. ebenso wie der Strom gleich $\dfrac{1}{\sqrt{2}}$ des Maximalwerthes ist, so ergiebt sich:

$$(196) \qquad W = \overline{E}\,\overline{I}\cos\theta.$$

Unter $\overline{E}$ und I verstehen wir die Quadratwurzel aus den Durchschnittsquadraten der E.M.K., bzw. des Stromes.

Zehntes Kapitel.

Stromkreise mit R, L und C.

III. Fall (Fortsetzung). Ströme beim „Schliessen" bei einer harm. E. M. K.

Inhalt: Vollständige Gleichungen für i und q mit der Komplementfunktion. Bestimmung der Konstanten A' und Φ'. Bestimmung der Konstanten A und Φ. Vollständige Lösung für i, wenn die Konstanten bestimmt sind. Beispiele der allgemeinen Gleichung. Kurven, die den Strom beim „Schliessen" darstellen. Die Phase, in der die E. M. K. eingeführt werden muss, um die Oscillation zu einem Maximum zu bringen.

In der Erörterung der Stromgleichung im Kapitel IX für eine harm. E. M. K. wurde darauf hingewiesen, dass nach Verlauf einer sehr kurzen Zeit die Exponentialglieder in (181) einen verschwindend kleinen Werth annehmen und also vernachlässigt werden können, und die Erörterung der dort entwickelten Gleichung bezieht sich nur auf den Strom, nachdem derselbe eine kurze Zeit geschlossen. Wir beabsichtigen, in diesem Kapitel die Wirkung dieser Exponentialglieder während der sehr kurzen Zeit nach dem „Schliessen" zu untersuchen. Die E. M. K. möge in irgend einer Phase des Ab- oder Zunehmens eingeführt werden. Die vollständigen Gleichungen (181) und (182) zeigen dann, was vor sich geht, vorausgesetzt, dass die Konstanten c_1 und c_2 der Komplementfunktion so bestimmt sind, dass sie für die besondere Annahme stimmen.

Wir haben gesehen, dass die Komplementfunktion

$$c_1\, \varepsilon^{-\frac{t}{T_1}} + c_2\, \varepsilon^{-\frac{t}{T_2}}$$

in einer anderen Form ausgedrückt werden kann, nämlich:

$$A\,\varepsilon^{-\frac{Rt}{2L}} \sin\left\{ \frac{\sqrt{4LC - R^2 C^2}}{2LC} t + \Phi \right\}.$$

Diese Form müssen wir anwenden, wenn $4L > R^2 C$, denn unter diesen Umständen werden die Zeitkonstanten T_1 und T_2 der ersteren Form imaginär. Unter diesen Verhältnissen ist die Entladung eine oscillirende. Insofern als diese Beziehung $4L > R^2 C$ für die meisten Stromkreise zutrifft, und da die erhaltenen Resultate bei dieser Annahme interessanter sind, als wenn $4L < R^2 C$, wobei die Entladung plötzlich ohne Schwingungen stattfindet, so wollen wir nur den Fall der oscillirenden Entladung einer Untersuchung unterziehen. Bei der Erörterung dieses Gegenstandes wollen wir zunächst die Konstanten A und Φ der allgemeinen Gleichung bestimmen und so das allgemeine Resultat ableiten. Letzteres wollen wir dann auf einen besonderen Stromkreis anwenden und durch Kurven illustriren.

Die allgemeine Stromgleichung unter der Annahme, dass $4L > R^2 C$, ist:

$$(197) \qquad i = \frac{E}{\sqrt{R^2 + \left(\dfrac{1}{C\omega} - L\omega\right)^2}} \sin\left\{ \omega t + \right.$$

$$\left. \operatorname{tang}^{-1}\left(\frac{1}{CR\omega} - \frac{L\omega}{R}\right)\right\} + A\,\varepsilon^{-\frac{Rt}{2L}} \sin\left\{ \frac{\sqrt{4LC - R^2 C^2}}{2LC} t + \Phi \right\},$$

wo A und Φ die Integrationskonstanten sind, die beide wirkliche Werthe haben. Die Gleichung, die den Werth der Ladung zu beliebiger Zeit ausdrückt ist folgende:

$$(198) \qquad q = \frac{-E}{\omega\sqrt{R^2 + \left(\dfrac{1}{C\omega} - L\omega\right)^2}} \cos\left\{ \omega t + \right.$$

$$\left. \operatorname{tang}^{-1}\left(\frac{1}{CR\omega} - \frac{L\omega}{R}\right)\right\} + A'\,\varepsilon^{-\frac{Rt}{2L}} \sin\left\{ \frac{\sqrt{4LC - R^2 C^2}}{2LC} t + \Phi' \right\}.$$

Bestimmung der Konstanten A' und Φ'. Mit Berücksichtigung von $dq = i\,dt$, lässt sich (198) in folgender Weise differenziren:

$$(199)\qquad i = \frac{dq}{dt} = \frac{E}{\sqrt{R^2 + \left(\dfrac{1}{C\,\omega} - L\,\omega\right)^2}}$$

$$\sin\left\{\omega t + \tang^{-1}\left(\frac{1}{C\,R\,\omega} - \frac{L\,\omega}{R}\right)\right\} + \frac{A'}{\sqrt{L\,C}}\,\varepsilon^{-\frac{R\,t}{2\,L}}$$

$$\sin\left\{\frac{\sqrt{4\,L\,C - R^2\,C^2}}{2\,L\,C}\,t + \varPhi' - \tang^{-1}\frac{\sqrt{4\,L\,C - R^2\,C^2}}{R\,C}\right\}.$$

Setzen wir (199) und (197) einander gleich, so ergiebt sich:

$$(200)\qquad\qquad A = \frac{A'}{\sqrt{L\,C}},$$

$$(201)\qquad\qquad \varPhi = \varPhi' - \tang^{-1}\frac{\sqrt{4\,L\,C - R^2\,C^2}}{R\,C}.$$

Durch Vereinfachung erhalten wir:

$$(202)\qquad\qquad I = \frac{E}{\sqrt{R^2 + \left(\dfrac{1}{C\,\omega} - L\,\omega\right)^2}}.$$

$$(203)\qquad \psi = \omega t + \tang^{-1}\left(\frac{1}{C\,R\,\omega} - \frac{L\,\omega}{R}\right) = \omega t + \theta.$$

$$(204)\qquad\qquad \alpha = \frac{\sqrt{4\,L\,C - R^2\,C^2}}{2\,L\,C}.$$

Die Periode der Schwingung ist $\dfrac{2\,\pi}{\alpha}$. — Setzen wir nun in (197) und (198) die gefundenen Werthe von A' und $\varPhi'$ ein, so ergiebt sich:

$$(205)\qquad i = I \sin\psi + A\,\varepsilon^{-\frac{R\,t}{2\,L}} \sin\left\{\alpha t + \varPhi\right\}.$$

$$(206)\qquad q = -\frac{I}{\omega}\cos\psi + A\,\sqrt{L\,C}\,\varepsilon^{-\frac{R\,t}{2\,L}}$$

$$\sin\left\{\alpha t + \varPhi + \tang^{-1}\frac{\sqrt{4\,L\,C - R^2\,C^2}}{R\,C}\right\}.$$

Bestimmung der Konstanten A und $\varPhi$. — In diesen Gleichungen rechnen wir die Zeit von dem Punkte an, wo die treibende E.M.K. $= 0$ ist. Es sei t_1 die Zeit, wann die E.M.K. eingeführt wird. Wir wissen dann, dass Strom und Ladung beide zur Zeit t_1 gleich Null sind, indem der Kondensator keine Anfangsladung besitzt. Diese Bedingungen allein, nämlich dass $i = 0$ und $q = 0$, wenn $t = t_1$, sind hinreichend, die Konstanten zu bestimmen. In (205) und (206) setzen wir $i = 0$, $q = 0$ und $t = t_1$, und bezeichnen mit ψ_1 den Werth von ψ, wenn $t = t_1$. So erhalten wir:

$$(207) \qquad 0 = I \sin \psi_1 + A\,\varepsilon^{-\frac{R t_1}{2L}} \sin \left\{ \alpha t_1 + \Phi \right\}.$$

$$(208) \qquad 0 = -\frac{I}{\omega} \cos \psi_1 + A \sqrt{LC}\, \varepsilon^{-\frac{R t_1}{2L}}$$

$$\sin \left\{ \alpha t_1 + \Phi + \operatorname{tang}^{-1} \frac{\sqrt{4LC - R^2 C^2}}{RC} \right\}.$$

Eliminiren wir A aus diesen Gleichungen, so erhalten wir

$$(209) \qquad \Phi = \cot^{-1} - \left\{ \frac{2 \cot \psi_1 + R C \omega}{\omega \sqrt{4LC - R^2 C^2}} \right\} - \alpha t_1.$$

Setzen wir diesen Werth von Φ in (207) ein, so ergiebt sich:

$$(210) \qquad A = -I\,\varepsilon^{+\frac{R t_1}{2L}} \frac{\sin \psi_1}{\sin \cot^{-1} - \left\{ \dfrac{2 \cot \psi + R C \omega}{\omega \sqrt{4LC - R^2 C^2}} \right\}}.$$

Dieser Werth von A lässt sich durch einfache trigonometrische Umwandlung auf folgende Form bringen:

$$(211) \qquad A = -\frac{2 I\,\varepsilon^{+\frac{R t_1}{2L}}}{\omega \sqrt{4LC - R^2 C^2}}$$

$$\sqrt{(LC\omega^2 - 1) \sin^2 \psi_1 + \tfrac{1}{2} R C \omega \sin 2\psi_1 + 1}.$$

Setzen wir diese Werthe von A und Φ in Gleichung (197) ein, so erhalten wir die vollständige Lösung:

$$(212) \quad i = I \sin \psi - \frac{2I \sqrt{(L C \omega^2 - 1) \sin^2 \psi_1 + \frac{1}{2} R C \omega \sin 2\psi_1 + 1}}{\omega \sqrt{4 L C - R^2 C^2}}$$

$$\varepsilon^{-\frac{R}{2L}(t - t_1)} \sin \left\{ \alpha (t - t_1) + \cot^{-1} - \left[\frac{2 \cot \psi_1 + C R \omega}{\omega \sqrt{4 L C - R^2 C^2}} \right] \right\}.$$

Wir können folgende Schlussfolgerungen aus dieser Gleichung ziehen. Zunächst ist es klar, dass eine Oscillation des Stromes auftreten muss, wenn die E.M.K. eingeführt wird und dass diese Oscillation allmählich schwindet, und zwar in einer Weise, die von dem Exponenten von ε, d. h. von der Zeitkonstante des Stromkreises, $\dfrac{2L}{R}$ abhängt. Der Anfangswerth dieser logarithmischen Kurve ist durch den Koefficienten von ε ausgedrückt. Dieser Anfangswerth hängt von dem Werthe von ψ_1 ab, ist also eine Funktion von ψ_1. Der Anfangswerth der logarithmischen Kurve hat also für jeden Werth von ψ_1 einen besonderen Werth. Ferner wenn $t = t_1$, dann wird das letzte Glied der Gleichung $- I \sin \psi_1$. Dies tritt hervor, wenn man den Koefficienten von ε durch den in (210) gegebenen Werth ersetzt. Der erste Ausdruck wird $I \sin \psi_1$, wenn $t = t_1$, und die beiden Glieder zusammen zeigen, dass die Gleichung für die Zeit t_1 den Werth 0 für den Strom liefert.

Wir wollen diesen Fall durch ein besonderes Beispiel noch einleuchtender machen. Nehmen wir an, wir hätten einen Stromkreis mit $R = 50$ Ohm, $L = 20$ Henry und $C = 0{,}55$ Mikrofarad in Hintereinanderschaltung. Solch ein Stromkreis entspräche etwa einem Westinghouse'schen Transformator mit 10 Lampen, der hinter einen Kondensator von 0,55 Mikrofarad geschaltet ist.

Die treibende E.M.K. sei 100 Volt (Maximalwerth), mit einer Periode von 159, d. h. die Winkelgeschwindigkeit $\omega = 2 \pi \times 159 = 1000$. Mit diesen Werthen erhalten wir:

$\varepsilon = 100$ Volt (max) $= 100 \times 10^8$ C.G.S.-Einheiten,

$R = 50$ Ohm $ = 50 \times 10^9$ C.G.S.-Einheiten,

$L = 2 = 2 \times 10^9$ C.G.S.-Einheiten,

$C = 0{,}55$ Mikrofarad $= 0{,}55 \times 10^{-15}$ C.G.S.-Einheiten,

$\omega = 1000$,

$$T = \frac{2L}{R} = \frac{4 \times 10^9}{50 \times 10^9} = 0{,}08 \text{ Sekunden},$$

$I = 0{,}53$ Ampère [siehe (202)],

$\theta = -74^0\,30'$,

$a = 955 = 2\,\pi \times$ Anzahl der Wechsel pro Sekunde

$\qquad = 2\,\pi \times 151$ [siehe (204)].

Die Stromgleichung in diesem besonderen Falle ist:

$$(213) \quad i = 0{,}53 \sin \psi - 0{,}477 \sqrt{0{,}1 \sin^2 \psi_1 + 0{,}0137 \sin 2\,\psi_1 + 1}$$
$$\varepsilon^{-\frac{t - t_1}{0{,}08}} \sin \left\{ 955\,(t - t_1) + \chi \right\}.$$

Kurve *III*, Fig. 34, stellt diese Gleichung dar für den besonderen Werth von 30^0 für ψ_1, d. h. die E.M.K. wird in dem besonderen Zeitpunkte in den Stromkreis eingeführt, in dem die normale Stromkurve 30^0 von ihrem Nullwerth entfernt ist.

Der Werth des Koefficienten von ε ist in diesem Falle 0,495, und es ergiebt sich die Gleichung

$$(214) \quad i = 0{,}53 \sin \psi - 0{,}495\,\varepsilon^{-\frac{t - t_1}{0{,}08}} \sin \left\{ 955\,(t - t_1) + \chi \right\}.$$

χ drückt hier den Verzögerungswinkel aus und hat keinen Zahlenwerth, da die Kenntniss des letzteren zur Konstruktion der Kurve nicht nothwendig ist, indem die Phase durch den Umstand bestimmt ist, dass wir die Entfernung $O'A'$ (Fig. 34) kennen. Diese Entfernung ist nämlich gleich und entgegengesetzt der Entfernung OA. Wie man sieht, ist der Anfangswerth der logarithmischen Abnahme in vorliegendem Falle für beliebige Werthe von ψ_1 fast gleich. Man sieht ferner, dass der Anfangswerth der logarithmischen Abnahme zufälligerweise denselben Werth hat wie der Maximalwerth des Stromes. Kurve *I* ist eine Sinuskurve, die das erste Glied von (214) darstellt, und Kurve *II* ist eine Sinuskurve mit logarithmischer Abnahme und stellt das zweite Glied von (214) dar. Die Stromkurve *III* ist die Summe der Kurven *I* und *II*. Nach ungefähr $1/_{10}$ Sekunde verschwindet die Kurve *II* und der Strom wird durch eine einfache Sinuskurve dargestellt.

Als ferneres Beispiel wollen wir denselben Stromkreis in Betracht ziehen, wenn die Anzahl der Wechsel pro Sekunde die Hälfte wie im vorigen Beispiel beträgt, nämlich 79,5; so dass $\omega = 500$. Wir nehmen ferner an, dass die E.M.K. derart

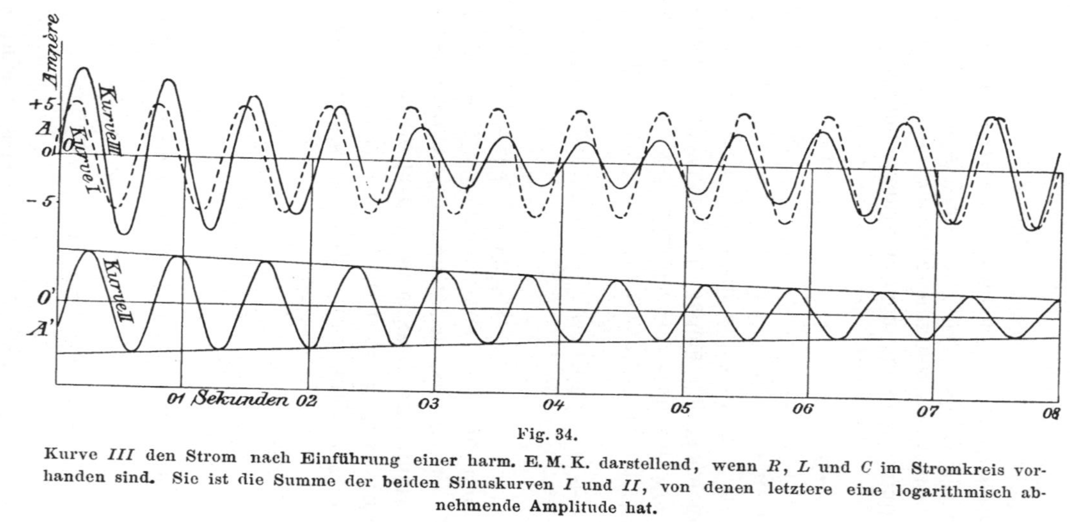

Fig. 34.

Kurve *III* den Strom nach Einführung einer harm. E.M.K. darstellend, wenn R, L und C im Stromkreis vorhanden sind. Sie ist die Summe der beiden Sinuskurven *I* und *II*, von denen letztere eine logarithmisch abnehmende Amplitude hat.

ist, dass ein Maximalstrom von 0,5 Ampère fliesst. Durch Rechnung finden wir, dass diese E.M.K. einen Maximalwerth von 1320 Volt hat. Mit diesen Werthen:

$$E = 1320,$$
$$R = 50,$$
$$L = 2,$$
$$C = 0,55,$$
$$\omega = 500,$$
$$T = 0,08 \text{ Sekunden},$$
$$I = 0,5 \text{ Ampère},$$
$$\theta = 88^0\,55', \qquad \operatorname{tang} \theta = 52,8,$$
$$\alpha = 955,$$

nimmt die Stromgleichung die folgende Form an:

$$(215) \quad i = 0,5 \sin \psi - 0,955 \sqrt{-0,725 \sin^2 \psi_1 + 0,0069 \sin 2\,\psi_1 + 1}$$

$$\varepsilon^{-\frac{t-t_1}{0,08}} \sin \left\{ 955\,(t - t_1) + \chi \right\}.$$

Diese Gleichung ist in Fig. 35 dargestellt. Hier hat ψ_1 den Werth von 180^0, d. h. die E.M.M.K. wird eingeführt, wenn die Normalstromkurve den Werth 0 annimmt. Es ist bemerkenswerth, dass der Anfangswerth der logarithmischen Kurve sich bedeutend ändert, je nach dem besonderen Zeitpunkt, in dem die E.M.K. eingeführt wird. Diese Aenderung ist in Kurve IV, Fig. 35, dargestellt. Der Anfangswerth der logarithmischen Abnahme bei 0^0 oder 180^0 ist beinahe doppelt so gross, als der Maximalwerth von I, indem ihr Verhältniss $0,955 : 0,5$ ist. Ist $\psi_1 = 180^0$, so nimmt die Gleichung die Form an:

$$(216) \qquad i = 0,5 \sin \psi - 0,955\,\varepsilon^{-\frac{(t-t_1)}{0,08}} \sin \left\{ 955\,(t - t_1) + \chi \right\}.$$

In jedem der obigen Beispiele folgt der Strom dem Sinusgesetz noch $\frac{1}{4}$ Sekunde nach Einführung der periodischen E.M.K. Während dieser $\frac{1}{4}$ Sekunde finden etwa 40 Schwingungen statt.

Die Phase, in der die E.M.K. eingeführt werden muss, damit die Oscillation einen Maximalwerth erreicht. — Der betreffende Punkt ergiebt sich leicht aus (212). Der Koefficient von ε wird ein Maximum (bei einer Aenderung von t_1), wenn der Werth unter dem Wurzelzeichen den grössten Werth erreicht. Differenziren wir die Quantität unter dem Wurzelzeichen mit Bezug auf t_1 und setzen dann diesen Werth gleich Null, so ergiebt sich:

$$(217) \qquad (L\,C\,\omega^2 - 1)\sin 2\,\psi_1 + R\,C\,\omega \cos 2\,\psi_1 = 0.$$

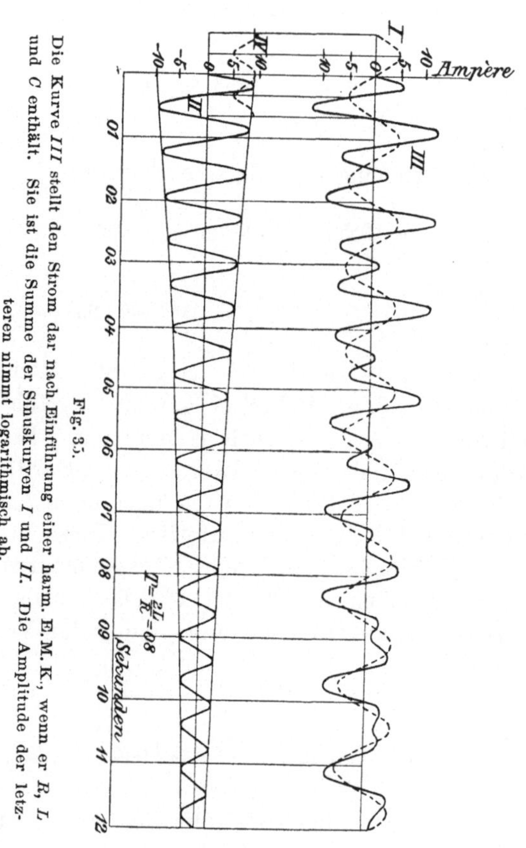

Fig. 35.

Die Kurve *III* stellt den Strom dar nach Einführung einer harm. E.M.K., wenn er R, L und C enthält. Sie ist die Summe der Sinuskurven *I* und *II*. Die Amplitude der letzteren nimmt logarithmisch ab.

Daher

$$\operatorname{tang} 2\,\psi_1 = \frac{R\,C\,\omega}{1 - L\,C\,\omega^2}.$$

Nun ist aber:

$$\operatorname{tang} \theta = \frac{1 - L\,C\,\omega^2}{R\,C\,\omega}.$$

Daher

$$\text{tang } 2\,\psi_1 = \cot\theta = \text{tang}\left(\frac{\pi}{2} - \theta\right),$$

oder

(218)
$$\psi_1 = \frac{\pi}{4} - \frac{\theta}{2}.$$

Und da $\psi_1 = \omega t_1 + \theta$ [siehe (138)], so erhalten wir

(219)
$$\omega t_1 = \frac{\pi}{4} - \frac{3\,\theta}{2}.$$

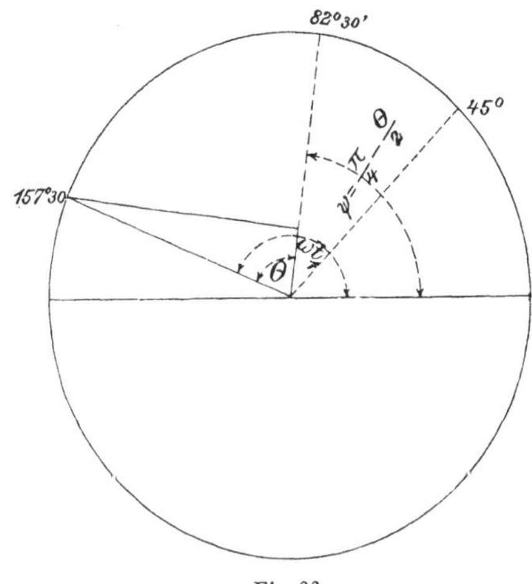

Fig. 36.

Geometrische Konstruktion desjenigen Winkels ψ_1, der
die Wirkung des Exponentialglieds zu einem Maximum macht.

Nehmen wir an, dass θ ein Verzögerungswinkel von $-75°$
ist, wie in dem ersten Beispiel, dann ist

$$\psi_1 = \frac{\pi}{4} + \frac{75°}{2} = 82° \, 30'$$

für den Maximalwerth. Ist $\theta = +88° \, 55'$ wie im zweiten Beispiel, dann ist $\psi_1 = 45° - 44° \, 27,5' = 32,5'$ für den Maximalwerth.

Wie man aus Fig. 36 ersieht, ist der Maximalpunkt da,

wo $\psi = 0$ ist, was also mit diesem Resultat übereinstimmt. Die besondere Form der Stromkurve hängt von dem Zeitpunkt der Einführung der harmonischen E.M.K. und den Konstanten des Stromkreises ab.

Die Fig. 34 und 35 geben einen Begriff davon, was sich in anderen Fällen erwarten lässt. In allen Fällen erreicht der Strom sehr bald die einfache Sinusform.

Die Beschaffenheit des Stromes, der beim Schliessen eines Leiters fliesst, der R und L, aber nicht C enthält, ist in Fig. 15 dargestellt.

Elftes Kapitel.

Stromkreise mit R, L und C.

IV. Fall. Eine beliebige periodische E. M. K.

Inhalt: Fourier's Princip. Allgemeine Gleichungen für i und q mit beliebiger periodischer E. M. K. Gegenseitige Neutralisation von L und C, in welchem Falle der Stromkreis gleichwerthig mit einem solchen ist, in dem L und C nicht vorhanden sind; die treibende E. M. K. ist dann eine einfach harmonische E. M. K. Ist die Wärmewirkung oder irgend eine Wirkung, die von $\int i^2\, dt$ abhängt, dieselbe, wenn L und C vorhanden, als wenn sie nicht vorhanden sind, so muss die E. M. K. einfach harmonisch sein. Verschiedene Arten von Stromkurven. Sind Kurven nicht symmetrisch, und ist dennoch die Quantität, die in der positiven Richtung fliesst, gleich der Quantität, die in der negativen Richtung fliesst, so wird doch im Allgemeinen die Wirkung von $\int i^2\, dt$ in beiden Richtungen verschieden sein. Beweisführung durch eine besondere Kurve. Kohlenstifte des Wechselstrombogenlichtes.

Nehmen wir an, dass die treibende E. M. K. aus einer Summe einfacher harm. E. M. K. K. besteht, so ist der Ausdruck für die treibende E. M. K.

$$(220) \qquad e = E_1 \sin (b_1\, \omega\, t + \theta_1) + E_2 \sin (b_2\, \omega\, t + \theta_2)$$
$$+ E_3 \sin (b_3\, \omega\, t + \theta_3) + \text{etc.}$$

und deshalb

$$\frac{de}{dt} = E_1\, b_1\, \omega \cos (b_1\, \omega\, t + \theta_1) + E_2\, b_2\, \omega \cos (b_2\, \omega\, t + \theta_2) + \text{etc.}$$

Oder als Summe ausgedrückt:

$$(221) \qquad e = \sum_{E,\, b,\, \theta} E \sin (b\, \omega\, t + \theta) = f(t).$$

$$(222) \qquad \frac{de}{dt} = \omega \sum_{E,\,b,\,\theta} E\,b\,\cos\,(b\,\omega\,t + \theta) = f'(t).$$

In dieser Summirung können ε und θ der Reihe nach beliebige Werthe, ganze oder Bruchwerthe annehmen, b kann aber nur positive ganze Werthe haben, da nach der Voraussetzung die E.M.K. periodisch ist und folglich die Perioden der Komponenten kommensurabel sein müssen. Fourier hat in seiner Abhandlung über die analytische Theorie der Wärme bewiesen, dass ein solcher Ausdruck wie (220) oder (221) eine beliebige einzelwerthige periodische Funktion darstellt. Der betreffende Ausdruck stellt also eine beliebige E.M.K. dar. Setzen wir (222) in die allgemeine Stromgleichung (99) und (221) in die allgemeine Ladungsgleichung (100) ein, so finden wir durch Integration, dass jede Komponente der E.M.K. ein Glied in der Strom- oder Ladungsgleichung liefert, ähnlich wie (181) und (182) im Fall III. Folglich kann der resultirende Strom als eine Summirung ausgedrückt werden.

$$(223) \qquad i = \sum_{E,\,b,\,\theta} \frac{E}{\sqrt{R^2 + \left(\dfrac{1}{C\,b\,\omega} - L\,b\,\omega\right)^2}} \sin\left\{ b\,\omega\,t + \theta \right.$$

$$+ \tan^{-1}\left(\frac{1}{C R b \omega} - \frac{L\,b\,\omega}{R}\right)\biggr\} + c_1\,\varepsilon^{-\frac{t}{T_1}} + c_2\,\varepsilon^{-\frac{t}{T_2}},$$

und die Ladung

$$(224) \qquad q = \sum_{E,\,b,\,\theta} \frac{E}{b\,\omega\,\sqrt{R^2 + \left(\dfrac{1}{C\,b\,\omega} - L\,b\,\omega\right)^2}} \cos\left\{ b\,\omega\,t + \theta \right.$$

$$+ \tan^{-1}\left(\frac{1}{C R b \omega} - \frac{L\,b\,\omega}{R}\right)\biggr\} + c_3\,\varepsilon^{-\frac{t}{T_1}} + c_4\,\varepsilon^{-\frac{t}{T_2}}.$$

In diesen Summen für i und q müssen ebenso viel Glieder in jeder auftreten, als in dem Ausdruck für die E.M.K. vorhanden sind, und die Werthe von E, b und θ müssen dieselben sein, wie in den entsprechenden Gliedern. Diese Gleichungen drücken Strom und Ladung in einem Stromkreis aus, dessen E.M.K. eine beliebige periodische E.M.K. wie in (221) ist.

Hebt sich die Wirkung von L und C in jedem Zeitpunkte auf, d. h. sind die Stromwerthe dieselben, als ob L und C nicht vorhanden wären, so muss die treibende E.M.K. einfach harmonisch sein. — Bei der Erörterung von Fall III, wo E.M.K. und Strom harmonisch waren, wurde darauf hingewiesen, dass, falls $\omega = \dfrac{1}{\sqrt{L\,C}}$, dann der Strom einfach dem Ohm'schen Gesetz folgt, d. h. L und C sind scheinbar nicht vorhanden. Dies wurde bewiesen durch Einsetzen von

$$\omega = \frac{1}{L\,C} \quad \text{oder} \quad \frac{1}{C\omega} - L\,\omega = 0$$

in die Strom- und Ladungsgleichung (181) und (182) mit Vernachlässigung der Komplementfunktion.

Man hat alsdann

$$i = \frac{E}{R} \sin \omega\, t,$$

$$q = -\frac{E}{R\,\omega} \cos \omega\, t.$$

Wie man sieht, haben Strom und Ladung in jedem Zeitpunkte denselben Werth, als ob L und C nicht vorhanden wären. Die Wirkung des Stromes muss also auch dieselbe sein, als wenn L und C fehlten. Nämlich die Quantität, die in einer halben Periode fliesst, ist $\int\limits_{0}^{\frac{T}{2}} i\, dt = Q$. Dies ist derselbe Werth, als ob L und C nicht vorhanden wären, und der Energieaufwand im Stromkreis ist gleichfalls derselbe; er ist nämlich proportional $\int i^2\, dt$.

Wir wollen erst den Fall untersuchen, wo die treibende E.M.K. nicht eine einfach harmonische Funktion der Zeit ist, sondern aus zwei Komponenten besteht, welche beide Sinusfunktionen der Zeit sind. Wir wollen dann in Erfahrung bringen, ob für diesen Fall eine ähnliche Beziehung zwischen L und C besteht, infolge deren L und C sich aufheben würden. Nehmen wir an

$$(225) \qquad e = E_1 \sin a\,\omega\, t + E_2 \sin b\,\omega\, t,$$

wo a und b ganze Zahlen sind. Im Stromkreis sind R, L und C vorhanden.

Dann ist der Werth des Stromes zu beliebiger Zeit [siehe (223)]:

$$(226) \qquad i = \frac{E_1}{\sqrt{R^2 + \left(L\,a\,\omega - \dfrac{1}{C\,a\,\omega}\right)^2}}$$

$$\sin\left\{ a\,\omega\,t + \tan^{-1}\frac{1}{R}\left(\frac{1}{C\,a\,\omega} - L\,a\,\omega\right)\right\}$$

$$+ \frac{E_2}{\sqrt{R^2 + \left(L\,b\,\omega - \dfrac{1}{C\,b\,\omega}\right)^2}}$$

$$\sin\left\{ b\,\omega\,t + \tan^{-1}\frac{1}{R}\left(\frac{1}{C\,b\,\omega} - L\,b\,\omega\right)\right\}.$$

Nehmen wir an, dass L und C in der Beziehung $a\,\omega = \dfrac{1}{\sqrt{LC}}$ stehen, dann heben sie sich im ersten Glied der obigen Gleichung für den momentanen Werth des Stromes auf. Im zweiten Glied muss die Beziehung $b\,\omega = \dfrac{1}{\sqrt{LC}}$ bestehen, damit L und C sich aufheben. Aendern wir nun eines der beiden Glieder durch Einführung von L und C und lassen das andere Glied unverändert, so muss sich der Werth des Stromes, der der Summe der beiden Glieder gleich ist, ändern. Hieraus folgt, dass weder $a\,\omega = \dfrac{1}{\sqrt{LC}}$ noch $b\,\omega = \dfrac{1}{\sqrt{LC}}$ ein Neutralisiren der Wirkung von L und C hervorbringen wird in einem Stromkreise von vorliegender Beschaffenheit. Ist $a = b$, so lassen sich die beiden Glieder des Ausdrucks in einen Werth zusammenfassen und wir haben eine einfach harmonische Funktion der Zeit. Die Beziehung $a\omega = b\omega = \dfrac{1}{\sqrt{LC}}$ bewirkt dann ein Aufheben der Wirkungen von L und C.

Ist $E_1 = 0$ oder ist $E_2 = 0$, dann haben wir eine einfache Sinusfunktion und die Beziehung $b\omega = \dfrac{1}{\sqrt{LC}}$ oder $a\omega = \dfrac{1}{\sqrt{LC}}$ bringt dann ein Aufheben von L durch C hervor.

Um die Bedingungen zu untersuchen, unter denen sich L und C in einem Stromkreise eben aufheben, betrachten wir:

$$e = R\,i + L\,\frac{di}{dt} + \frac{\int i\,dt}{C}.$$

[siehe (87)]. Damit unserer Bedingung genügt wird, muss $i = \frac{e}{R}$ und $e = R\,i$ sein nach dem Ohm'schen Gesetz. Durch Einsetzen erhalten wir:

$$(227) \qquad L\,\frac{di}{dt} + \frac{\int i\,dt}{C} = 0.$$

Der Sinn dieser Gleichung ist, dass L und C gleich und entgegengesetzt sind. Also erhalten wir durch Differenziren

$$\frac{d^2 i}{dt} = -\frac{i\,dt}{L\,C}.$$

Multipliciren wir mit $\frac{di}{dt}$, so ergiebt sich

$$\left(\frac{di}{dt}\right) d\left(\frac{di}{dt}\right) = -\frac{i\,di}{L\,C}.$$

Durch Integriren:

$$\left(\frac{di}{dt}\right)^2 = -\frac{i^2}{L\,C} + c.$$

$$\frac{di}{dt} = \pm\sqrt{c - \frac{i^2}{L\,C}}.$$

Die Veränderlichen lassen sich leicht in folgender Weise trennen:

$$(228) \qquad \frac{di}{\sqrt{c - \dfrac{i^2}{L\,C}}} = dt.$$

Wenden wir zur Integration die trigonometrische Formel

$$\int \frac{dx}{\sqrt{a^2 - x^2}} = \sin^{-1}\frac{x}{a}$$

an, so ergiebt sich:

$$\sin^{-1}\frac{i}{\sqrt{c\,L\,C}} = \frac{t}{\sqrt{L\,C}} + c_1.$$

Und hieraus

$$(229) \qquad i = c'\sin\left(\frac{t}{\sqrt{LC}} + c_1\right),$$

wo $c_1 = \sqrt{c\,L\,C}$ ist.

Wie man sieht, ist der Strom eine Sinusfunktion der Zeit. Erreicht der Strom seinen Maximalwerth, so ist der Sinus gleich 1, und wir haben

$$I = c'.$$

Rechnen wir die Zeit von dem Punkte an, wo der Strom gleich Null ist, so ist:

$$c_1 = 0.$$

Setzen wir diese Konstanten für c' und c_1 ein, so ergiebt sich:

$$(230) \qquad i = I\sin\frac{1}{\sqrt{LC}}\,t.$$

In einer harmonischen Funktion, wie in diesem Fall, ist der Koefficient der Veränderlichen t die Winkelgeschwindigkeit, die wir mit ω bezeichnen. Also

$$(231) \qquad i = I\sin\omega\,t.$$

Wir haben also die Beziehung gefunden, die bestehen muss, damit L und C sich in jedem Zeitpunkt in ihrer Wirkung aufheben. Der Strom muss eine einfache Sinusfunktion der Zeit sein, und L, C und ω müssen in der Beziehung $\omega = \dfrac{1}{\sqrt{LC}}$ stehen, und zwar ist dies die einzig mögliche Beziehung.

Ist die Wärmewirkung oder irgend eine Wirkung, die von $\int i^2\,dt$ abhängt, von der Gegenwart von L und C unabhängig, so muss die treibende E.M.K. einfach harmonisch sein.

Wir wollen nunmehr untersuchen, ob eine solche Beziehung zwischen L und C gefunden werden kann, dass der Energieaufwand in einem Leiter in einer gegebenen Zeit vor und nach der Einführung von L und C derselbe ist.

Bevor wir zur Untersuchung dieses Falles übergehen, wollen wir verschiedene Arten von Stromkurven untersuchen und ferner die Wirkung von $\int i^2\,dt$ und endlich die Energie einer beliebigen periodischen Kurve einer Betrachtung unterziehen.

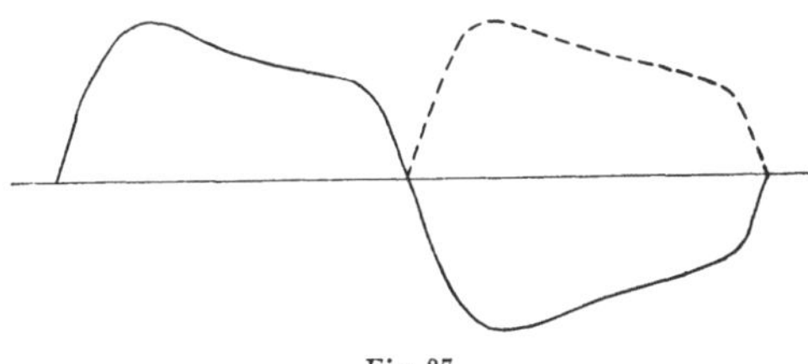

Fig. 37.

Fig. 37 stellt eine Kurve dar, deren Flächeninhalt über und unter der Achse gleich ist. Dies bedeutet, dass das Integral $\int i^2\,dt$ für eine einzige Periode gleich Null ist, d. h. die Quantität der Elektricität, die während jeder Periode in der positiven Richtung fliesst, ist gleich der, die in der negativen fliesst. Man sieht ferner, dass die untere Hälfte der Kurve eine genaue Umkehrung der oberen ist.

Diese Kurve stellt eine Art von Stromkurven dar, welche Wechselströme, wie sie von gewöhnlichen Wechselstrommaschinen geliefert werden, entsprechen, vorausgesetzt, dass im Stromkreis R, L und C vorhanden sind. Denn es ist klar, dass bei der Drehung der Armatur die Anzahl der während jeder Periode erzeugten Kraftlinien gleich der Anzahl der vom Leiter abgegebenen Linien ist. Die Quantität, die in dem Leiter fliesst, ist der Aenderung der Kraftlinien proportional. Hieraus folgt, dass die Quantität, die in der positiven Richtung fliesst, gleich der Quantität, die in der negativen Richtung fliesst, sein muss. Mit andern Worten, die algebraische Summe der Quantitäten pro Periode ist gleich Null. Ist die Dynamomaschine genau symmetrisch, so ist die erste Hälfte der Periode gleich der zweiten Hälfte, wenn auch in umgekehrter Weise. Die entsprechende Kurve zeigt diese Symmetrie gegen die Achse. Irgend welche Abweichungen von der Symmetrie der Maschine erzeugen geringe Aenderungen in den beiden Theilen der Kurve. Von letzteren abgesehen,

stellt die Kurve die Art von Kurven dar, die den gewöhnlichen Wechselströmen entsprechen. Während jeder vollständigen Umdrehung des Ankers ist die algebraische Summe der
Quantität gleich Null, wie gross auch die Unregelmässigkeiten
der Maschine sein mögen, vorausgesetzt der Widerstand ist
konstant.

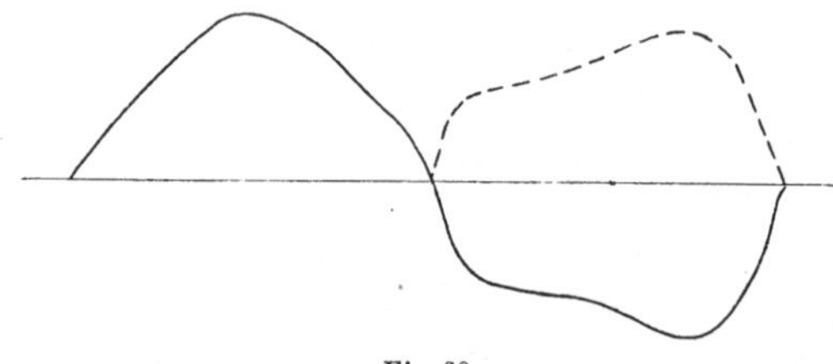

Fig. 38.

Fig. 38 stellt eine Stromkurve dar, die für jede Periode
gleiche Flächen über und unter der Achse aufweist, aber die
Fläche unter der Achse ist nicht nothwendigerweise eine
Wiederholung der Fläche über der Achse. Dies ist eine Kurve,
die bei Stromkreisen auftritt, die einen undurchlässigen Kondensator enthalten; denn hier ist die algebraische Summe der
Quantitäten nothwendigerweise gleich Null.

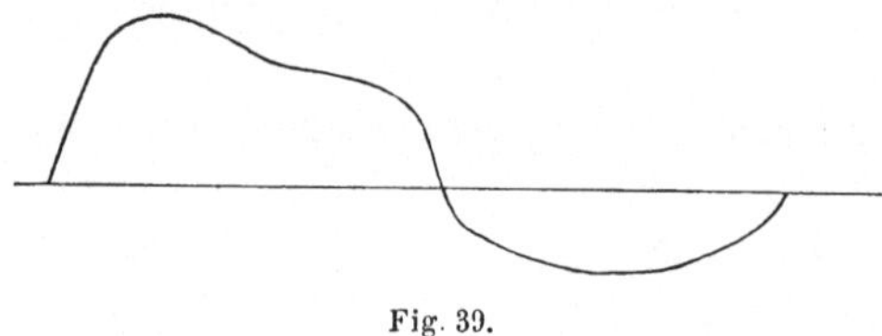

Fig. 39.

Fig. 39 stellt eine Stromkurve dar, in welcher die untere
Fläche weder gleich der oberen noch umgekehrt symmetrisch
mit ihr ist.

Es ist von Wichtigkeit, zu untersuchen, ob die Wirkung
von $\int i^2\, dt$ dieselbe ist, wenn der Strom in der einen oder der
andern Richtung fliesst; bei Fig. 37 war dies der Fall. Denn
indem wir die Ordinate in jedem Punkte zum Quadrat er-
heben und eine neue Kurve b, Fig. 40, ziehen, so ist die Wirkung von $\int i^2\, dt$ den Flächen dieser neuen Kurve proportional.
Da die Stromkurven a, a genaue Wiederholungen sind, so

sind die Flächen b, b identisch, und die Wirkung von $\int i^2\,dt$ ist für negative und positive Stromrichtung gleich.

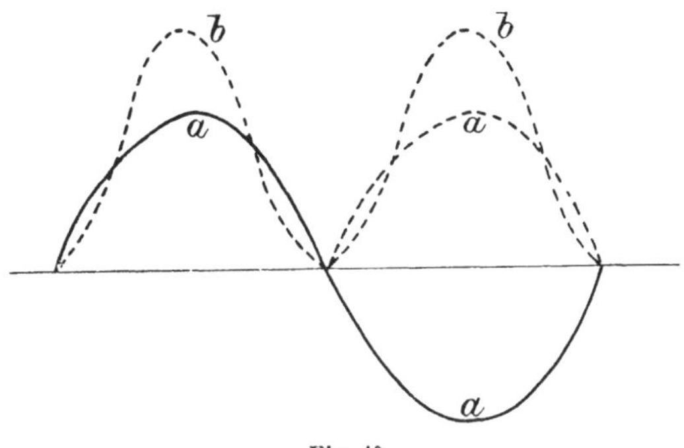

Fig. 40.

Verfahren wir in ähnlicher Weise bei Fig. 38, wo die Flächen gleich sind, d. h. wo $\int i\,dt$ für die positive und negative Stromrichtung gleich ist, wo aber der umgekehrte negative Theil keine genaue Wiederholung des oberen positiven Theils ist.

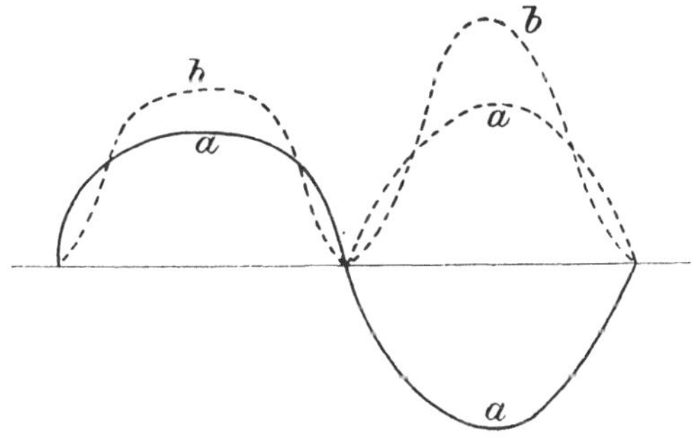

Fig. 41.

In Fig. 41 sind die Flächen zwischen Achse und Stromkurve für jede halbe Periode gleich. Die Kurve b, b ist dadurch entstanden, dass jede Ordinate der Kurve a zum Quadrat erhoben wurde. Die Flächen b, b stellen die Wirkung von $\int i^2\,dt$ dar; wir wollen untersuchen, ob sie gleich sind.

Behandlung eines besonderen Falles. — Um zu zeigen, dass die Wirkung von $\int i^2\, dt$ nicht nothwendigerweise die gleiche sein muss, wenn der Strom in positiver, als wenn er in negativer Richtung fliesst, wird es genügen, die Stromkurve eines speciellen Falles zu untersuchen.

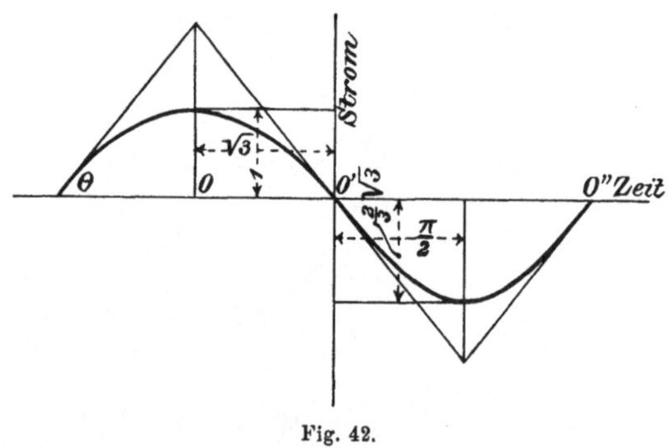

Fig. 42.

Nehmen wir an, die positive Kurve in Fig. 42 sei eine Parabel, deren Gleichung, auf den Ordinatenanfangspunkt O bezogen, folgende sei:

$$(232) \qquad t^2 = -\,3\,i + 3.$$

Nehmen wir ferner an, der negative Theil der Kurve sei eine Sinuskurve, deren Gleichung, auf O'' als Anfangspunkt bezogen, folgende sei.

$$(233) \qquad i = \frac{2}{3}\,\sqrt{3}\,\sin t.$$

Man kann leicht zeigen, dass die Flächen dieser Kurven gleich sind.

$$\text{Fläche der Parabel} = \frac{2}{3}\,(\text{Basis} \times \text{Höhe}).$$

Die halbe Basis der Parabel findet man, indem man in (233) $i = 0$ setzt und so den Werth von t findet. Es ist also

$$\frac{1}{2}\,\text{Basis} = \sqrt{3}$$

$$\text{Basis} = 2\sqrt{3}.$$

Wir finden die Höhe, indem wir t gleich 0 setzen und

nach i lösen. Daher

$$\text{Höhe} = 1.$$

(234)   Also ist die Fläche der Parabel $= \dfrac{4}{3}\sqrt{3}$.

Die Fläche der Sinuskurve ist gleich der Durchschnittsordinate multiplicirt mit der Basis. Es ist also

$$\text{Fläche der Sinuskurve} = \text{Durchschnittsordinate} \times \pi.$$

Die Durchschnittsordinate einer Sinuskurve ist gleich der doppelten Maximalordinate dividirt durch π. Gemäss (233) ist die Maximalordinate gleich $\dfrac{2}{3}\sqrt{3}$ und deshalb ist die Durchschnittsordinate $\dfrac{4}{3}\pi\sqrt{3}$ und

(235)   Fläche der Sinuskurve $= \dfrac{4}{3}\sqrt{3}$.

Dieser Werth ist derselbe, wie der für die Fläche der Parabel gefundene. Ferner sind die Tangenten der Winkel, die diese beiden Kurven im Punkte O mit der Achse machen, einander gleich, und folglich gehen diese Kurven ohne Aenderung der Kontinuität in einander über. Dies lässt sich leicht durch Differenziren von (232) und (233) nachweisen. Wir erhalten dann:

(236) $$\frac{di}{dt} = -\frac{2}{3}\,t = \text{tang}\,\theta.$$

(237) $$\frac{di}{dt} = \frac{2}{3}\sqrt{3}\cos t = \text{tang}\,\theta'.$$

Setzen wir $t = \sqrt{3}$ in (236) ein, so erhalten wir die Tangente der Neigung der Parabel im Punkte O. Setzen wir $t = -\pi$ in (237) ein, so erhalten wir die Tangente der Neigung der Sinuskurve im Punkte O. In beiden Fällen nehmen diese Tangenten den Werth $-\dfrac{2}{3}\sqrt{3}$ an.

Es erübrigt noch, den Werth von $\int i^2\,dt$ für jede der Kurven zu finden. Durch Transponiren nimmt die Gleichung der Parabel (232) folgende Form an:

$$i = 1 - \frac{t^2}{3}.$$

Nehmen wir das Quadrat von beiden Seiten, so erhalten wir

$$i^2 = 1 - \frac{2}{3} t^2 + \frac{t^4}{9}.$$

$$\int i^2 \, dt = \int dt - \frac{2}{3} \int t^2 \, dt + \frac{1}{9} \int t^4 \, dt.$$

Integriren wir zwischen den Grenzen $-\sqrt{3}$ und $\sqrt{3}$, so ergiebt sich

$$\int_{-\sqrt{3}}^{\sqrt{3}} i^2 \, dt = \left[t - \frac{2}{9} t^3 + \frac{1}{45} t^5 \right]_{-\sqrt{3}}^{\sqrt{3}}.$$

$$\int_{\sqrt{3}}^{\sqrt{3}} i^2 \, dt = 2\sqrt{3} - \frac{4\sqrt{3^3}}{9} + \frac{2\sqrt{3^5}}{45} = \frac{16}{15}\sqrt{3}.$$

Dies ist die Wirkung von $\int i^2 \, dt$ für die Parabel. Die Gleichung der Sinuskurve ist:

$$i = \frac{2}{3}\sqrt{3} \sin t.$$

$$\int i^2 \, dt = \frac{4}{3} \int \sin^2 t.$$

Integriren wir zwischen den Grenzen 0 und π, so erhalten wir

$$\int_{0}^{\pi} i^2 \, dt = \frac{4}{3} \times \left[\frac{t}{2} - \frac{1}{2} \sin t \cos t \right]_{0}^{\pi} = \frac{4}{3} \times \frac{\pi}{2} = \frac{2}{3}\pi.$$

Dies liefert die Wirkung von $\int i^2 \, dt$ für die Sinuskurve. Wir finden also, dass, obgleich der Flächeninhalt der Stromkurve für positive und negative Stromrichtung identisch ist, dennoch die Wirkung von $\int i^2 \, dt$ in beiden Richtungen verschieden ist. Im vorliegenden Falle ist das Verhältniss der beiden Wirkungen

$$\frac{\frac{2}{3}\,\pi}{\frac{16}{15}\,\sqrt{3}} = 1{,}135.$$

Dies ist vielleicht der Grund, weshalb in vielen Fällen bei einem Wechselstrombogenlicht der eine Kohlenstift schneller als der andere verzehrt wird (?).

Allgemeiner Beweis. — Wir kehren nunmehr zu der Untersuchung der Energieverhältnisse in einem Leiter zurück, wo eine beliebige periodische E.M.K. wirksam ist, und untersuchen, ob es einen Fall giebt, in dem ein Stromkreis L und C enthalten kann, ohne die Wirkung von $\int i^2\,dt$ zu ändern.

Die in einem Leiter verausgabte Energie ist proportional $\int i^2\,dt$. Ist die E.M.K.:

$$e = \sum_{E,\,b,\,\theta} E \sin(b\,\omega\,t + \theta) \quad [\text{siehe (221)}],$$

wo e eine beliebige periodische E.M.K., dann ist, wie wir gezeigt haben, der Strom:

$$(238) \qquad i = \sum_{E,\,b,\,\theta} \sqrt{\frac{E}{R^2 + \left(\dfrac{1}{C\,b\,\omega} - L\,b\,\omega\right)^2}}$$

$$\sin\left\{b\,\omega\,t + \theta + \tan^{-1}\left(\frac{1}{C\,R\,b\,\omega} - \frac{L\,b\,\omega}{R}\right)\right\}.$$

In diesem Ausdruck ist die Komplementfunktion nicht berücksichtigt. Sind L und C nicht vorhanden, so ergiebt sich für den Strom:

$$(239) \qquad i_0 = \sum_{E,\,b,\,\theta} \frac{E}{R} \sin(b\,\omega\,t + \theta).$$

Setzen wir nun

$$(240) \qquad I = \frac{E}{\sqrt{R^2 + \left(\dfrac{1}{C\,b\,\omega} - L\,b\,\omega\right)^2}},$$

$$(241) \qquad I_0 = \frac{E}{R},$$

und

$$\alpha = \theta + \tan^{-1}\left(\frac{1}{CRb\omega} - \frac{Lb\omega}{R}\right),$$

so lassen sich (238) und (239) abkürzen:

$$(242) \qquad i = \sum I \sin (b\,\omega\,t + \alpha),$$

$$(243) \qquad i_0 = \sum I_0 \sin (b\,\omega\,t + \theta).$$

Der Index $_0$ zeigt die Abwesenheit von L und C an. Berücksichtigen wir, dass die Energie proportional ist dem Integral, so haben wir:

$$(244) \qquad W = \int i^2\,dt = \int \left[\sum I \sin (b\,\omega\,t + \alpha)\right]^2 dt,$$

und

$$(245) \qquad W_0 = \int i_0^2\,dt = \int \left[\sum I_0 \sin (b\,\omega\,t + \theta)\right]^2 dt.$$

Hier ist W der im Stromkreis mit L und C verausgabten Energie proportional und W_0 drückt dieselbe Beziehung für den Fall aus, wenn L und C abwesend sind. Um die Beziehung zu finden, die zwischen L und C bestehen muss, damit der Energieaufwand in einer bestimmten Zeit in beiden Fällen der gleiche sei, müssen wir (244) und (245) zwischen denselben Grenzen der Zeit integriren und die so erhaltenen Werthe gleich setzen. Zur Vereinfachung setzen wir:

$$(246) \quad W = \int \left[I' \sin (b_1\,\omega\,t + \alpha_1) + I'' \sin (b_2\,\omega\,t + \alpha_2) + I''' \text{ etc.} \right]^2 dt,$$

$$(247) \quad W_0 = \int \left[I_0' \sin (b_1\,\omega\,t + \theta_1) + I_0'' \sin (b_2\,\omega\,t + \theta_2) + I_0''' \text{ etc.} \right]^2 dt.$$

Da das Quadrat eines beliebigen polynomischen Ausdruckes gleich der Summe der Quadrate der einzelnen Glieder + der Summe der doppelten Produkte eines jeden Gliedes und jedes andern Gliedes ist, so haben wir nur die Integrale zweier Formen zu finden, nämlich:

$$(248) \qquad \int \sin^2 (b\,\omega\,t + \alpha)\,dt,$$

und

$$(249) \qquad \int \sin (b_1 \omega t + \alpha_1) \sin (b_2 \omega t + \alpha_2).$$

Nehmen wir die Grenzen für t zwischen 0 und T, wo T eine vollständige Periode bedeutet, so können wir zeigen, dass alle Integrale von der Form (249) verschwinden. Dies geht aus Folgendem hervor:

$$(250) \qquad \sin (b_1 \omega t + \alpha_1) = \sin b_1 \omega t \cos \alpha_1 + \sin \alpha_1 \cos b_1 \omega t,$$

und

$$(251) \qquad \sin (b_2 \omega t + \alpha_2) = \sin b_2 \omega t \cos \alpha_2 + \sin \alpha_2 \cos b_2 \omega t.$$

Multipliciren wir (250) und (251), so erhalten wir folgende Ausdrücke:

$$(252) \qquad \int \sin b_1 \omega t \cos b_2 \omega t \, dt,$$

$$(253) \qquad \int \cos b_1 \omega t \cos b_2 \omega t \, dt,$$

$$(254) \qquad \int \sin b_1 \omega t \sin b_2 \omega t \, dt.$$

Diese müssen zwischen den Grenzen von $0 - T$, bzw. $\dfrac{2\pi}{\omega}$ integrirt werden. Setzen wir $a\,x$ für $b_1 \omega t$ und $b\,x$ für $b_2 \omega t$, so kommen im Integral von (249) die drei Ausdrücke vor:

$$(255) \qquad \int_0^{2\pi} \sin a\,x \cos b\,x \, dx,$$

$$(256) \qquad \int_0^{2\pi} \cos a\,x \cos b\,x \, dx,$$

$$(257) \qquad \int_0^{2\pi} \sin a\,x \sin b\,x \, dx.$$

Um zu zeigen, dass jeder dieser drei Ausdrücke zwischen den Grenzen 0 und 2π verschwindet, setzen wir für diese Ausdrücke folgende Werthe:

$$(258) \quad \int_0^{2\pi} \sin a x \cos b x \, dx = \frac{1}{2} \int_0^{2\pi} \sin (a+b) x \, dx$$

$$+ \frac{1}{2} \int_0^{2\pi} \sin (a-b) x \, dx = - \frac{1}{2} \left[\frac{\cos (a+b) x}{a+b} + \frac{\cos (a-b) x}{a-b} \right]_0 = 0.$$

$$(259) \quad \int_0^{2\pi} \cos a x \cos b x \, dx = \frac{1}{2} \int_0^{2\pi} \cos (a+b) x \, dx$$

$$+ \frac{1}{2} \int_0^{2\pi} \cos (a-b) x \, dx = \frac{1}{2} \left[\frac{\sin (a-b) x}{a-b} - \frac{\sin (a+b)}{a+b} \right]_0 = 0.$$

$$(260) \quad \int_0^{2\pi} \sin a x \sin b x \, dx = \frac{1}{2} \int_0^{2\pi} \cos (a-b) x \, dx$$

$$- \frac{1}{2} \int_0^{2\pi} \cos (a+b) x \, dx = \frac{1}{2} \left[\frac{\sin (a-b) x}{a-b} - \frac{\sin (a+b) x}{a+b} \right]_0 = 0.$$

Da demnach der Integralausdruck in (249) in jedem Falle gleich Null wird, so erübrigt, den Integralausdruck in (248) zu bestimmen. Wir erhalten so

$$(261) \quad \int_0^{\frac{2\pi}{\omega}} \sin^2 (b \omega t + a) \, dt = \left[\frac{b \omega t + a}{2 b \omega} - \frac{1}{4 b \omega} \sin 2 (b \omega t + a) \right]_0$$

$$= \frac{\pi}{\omega} = \frac{T}{2}.$$

Zur Ableitung dieses Ausdrucks bedienten wir uns der Formel

$$\int \sin^2 x \, dx = \frac{x}{2} - \frac{1}{4} \sin 2 x,$$

indem wir x durch $b \omega t + a$ und dx durch $b \omega d t$ ersetzten. Kehren wir nun zu (246) und (247) zurück, und setzen wir den in (261) gefundenen Werth des Integrals ein, so erhalten wir:

$$W = \left[I'^2 + I''^2 + I'''^2 + \text{etc.} \right] \frac{T}{2},$$

$$W_0 = \left[I_0'^2 + I_0''^2 + I_0'''^2 + \text{etc.} \right] \frac{T}{2},$$

oder

$$W = \frac{T}{2} \sum I^2,$$

$$W_0 = \frac{T}{2} \sum I_0^2.$$

Setzen wir in der oben erwähnten Weise W gleich W_0, um der Bedingung zu genügen, dass die Energie dieselbe ist, so erhalten wir die Beziehung:

$$(262) \qquad \sum I^2 = \sum I_0^2,$$

oder

$$(263) \qquad \sum \frac{E^2}{R^2 + \left(\dfrac{1}{C\,b\,\omega} - L\,b\,\omega \right)^2} = \sum \frac{E^2}{R^2}.$$

[Siehe (240) und (241).] Diese Gleichung drückt die Beziehung aus, die bestehen muss, damit die Wirkung von $\int i^2 dt$ gleich bleibt, ob L und C vorhanden sind oder nicht. Lassen wir das Summirungszeichen aus, so nimmt die Gleichung die Form an:

$$(264) \qquad \frac{E_1^2}{R^2 + \left(\dfrac{1}{C\,b_1\,\omega} - L\,b_1\,\omega \right)^2} + \frac{E_2^2}{R^2 + \left(\dfrac{1}{C\,b_2\,\omega} - L\,b_2\,\omega \right)^2}$$

$$+ \text{etc.} = \frac{E_1^2}{R^2} + \frac{E_2^2}{R^2} + \text{etc.}$$

Es ist klar, dass die Klammer im Nenner eines jeden Gliedes der linken Seite immer positiv sein muss, da sie eben eine quadratische Form hat, ganz unabhängig von den Werthen von L und C. Es ist also jedes Glied der linken Seite kleiner als das entsprechende Glied der rechten Seite, vorausgesetzt, dass der Werth der Klammer nicht gleich Null ist. Damit die linke Seite so gross wie die rechte Seite sein kann, muss jede

einzelne Klammer den Werth Null annehmen, d. h. wir müssen
haben:

$$b_1\,\omega = \frac{1}{\sqrt{LC}},$$

$$b_2\,\omega = \frac{1}{\sqrt{LC}},$$

$$b_3\,\omega = \frac{1}{\sqrt{LC}}, \quad \text{etc.}$$

Deshalb ist $b_1 = b_2 = b_3$ etc. Dann muss aber die treibende
E.M.K. eine einfach harmonische sein. ω muss gleich $\dfrac{1}{\sqrt{LC}}$
sein, damit die Wirkung von $\int i^2\,dt$ von der Anwesenheit von
L und C unabhängig sei. Ist die treibende E.M.K. nicht harmonisch, so lässt sich keine Beziehung zwischen Selbstinduktion und Kapacität finden, derart, dass die Wirkung von
$\int i^2\,dt$ von der Anwesenheit von L und C unabhängig werde.

Zwölftes Kapitel.

Stromkreise mit vertheilter L und C. Allgemeine Lösung.

Inhalt: Ableitung der Differentialgleichung für Stromkreise, die nur vertheilte C enthalten. Erweiterung der Gleichung auf einen speciellen Fall, wo C und L vertheilt sind. Die Formen für E.M.K. und Strom sind identisch. Allgemeine Lösungen der Differentialgleichungen. Besondere Annahme einer harmonischen E.M.K. Bestimmung der Konstanten der allgemeinen Gleichung unter dieser Voraussetzung, 1. für den Fall der Exponentialgleichung, 2. für die Sinusgleichung. Bestimmung des Stromes aus der E.M.K.-Gleichung.

In den früheren Kapiteln haben wir nur eine solche Kapacität einer Untersuchung unterzogen, die einem an einem besonderen Punkte eingeschalteten Kondensator eigen ist. Hierbei bestand also eine wirkliche Unterbrechung in der Kontinuität des Leiters. Man kann aber auch die Wirkung einer Kapacität haben, ohne einen Kondensator in den Stromkreis einzuschalten. Lord Kelvin hat zuerst die Verbreitung des elektrischen Stromes in einem Leiter mit vertheilter statischer Kapacität einer Untersuchung unterzogen, später haben Mascart und Joubert, Blakesley und andere sich mit derselben Aufgabe beschäftigt. Eine Behandlung dieses Gegenstandes für den Fall, dass Strom und Potential veränderlich sind, wurde von den Verfassern im American Journal of Science (vol. 44, pag. 389) geliefert. Eine gründliche Erörterung findet sich im London Electrician (vol. 29, pag. 619 und 634).

Fliesst ein elektrischer Strom in einem Leiter, so ist das Potential des Drahtes in einem beliebigen Punkte desselben im Allgemeinen von dem Potential des umgebenden Mittels verschieden. Dies ist aber nur möglich, wenn die Oberfläche des Drahtes eine gewisse Ladung besitzt. Ein Theil der Energie des Stromes wird dazu verwandt, den Draht mit statischer Elektricität zu laden. Es muss also der Draht eine bestimmte Ladung empfangen haben, ehe die entfernten Theile des Drahtes auf dasselbe Potential gebracht sind. Hieraus geht hervor, dass je grösser die C des Drahtes, desto grösser wird seine Wirkung auf das Fliessen des Stromes sein. Die C des Drahtes für die Längeneinheit hängt ab von der Oberfläche, der Dicke der dielektrischen Substanz und von der dielektrischen Konstanten der letzteren. Fig. 43 stellt einen Längsschnitt eines Kabels dar, A ist der leitende Draht und BB ist das isolirende Mittel. Denken wir uns dieses Kabel im Wasser befindlich, so haben wir einen Kondensator, bei dem Wasser und Draht die Leiter bilden.

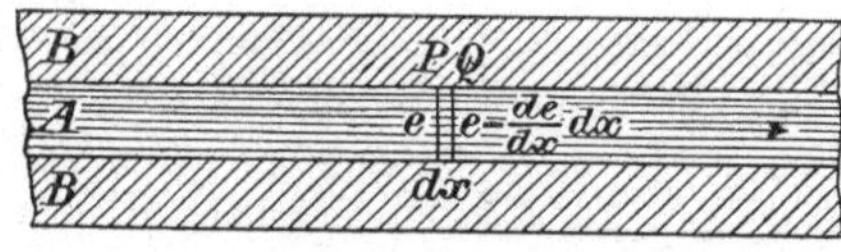

Fig. 43.
Längsschnitt eines Kabels.

Bezeichnen wir die Kapacität der Längeneinheit des Drahtes mit C, die Kapacität eines Drahtelementes PQ mit $C\,dx$, und den Widerstand der Längeneinheit mit R. Wir nehmen an, dass ein Strom i in der positiven Richtung, die durch den Pfeil angegeben ist, fliesse. In diesem Augenblicke sei das Potential von $P = e$. Da der Strom von dem höheren nach dem tieferen Potential fliesst, so muss das Potential beim Punkte Q geringer sein als bei P. Das Potential nimmt also in der positiven Richtung ab. Den Potentialunterschied zwischen P und Q bezeichnen wir mit $-\dfrac{de}{dx}\,dx$. Nach dem Ohm'schen Gesetz ist der Strom i, der zu irgend einer Zeit durch das Drahtelement PQ fliesst, gleich der Potentialdifferenz dividirt durch R. Es ist also:

$$(265) \qquad i = -\frac{\dfrac{de}{dx}\,dx}{R\,dx} = -\frac{1}{R}\frac{de}{dx}\;.$$

Wäre der Strom konstant, so würde auch das Potential des Elementes und seine Ladung konstant bleiben, und die Quantität der Elektricität durch den Querschnitt Q würde dieselbe sein wie durch den Querschnitt bei P, da ja ebenso viel Elektricität in das Element hineinfliessen muss, wie hinausfliesst. Bleibt hingegen der Strom nicht konstant, sondern ändert er sich in jedem Augenblick, so muss das Potential e des Elementes und folglich seine Ladung sich auch mit der Zeit ändern. Aendert sich die Ladung, so folgt, dass mehr Elektricität in das Element hineinfliessen muss als umgekehrt. Es ist also die Quantität, die durch den Querschnitt bei P fliesst, von derjenigen, die bei Q fliesst, verschieden, und zwar um einen solchen Betrag, als das Element gewinnt oder verliert. Den Strom bezeichnen wir alsdann mit $i + \dfrac{di}{dx}\,dx$.

Nennen wir die Quantität, die in der Zeit dt durch den Querschnitt bei P fliesst, dQ, und diejenige, die durch den Querschnitt bei Q fliesst, $dQ - dq$, wo dq die Aenderung der Ladung in der Zeit dt bedeutet, dann ist die Quantität, die durch P fliesst, gleich dem Strom, der bei P fliesst, multiplicirt mit der Zeit, d. h.

$$(266) \qquad dQ = i\,dt, \quad \text{oder} \quad \frac{dQ}{dt} = i.$$

In ähnlicher Weise ist die Quantität, welche durch Q fliesst, gleich dem Strom, der durch Q fliesst, multiplicirt mit der Zeit:

$$(267) \qquad dQ - dq = \left(i + \frac{di}{dx}\,dx \right) dt.$$

Subtrahiren wir (267) von (266), so erhalten wir:

$$(268) \qquad \frac{dq}{dt} = -\frac{di}{dx}\,dx.$$

Diese Gleichung lässt sich in der Weise deuten, dass man sagt, das Maass der Aenderung der Ladung eines Drahtelementes ist gleich der Differenz der Ströme, die in das Element hinein und aus demselben heraus fliessen.

Die Ladung eines Elementes ist gleich dem Produkt aus Kapacität und Potential. Bezeichnen wir die Ladung mit q, das Potential mit e, und die Kapacität mit $(C\,dx)$, so ergiebt sich:

$$(269) \qquad\qquad q = C\,e\,dx.$$

Das Maass der Aenderung der Ladung mit der Zeit ergiebt sich durch Differenziren:

$$(270) \qquad\qquad \frac{dq}{dt} = C\,\frac{de}{dt}\,dx.$$

Setzen wir diesen Werth der Gleichung (268) gleich, so ergiebt sich:

$$(271) \qquad\qquad -\frac{di}{dx} = C\,\frac{de}{dt}.$$

(265) und (271) sind die Differentialgleichungen, die genügend und erforderlich sind, um die Verbreitung des Stromes in einem Leiter, der vertheilte C enthält, zu bestimmen, wenn die treibende E.M.K. bekannt ist. Die Lösungen dieser Gleichungen lassen sich in allgemeiner Form ableiten; die willkürlichen Integrationskonstanten können aber nur für bestimmte specielle Fälle ermittelt werden.

Ist die treibende E.M.K. harmonisch und $e = E \sin \omega t$, so lässt sich die willkürliche Konstante bestimmen.

Die beiden Differentialgleichungen können als eine einzige Gleichung dargestellt werden, wenn man (265) nach x differenzirt und den erhaltenen Werth mit (271) gleichsetzt:

$$\frac{di}{dx} = -\frac{1}{R}\,\frac{d^2 e}{dx^2},$$

und also

$$(272) \qquad\qquad \frac{d^2 e}{dx^2} = C\,R\,\frac{de}{dt}.$$

In vorhergehender Erörterung haben wir die Selbstinduktion vernachlässigt. Dieselbe hat aber eine gewisse Wirkung auf das Fliessen des Stromes, die berücksichtigt werden sollte. Die Wirkung der Selbstinduktion wird als eine Art von Gegen-E.M.K. sich geltend machen, die dem Strom entgegenwirkt und von dem Maass seiner Aenderung abhängt. Wir nehmen an, dass diese Gegenkraft pro Längeneinheit des Leiters gleich dem Maass der Aenderung des Stromes ist, multiplicirt mit einer Konstanten, d. h. sie ist gleich $L\,\dfrac{di}{dt}$. In einigen Fällen mag diese Annahme etwa der wahren Wirkung der Selbstinduktion entsprechen.

Anstatt also (265) unverändert zu lassen, können wir die Wirkung von L in Rechnung bringen, indem wir von der Potentialdifferenz zwischen P und Q, d. h. von $-\dfrac{de}{dx}dx$, die E.M.K. der Selbstinduktion $L\,\dfrac{di}{dt}\,x$ abziehen. Wir haben in Gemässheit des Ohm'schen Gesetzes:

$$(273) \qquad i = \frac{-\dfrac{de}{dx}\,dx - L\,\dfrac{di}{dt}\,dx}{R\,dx} = -\frac{1}{R}\,\frac{de}{dx} - \frac{L}{R}\,\frac{di}{dt}.$$

Die durch (271) ausgedrückte Beziehung ändert sich nicht durch Berücksichtigung der Selbstinduktion. (271) und (273) sind hinreichend, um das Fliessen des Stroms zu bestimmen, und zwar für den Fall, dass L und C vorhanden sind. Diese Gleichungen enthalten vier Veränderliche und können in 2 Differentialgleichungen gefasst werden, die drei Veränderliche enthalten. Man eliminirt zuerst i und dann e.

Durch passende Veränderungen erhalten wir:

$$(274) \qquad C\,\frac{de}{dt} + \frac{di}{dx} = 0,$$

$$(275) \qquad \frac{de}{dx} + L\,\frac{di}{dt} + R\,i = 0.$$

Wenden wir die symbolische Methode auf (274) an und zwar mit dem Zeichen $\dfrac{d}{dt}$, d. h. differenziren wir mit Bezug auf t, so erhalten wir:

$$(276) \qquad C\,\frac{d^2e}{dt^2} + \frac{d\left(\dfrac{di}{dx}\right)}{dt} = 0.$$

Wenden wir die symbolische Methode auf (275) an und zwar mit dem Zeichen $\dfrac{1}{L}\dfrac{d}{dx}$, so ergiebt sich:

$$(277) \qquad \frac{1}{L}\,\frac{d^2e}{dx^2} + \frac{d\left(\dfrac{di}{dt}\right)}{dx} + \frac{R}{L}\,\frac{di}{dx} = 0.$$

Addiren wir (276) und (277), so erhalten wir:

$$(278) \qquad C\frac{d^2e}{dt^2} - \frac{1}{L}\frac{d^2e}{dx^2} - \frac{R}{L}\frac{di}{dx} = 0.$$

Setzen wir den Werth von $\dfrac{di}{dx}$, nämlich $- C\dfrac{de}{dt}$ in (274) ein, so wird e eliminirt und es ergiebt sich schliesslich als Differentialgleichung für das Potential:

$$(279) \qquad \frac{d^2e}{dx^2} - LC\frac{d^2e}{dt^2} - RC\frac{de}{dt} = 0.$$

Um e aus (274) und (275) zu eliminiren, wenden wir die symbolische Methode auf (274) an und zwar mit dem Zeichen $\dfrac{d}{dx}$ und auf (275) mit dem Zeichen $C\dfrac{d}{dt}$. So ergiebt sich denn:

$$(280) \qquad C\frac{d\left(\dfrac{de}{dt}\right)}{dx} + \frac{d^2i}{dx^2} = 0,$$

und

$$(281) \qquad C\frac{d\left(\dfrac{de}{dx}\right)}{dt} + LC\frac{d^2i}{dt^2} + RC\frac{di}{dt} = 0.$$

Subtrahiren wir (281) von (280), so ergiebt sich das Differential:

$$(282) \qquad \frac{d^2i}{dx^2} - LC\frac{d^2i}{dt^2} - RC\frac{di}{dt} = 0.$$

Man ersieht aus der Aehnlichkeit der Gleichungen (279) und (282), dass die Integralstromgleichung mit der Potentialgleichung identisch ist bis auf die willkürlichen Integrationskonstanten.

Die Lösung der Differentialgleichungen.

Nehmen wir an, dass die Lösung der Differentialgleichungen (274) und (275) folgende sei:

$$(283) \qquad e = k\,\varepsilon^{mx+nt},$$

und

$$(284) \qquad i = \varepsilon^{mx+nt},$$

wo m, n und k Konstanten sind, die bestimmt werden müssen; x ist die Entfernung von der Quelle der E.M.K. Diese Konstanten können durch Differenziren bestimmt werden, so dass die Gleichungen den Differentialgleichungen (274) und (275) entsprechen. Differenziren wir (283) und (284) nach x und t, so erhalten wir:

$$\frac{de}{dx} = m\,k\,\varepsilon^{m\,x+n\,t};$$

$$C\,\frac{de}{dt} = n\,k\,C\,\varepsilon^{m\,x+n\,t};$$

$$\frac{di}{dx} = m\,\varepsilon^{m\,x+n\,t};$$

$$L\,\frac{di}{dt} = L\,n\,\varepsilon^{m\,x+n\,t}.$$

Setzen wir diese Werthe in (274) und (275) ein, so ergeben sich die Gleichungen:

$$(285) \qquad n\,k\,C + m = 0,$$

und

$$(286) \qquad m\,k + L\,n + R = 0.$$

Wird diesen Gleichungen genügt, so wird auch den Differentialgleichungen genügt. Lösen wir nun nach m und n, so erhalten wir:

$$(287) \qquad m = -\frac{C\,k\,R}{C\,k^2 - L}.$$

$$(288) \qquad n = +\frac{R}{C\,k^2 - L}.$$

Setzen wir diese Konstanten in (283) und (284) ein, so ergiebt sich:

$$(289) \qquad e = k\,\varepsilon^{\frac{R}{C\,k^2 - L}\,(t - C\,k\,x)},$$

und

$$(290) \qquad i = \varepsilon^{\frac{R}{C\,k^2 - L}\,(t - C\,k\,x)}.$$

Diese Gleichungen sind Lösungen von (274) und (275), und ihre Richtigkeit ergiebt sich leicht durch Differenziren, aber eine allgemeinere Lösung lässt sich durch die Annahme erhalten, dass die E.M.K. eine Summe von mehreren Ausdrücken sei, also:

$$(291) \qquad e = h_1 k_1 \varepsilon^{m_1 x + n_1 t} + h_2 k_2 \varepsilon^{m_2 x + n_2 t} + \ldots = \sum_{h,\,k} h k \varepsilon^{m x + n t}.$$

$$(292) \qquad i = h_1 \varepsilon^{m_1 x + n_1 t} + h_2 \varepsilon^{m_2 x + n_2 t} + \ldots = \sum_{h} h \varepsilon^{m x + n t}.$$

Bestimmen wir m und n wie zuvor, so nehmen (291) und (292) folgende Form an:

$$(293) \qquad e = \sum_{h,\,k} h k \varepsilon^{\frac{R}{C k^2 - L}(t - C k x)}.$$

$$(294) \qquad i = \sum_{h,\,k} h \varepsilon^{\frac{R}{C k^2 - L}(t - C k x)}.$$

Die Richtigkeit dieser Gleichungen lässt sich auch durch Differenziren nachweisen. Sie stellen die vollständigen Integrale der Differentialgleichungen (274) und (275) dar. Wenn wir wissen, wie der Strom oder das Potential in einem beliebigen Punkte des Drahtes mit der Zeit sich ändert, so lassen sich die Konstanten h und k bestimmen und wir erhalten dann die vollständige Lösung der Aufgabe, sind also im Stande, das Potential oder den Strom an jedem Punkte des Drahtes zu beliebiger Zeit zu finden.

Harmonische E.M.K.

Die allgemeinen Gleichungen (293) und (294) gelten für wirkliche und imaginäre Konstanten. Sind sie imaginär, so lassen sich die Gleichungen auf eine wirkliche Form bringen, und zwar auf die einer Sinusfunktion.

Nehmen wir an, das vorerwähnte Kabel sei unendlich lang und am Punkte P ändere sich das Potential harmonisch mit der Zeit und zwar so, dass

$$(295) \qquad e = E \sin \omega t.$$

Den Punkt P wählen wir so, dass er den Anfangspunkt des Drahtes bildet.

Gleichung (293) stellt die E.M.K. in jedem Punkte des Drahtes und in jedem Zeitpunkte dar. Wir können also, indem wir x in jener Gleichung gleich Null setzen, einen Ausdruck finden, so dass das Potential in jedem Zeitpunkt am Anfangspunkte bestimmt ist. Dieser Ausdruck ist:

$$(296) \qquad e = \sum_{h,\,k} h\,k\,\varepsilon^{\frac{R}{C\,k^2 - L}\,t}.$$

Da nun nach unserer Annahme das Potential harmonisch veränderlich ist, so können wir (295) und (296) einander gleich setzen, und die Konstanten h und k so bestimmen, dass die Ausdrücke identisch werden. Es ist dann:

$$(297) \qquad E \sin \omega t = \sum_{h,\,k} h\,k\,\varepsilon^{\frac{R}{C\,k^2 - L}\,t}.$$

Zur Bestimmung der Konstanten drücken wir den Sinus durch die Exponentialform aus:

$$\sin \omega t = \frac{\varepsilon^{+j\omega t} - \varepsilon^{-j\omega t}}{2j}.$$

Hier bedeutet $j = \sqrt{-1}$ [siehe (109)]. Wir können also diesen Werth in (297) einsetzen und erhalten für zwei Glieder der Summirung:

$$(298) \qquad e = E \sin \omega t$$

$$= \frac{E}{2j}\,\varepsilon^{j\omega t} - \frac{E}{2j}\,\varepsilon^{-j\omega t} = h_1\,k_1\,\varepsilon^{\frac{R}{C\,k_1^2 - L}\,t} + h_2\,k_2\,\varepsilon^{\frac{R}{C\,k_2^2 - L}\,t}.$$

Dieser Ausdruck wird identisch, wenn

$$(299) \qquad h_1\,k_1 = \frac{E}{2j}, \quad \text{und} \quad h_2\,k_2 = -\frac{E}{2j}.$$

Ebenso wenn

$$(300) \qquad j\omega = \frac{R}{C\,k_1^2 - L}, \quad \text{und} \quad -j\omega = \frac{R}{C\,k_2^2 - L}.$$

Lösen wir (300) nach k_1 und k_2, so erhalten wir:

$$(301) \qquad k_1 = \pm \frac{\sqrt{-j}}{\sqrt{C\,\omega}} \sqrt{L\,\omega\,j + R}.$$

$$(302) \qquad k_2 = \pm \frac{\sqrt{-j}}{\sqrt{C\,\omega}} \sqrt{L\,\omega\,j - R}.$$

Da, wie man sieht, die Konstanten imaginär sind, so bringen wir den Ausdruck für die E.M.K. auf die Form einer Sinusfunktion in der angedeuteten Weise. Zunächst entfernen wir den Werth j aus dem Quadratwurzelzeichen. Wir finden dann für den Werth von $\sqrt{L\,\omega\,j + R}$ den identischen Werth:

$$(303) \qquad \sqrt{L\,\omega\,j + R} = \sqrt{\frac{(R^2 + L^2\,\omega^2)^{1/2} + R}{2}}$$
$$+ j\sqrt{\frac{(R^2 + L^2\,\omega^2)^{1/2} - R}{2}},$$

und ähnlich:

$$(304) \qquad \sqrt{L\,\omega\,j - R} = \sqrt{\frac{(R^2 + L^2\,\omega^2)^{1/2} - R}{2}}$$
$$+ j\sqrt{\frac{(R^2 + L^2\,\omega^2)^{1/2} + R}{2}}.$$

Setzen wir diese Ausdrücke in (301) und (302) ein, und kürzen wir den Ausdruck für die Impedanz $(R^2 + L^2\,\omega^2)^{1/2}$ ab, indem wir ihn gleich Im setzen, so haben wir die Gleichung:

$$(305) \qquad k_1 = \pm \left\{ \frac{\sqrt{j}}{\sqrt{2\,C\,\omega}} \sqrt{Im - R} + \frac{\sqrt{-j}}{\sqrt{2\,C\,\omega}} \sqrt{Im + R} \right\}.$$

$$(306) \qquad k_2 = \pm \left\{ \frac{\sqrt{j}}{\sqrt{2\,C\,\omega}} \sqrt{Im + R} + \frac{\sqrt{-j}}{\sqrt{2\,C\,\omega}} \sqrt{Im - R} \right\}.$$

Es ist aber

$$\sqrt{+j} = \frac{1+j}{\sqrt{2}}, \quad \text{und} \quad \sqrt{-j} = \frac{1-j}{\sqrt{2}},$$

Durch Einsetzung in (305) und (306) ergiebt sich daher:

$$(307) \qquad k_1 = \pm \left\{ \frac{1}{2\sqrt{C\omega}} \left[\sqrt{Im - R} + \sqrt{Im + R} \right] \right.$$

$$\left. + \frac{j}{2\sqrt{C\omega}} \left[\sqrt{Im - R} - \sqrt{Im + R} \right] \right\} .$$

$$(308) \qquad k_2 = \pm \left\{ \frac{1}{2\sqrt{C\omega}} \left[\sqrt{Im + R} + \sqrt{Im - R} \right] \right.$$

$$\left. + \frac{j}{2\sqrt{C\omega}} \left[\sqrt{Im + R} - \sqrt{Im - R} \right] \right\} .$$

Diese Werthe für k_1 und k_2 lassen sich vereinfachen, denn wir haben:

$$(309) \qquad \sqrt{Im - R} + \sqrt{Im + R} = \sqrt{2} \sqrt{Im + L\omega} ,$$

und

$$(310) \qquad \sqrt{Im - R} - \sqrt{Im + R} = \sqrt{2} \sqrt{Im - L\omega} .$$

Durch Anwendung dieser Werthe ergiebt sich für k_1 und k_2:

$$(311) \qquad k_1 = \pm \frac{1}{\sqrt{2C\omega}} \left\{ \sqrt{Im + L\omega} + j\sqrt{Im - L\omega} \right\} .$$

$$(312) \qquad k_2 = \pm \frac{1}{\sqrt{2C\omega}} \left\{ \sqrt{Im + L\omega} - j\sqrt{Im - L\omega} \right\} .$$

Kehren wir nunmehr zu (293) zurück, so finden wir für zwei Glieder der Summirung:

$$(313) \qquad e = h_1 k_1 \varepsilon^{\frac{Rt}{Ck_1^2 - L} - \frac{Ck_1 Rx}{Ck_1^2 - L}} + h_2 k_2 \varepsilon^{\frac{Rt}{Ck_2^2 - L} - \frac{Ck_2 Rx}{Ck_2^2 - L}} .$$

Setzen wir in (313) die in (299) und (300) gegebenen Werthe von h_1, k_1, h_2, k_2, $\dfrac{R}{Ck_1^2 - L}$ und $\dfrac{R}{Ck_2^2 - L}$, so erhalten wir:

$$(314) \qquad e = \frac{E}{2j} \left\{ \varepsilon^{j\omega t - Ck_1 j\omega x} - \varepsilon^{-j\omega t + Ck_2 j\omega x} \right\} .$$

Substituiren wir in (314) die Werthe für die Konstanten k_1 und k_2 und scheiden wir den gemeinsamen Faktor

$$\varepsilon^{\pm \sqrt{\frac{C\omega}{2}} (Im - L\omega)^{1/2} x}$$

aus, so ergiebt sich:

$$(315) \qquad e = E\,\varepsilon^{\pm\sqrt{\frac{C\,\omega}{2}}\,(I\,m\,-\,L\,\omega)^{1/2}\,x}$$

$$\left\{ \frac{\varepsilon^{\,j\,\omega\,t\,\pm\,j\,\sqrt{\frac{C\,\omega}{2}}\,(I\,m\,+\,L\,\omega)^{1/2}\,x}\;-\;\varepsilon^{\,-j\,\omega\,t\,\pm\,j\,\sqrt{\frac{C\,\omega}{2}}\,(I\,m\,+\,L\,\omega)^{1/2}\,x}}{2\,j} \right\}.$$

Durch Berücksichtigung der Gleichung (109) lässt sich (315) als eine Sinusfunktion ausdrücken:

$$(316) \qquad e = E\,\varepsilon^{\pm\left[\sqrt{\frac{C\,\omega}{2}}\,\sqrt{I\,m\,-\,L\,\omega}\right]x}$$

$$\sin\left\{ \omega\,t \pm \left[\sqrt{\frac{C\,\omega}{2}}\,\sqrt{I\,m\,+\,L\,\omega} \right] x \right\}.$$

Diese Gleichung liefert den Werth des Potentials zu beliebiger Zeit an einem beliebigen Punkte des Leiters. Die Erörterung derselben wird dem nächsten Kapitel überwiesen.

Zweite Methode.

Da das Potential am Anfangspunkt gemäss unserer Annahme harmonisch veränderlich ist, so hätten wir als Lösung eine Sinusfunktion voraussetzen können. Die Bestimmung der Konstanten wird durch eine solche Annahme vereinfacht. Nehmen wir also an, die gesuchte Gleichung habe die Form:

$$e = h\,\varepsilon^{\,r\,t\,+\,p\,x}\,\sin\,(\beta\,t + \alpha\,x).$$

Wir müssen dann die willkürlichen Konstanten α, β, h, r und p so bestimmen, dass der Differentialgleichung (279) genügt wird.

r muss gleich 0 sein, denn wenn $x = 0$, so ist die E.M.K. $= E \sin \omega\,t$. Daher

$$h = E, \quad \text{und} \quad \beta = \omega.$$

Es erübrigt also, die Konstanten p und α zu bestimmen, und die E.M.K. ist:

$$(317) \qquad e = E\,\varepsilon^{\,p\,x}\,\sin\,(\omega\,t + \alpha\,x).$$

Durch Differenziren erhalten wir:

$$\frac{d^2e}{dx^2} = p^2 - \alpha^2 \quad\Big|\quad \varepsilon^{px} \sin(\omega t + \alpha x) + 2p\alpha \quad\Big|\quad \varepsilon^{px} \cos(\omega t + \alpha x)$$

$$-CL\frac{d^2e}{dt^2} = + CL\omega^2 \quad\Big|\quad \varepsilon^{px} \sin(\omega t + \alpha x) \quad\Big|\quad$$

$$-CR\frac{de}{dt} = \quad\Big|\quad \quad\Big|\quad -CR\omega \quad\Big|\quad \varepsilon^{px} \cos(\omega t + \alpha x).$$

Setzen wir die Koefficienten des Sinus und Kosinus einzeln gleich Null, so haben wir die Beziehungen:

$$p^2 - \alpha^2 + CL\omega^2 = 0,$$

$$2p\alpha - CR\omega = 0.$$

Durch Lösung nach p und α ergiebt sich:

$$(318) \qquad p = \pm \sqrt{\frac{C\omega}{2}} \sqrt{(R^2 + L^2\omega^2)^{1/2} - L\omega}\,,$$

und

$$(319) \qquad \alpha = \pm \sqrt{\frac{C\omega}{2}} \sqrt{(R^2 + L^2\omega^2)^{1/2} + L\omega}.$$

Substituiren wir in (317) diese Werthe von p und α, so erkennen wir, dass das Resultat mit (316) identisch ist.

Die Stromgleichung.

Die Stromgleichung lässt sich aus der Potentialgleichung durch die Beziehung $C\dfrac{de}{dt} = -\dfrac{di}{dx}$ (271) ableiten. Differenziren wir (317) in Bezug auf t und multipliciren dann mit C, so erhalten wir:

$$C\frac{de}{dt} = CE\omega\, \varepsilon^{px} \cos(\omega t + \alpha x) = -\frac{di}{dx}.$$

Integriren wir dies Resultat in Bezug auf x, so ergiebt sich:

$$i = -\frac{CE\omega\, \varepsilon^{px}}{p^2 + \alpha^2} \big\{ p\cos(\omega t + \alpha x) + \alpha\sin(\omega t + \alpha x) \big\}.$$

Wandeln wir diese Gleichung so um, dass nur der Sinus

Bedell-Crehore. 11

darin vorkommt [mittelst (27)], so ergiebt sich:

$$(320) \qquad i = - E \frac{\sqrt{C\,\omega}}{\sqrt[4]{R^2 + L^2\,\omega^2}}\, \varepsilon^{p\,x} \sin\left\{ \omega\,t + \alpha\,x \right.$$

$$\left. + \tang^{-1} \sqrt{\frac{I\,m - L\,\omega}{I\,m + L\,\omega}} \right\}.$$

Hier stellen p und α die Ausdrücke (318) und (319) dar. Gleichung (320) lässt sich auf die Form bringen:

$$i = - E \sqrt{\frac{C\,\omega}{I\,m}}\, \varepsilon^{\pm\,p\,x} \sin\left(\omega t \pm \alpha\,x + \tang^{-1} \frac{p}{\alpha} \right).$$

Diese Gleichung liefert den Werth des Stromes zu beliebiger Zeit an einem beliebigen Punkte des Leiters, der vertheilte L und C enthält, wenn eine harmonische E.M.K. vorhanden ist. Im nächsten Kapitel wollen wir diesen Fall erörtern.

Dreizehntes Kapitel.

Stromkreise mit vertheilter Kapacität und Selbstinduktion.

Inhalt: *Stromkreise ohne L.* Specielle Form von e-und i-Gleichungen. Beschaffenheit der Welle. Geschwindigkeit der Ausbreitung. Wellenlänge. Abnahme der Amplitude. Maass der Abnahme mit der Entfernung, und mit der Zeit.

Stromkreise mit L. Phasendifferenz. Geschwindigkeit der Ausbreitung. Verringerung der Amplitude. Maass der Abnahme. Begrenzung der Wirksamkeit des Telephons.

Wellenausbreitung in geschlossenen Stromkreisen.

Das Aussterben der Schwingungen. Die resultirende Wirkung. Das Potential in der Mitte des Kabels. Die Vereinfachung des Potentialausdrucks, wenn die Länge des Kabels ein Vielfaches der Wellenlänge ist. Anwendung auf die Stromgleichung.

Bevor wir die Wirkungen der vertheilten L und C eines Stromkreises erörtern, wollen wir die im vorigen Kapitel erzielten analytischen Resultate der Betrachtung unterziehen. Zunächst wenden wir unsere Aufmerksamkeit auf einen Stromkreis, in dem L nicht in Betracht gezogen wird.

Nachdem wir uns ein Bild von der Ausbreitung der Schwingungen, von der Wellenlänge, von der Geschwindigkeit der Ausbreitung und dem Maasse der Abnahme gemacht haben, gehen wir zur Betrachtung von Stromkreisen über, die vertheilte L und C enthalten. Wir prüfen dann die Aenderungen, die durch Einführen von L auftreten.

11*

Stromkreise mit vertheilter Kapacität und ohne Selbstinduktion.

Wenn wir die Wirkung von L nicht in Betracht ziehen, so setzen wir in Strom- und Potentialgleichung (316) und (320) $L = 0$. Es ergeben sich dann die Gleichungen:

$$(321) \qquad e = E\,\varepsilon^{\pm \sqrt{\frac{C R \omega}{2}}\,x} \sin\left\{ \omega t \pm \sqrt{\frac{C R \omega}{2}}\,x \right\}.$$

$$(322) \qquad i = \pm E\,\sqrt{\frac{C \omega}{R}}\;\varepsilon^{\pm \sqrt{\frac{C R \omega}{2}}\,x}$$

$$\sin\left\{ \omega t \pm \sqrt{\frac{C R \omega}{2}}\,x + 45^0 \right\}.$$

Diese Gleichungen können direkt von der Differentialgleichung (272) abgeleitet werden. Differenzirt man, so findet man, dass derselben genügt wird.

Die Beschaffenheit der Wellenausbreitung. — Aus (321) geht hervor, dass an einem beliebigen Punkte des Leiters das Potential harmonisch mit der Zeit veränderlich ist. Am Anfangspunkt, wo $x = 0$, ist das Potential immer $= e = E \sin \omega t$, wo E den Maximalwerth bedeutet. Entfernen wir uns vom Anfangspunkt, so wird das Potential geringer, nämlich gleich

$$E\,\varepsilon^{-\sqrt{\frac{C R \omega}{2}}}.$$

Der Werth dieses Ausdrucks nimmt ab, wenn x zunimmt. Das doppelte Vorzeichen des Exponenten ist in der Gleichung beibehalten, da es die Richtungen zweier Wellen andeutet. Der Maximalwerth des Potentials an einem beliebigen Punkte des Kabels lässt sich als Ordinate der logarithmischen Kurve darstellen (Fig. 44). So z. B. stellt $\overline{OA}$ den Maximalwerth des harmonisch veränderlichen Potentials am Anfangspunkt dar, während $\overline{BC}$ der Maximalwerth desselben in einem Punkte ist, der x Längeneinheiten vom Ursprung liegt. Die Entfernung $\overline{OB}$

ist so gewählt, dass am Punkte B die logarithmische Kurve zu $\dfrac{1}{\varepsilon}$ des Anfangswerthes $\overline{OA}$ gesunken ist.

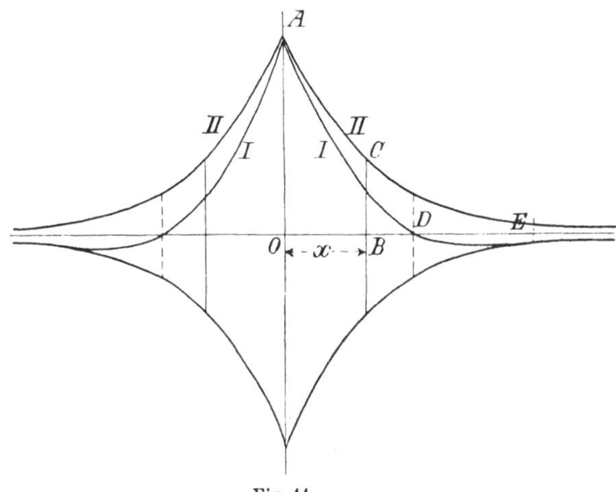

Fig. 44.

Kurve I. Momentane Welle in einem unendlichen Kabel.
Kurve II. Logarithmische Abnahme der Amplitude.

Die Entfernung $\overline{OD}$ ist $^1/_4$ und $\overline{OE}$ $^1/_2$ Wellenlänge. Wie wir später zeigen werden, nimmt die Amplitude in einer ganzen Wellenlänge bis auf $\dfrac{1}{500}$ ihres Anfangswerthes ab.

Eine bemerkenswerthe Thatsache, die sich aus obigen Formeln ergiebt, ist, dass der Strom dem Potential immer um $^1/_8$ Periode voraus ist und dieser Phasenunterschied ändert sich nicht durch irgend eine Aenderung in R und CD des Kabels.

Geschwindigkeit der Ausbreitung. Kurve I in Fig. 44 stellt eine momentane Lage der Potentialwelle dar, die in beiden Richtungen vom Anfangspunkt aus sich fortpflanzt. Die Entfernung eines Maximalpotentials bis zum nächsten, mit andern Worten, eine vollständige Wellenlänge, findet man, indem man den Winkel, der x enthält, gleich 2π setzt. Hieraus ergiebt sich:

$$\sqrt{\frac{C\,R\,\omega}{2}}\,x = 2\,\pi,$$

oder

$$x = \lambda = 2\,\pi \sqrt{\frac{2}{C\,R\,\omega}} = 2 \sqrt{\frac{\pi}{C\,R\,n}},$$

wo λ eine ganze Wellenlänge und $n = \dfrac{\omega}{2\,\pi}$ die Häufigkeit der Wechsel ($\sim\cdot$) bedeutet.

Die Zeit einer vollständigen Periode ist: $T = \dfrac{1}{n}$. Die Geschwindigkeit, mit der die Welle sich fortbewegt, findet man, indem man die Wellenlänge durch die Zeit dividirt, in der diese Länge zurückgelegt wird, also:

$$\text{Geschwindigkeit der Fortpflanzung} = \frac{\lambda}{T} = 2 \sqrt{\frac{n\,\pi}{C\,R}} = \sqrt{\frac{2\,\omega}{C\,R}}.$$

Wie man sieht, hängt die Fortpflanzungsgeschwindigkeit nicht allein von der Beschaffenheit des Kabels ab, sondern auch von der Quadratwurzel der Häufigkeit der Wechsel ($\sim\cdot$). Eine Welle mit $400 \sim$ pflanzt sich zweimal so schnell fort als eine Welle von $100 \sim$.

Abnahme der Amplitude. Die Häufigkeit der Wechsel hat nicht nur ihren Einfluss auf die Fortpflanzungsgeschwindigkeit, sondern auch auf das Maass der Abnahme der Amplitude. Die Entfernung x', in der die Amplitude auf $\dfrac{1}{\varepsilon}$ ihres Anfangswerthes gesunken ist, ist der reciproke Werth des Faktors von x im Exponenten, also:

$$x' = \sqrt{\frac{2}{C\,R\,\omega}}.$$

Diese Entfernung, bei der die Welle auf $\dfrac{1}{\varepsilon}$ ihres Anfangswerthes herabsinkt, ist umgekehrt proportional der Quadratwurzel der Häufigkeit der Wechsel, d. h. eine Welle von $100 \sim$ pro Sekunde kann die doppelte Entfernung durchmessen, bis sie dieselbe Abnahme der Amplitude erfährt. Vergleichen wir diesen Werth von x' mit dem einer Wellenlänge λ, so können wir setzen:

$$x' = \frac{\lambda}{2\,\pi}.$$

Die Amplitude einer Welle nimmt bis auf $\dfrac{1}{\varepsilon^{2\pi}} = 0{,}00187$ ihres Werthes ab, wenn sie eine ihrer Wellenlänge gleiche Entfernung zurücklegt.

Um die Zeit t' zu finden, in der die Amplitude bis auf $\dfrac{1}{\varepsilon}$ ihres Werthes sinkt, müssen wir die Entfernung x' durch die Fortpflanzungsgeschwindigkeit dividiren; also:

$$t' = \frac{\dfrac{\lambda}{2\pi}}{\dfrac{\lambda}{T}} = \frac{T}{2\pi} = \frac{1}{\omega}\,.$$

Wir sehen also, dass die Zeit der Abnahme der Häufigkeit des Wechsels umgekehrt proportional ist. Eine Welle von $400 \sim$ wird also in einem Viertel derselben Zeit um den gleichen Betrag abnehmen, wie eine Welle von $100 \sim$.

Stromkreise mit vertheilter L und C.

Die Einführung von L in das Kabel ändert also nicht wesentlich die Art und Weise der Wellenausbreitung. In jedem Punkte des Leiters ist Potential und Strom mit der Zeit harmonisch veränderlich, und die Amplitude der Welle nimmt nach wie vor logarithmisch vom Anfangspunkt aus ab. Eine Wirkung der Selbstinduktion besteht darin, den Vorauswinkel des Stromes zu ändern. Dieser Winkelunterschied ist nicht mehr ein konstanter Winkel von 45^0, sondern ist eine Funktion von R, L und ω.

$$(323) \qquad \operatorname{tang} \theta = \sqrt{\frac{1\,m - L\,\omega}{1\,m + L\,\omega}} = \frac{p}{a}\,.$$

Ist $L = 0$, dann ist $\operatorname{tang} \theta = 1$ und $t = 45^0$. Nimmt L von 0 bis ∞ zu, so ändert sich der Werth von 1 auf 0 und folglich θ von 45^0 auf 0^0. Infolgedessen besteht die Wirkung von L darin, die Phasendifferenz zwischen Strom und Potential zu verringern. Diese Phasendifferenz verringert sich auch bei Zunahme der Häufigkeit der Wechsel.

Fortpflanzungsgeschwindigkeit. — Die Entfernung zwischen zwei Maximalwerthen auf dem Leiter findet man, indem man den Winkel, der x (316) enthält, $= 2\pi$ setzt und nach x löst, also:

$$x = \lambda_1 = \frac{2\pi}{\alpha} = \frac{2\pi\sqrt{2}}{\sqrt{C\omega}\,\sqrt{Im+L\omega}}.$$

Hier bedeutet λ_1 die Wellenlänge. Die Suffixe sind hier angewandt, um Stromkreise mit L zu bezeichnen. Die Zeit, die erforderlich, um eine Wellenlänge zurückzulegen, ist $= T = \dfrac{2\pi}{\omega}$. Daher ist die Fortpflanzungsgeschwindigkeit

$$= \frac{\lambda_1}{T} = \frac{\omega}{\alpha} = \sqrt{\frac{2\omega}{C\left\{Im+L\omega\right\}}}.$$

Wie man sieht, sind Wellenlänge und Fortpflanzungsgeschwindigkeit geringer als im Stromkreis ohne L. Es ist ferner bemerkenswerth, dass eine Aenderung in der Häufigkeit der Wechsel eine grössere Wirkung auf die Aenderung der Wellenlänge ausübt, als im Falle eines Stromkreises ohne L. Dagegen ist die Wirkung auf die Fortpflanzungsgeschwindigkeit geringer. Zwei Wellen von verschiedenen Perioden werden zwar langsamer, aber mit geringerem Unterschied in der Geschwindigkeit sich fortpflanzen, als wenn L nicht vorhanden wäre. In beiden Fällen wird die Welle mit der grösseren Häufigkeit des Wechsels eine kürzere Wellenlänge haben und sich schneller fortpflanzen.

Die Abnahme der Amplitude. — Wie zuvor, nimmt die Amplitude der harmonischen Welle logarithmisch ab. Die Entfernung, bei der die Amplitude auf $\dfrac{1}{\varepsilon}$ ihres Anfangswerthes sinkt, ist der reciproke Faktor des Exponenten.

$$x_1' = \frac{1}{p} = \frac{\sqrt{\dfrac{2}{C\omega}}}{\sqrt{Im-L\omega}}.$$

Dieser Werth ist grösser wegen L. Setzen wir $L = 0$, so erhalten wir wieder den vorigen Werth von x'. Eine Zunahme der Häufigkeit der Wechsel bringt eine Verminderung dieses Werthes hervor.

Vergleichen wir damit die für λ_1 und θ gefundenen Werthe, so erhalten wir:

$$x_1' = \frac{\lambda_1}{2\,\pi\,\operatorname{tang}\theta}.$$

Um die Zeit t_1' zu finden, in der die Amplitude auf $\dfrac{1}{\varepsilon}$ ihres Anfangswerthes fällt, dividiren wir die Entfernung x_1' durch die Fortpflanzungsgeschwindigkeit:

$$t' = \frac{\dfrac{\lambda_1}{2\,\pi\,\operatorname{tang}\theta}}{\dfrac{\lambda_1}{T}} = \frac{T}{2\,\pi\,\operatorname{tang}\theta} = \frac{1}{\omega\,\operatorname{tang}\theta}.$$

Die Selbstinduktion macht den Werth von $\operatorname{tang}\alpha$ kleiner als 1, d. h. die Zeit für eine bestimmte Abnahme wird verlängert. Durch eine Zunahme der Anzahl von $\sim$ wird θ kleiner. Die Wirkung einer Aenderung von $\sim$ in einem Stromkreis mit L auf das Maass der Abnahme hängt von den Konstanten des Stromkreises ab. Die Welle, welche eine höhere Häufigkeit der Wechsel besitzt, wird immer schneller abnehmen; ist aber L im Stromkreis, so ist der Unterschied in dem Maasse der Abnahme bei Wellen von verschiedenen Perioden geringer, als wenn L nicht vorhanden wäre.

Begrenzung der Wirksamkeit des Telephons. — Die Wirkung von vertheilter C auf die Fortpflanzung der Welle ist erörtert worden. Auch die Wirkung von L oder einer Aenderung in der Häufigkeit der Wechsel ist ebenfalls der Betrachtung unterzogen worden. Eine besondere Berücksichtigung dieser Einflüsse auf Telephonleitungen ist insofern wünschenswerth, als die Wirksamkeit der Telephone in hohem Grade davon abhängt. In allen Fällen pflanzen sich die Wellen von grösserer Häufigkeit der Wechsel schneller fort und folglich findet eine beständige Phasenverschiebung unter den einzelnen harmonischen Komponenten statt. Wellen von grösserer Häufigkeit der Wechsel nehmen schneller ab; wenn also mehrere Komponenten vorhanden sind, so kann die resultirende Wirkung wesentlich von der ursprünglichen Beschaffenheit verschieden sein. Obige Wirkungen werden durch die Anwesenheit der Selbstinduktion modificirt, dennoch werden sie sich unter allen Umständen geltend machen. Auf diese Weise wird also die Wirksamkeit des Telephons beschränkt.

Wellenfortpflanzung im geschlossenen Leiter.

Wir wollen jetzt den Fall untersuchen, dass eine Dynamomaschine, die eine harmonisch veränderliche E.M.K. hat, an irgend einem Punkte des Kabels eingeschaltet ist. In demselben Zeitpunkt, in dem eine Welle in positiver Richtung von dem einen Pol der Maschine sich dem Leiter entlang mit beständig abnehmender Amplitude fortpflanzt, geht auch von dem negativen Pol eine Welle in entgegengesetzter Richtung aus, und zwar ebenfalls mit abnehmender Amplitude.

Das Potential in einem beliebigen Punkte des Stromkreises ist also die Summe der durch die positiven und negativen Wellen bedingten Potentiale. Es sei L die Länge des Kabels. Erreicht die erste positive Welle einen Punkt in der Entfernung x vom Pol der Dynamomaschine, so ist das Potential:

$$e_{F_1} = E \varepsilon^{-px} \sin(\omega t - \alpha x),$$

wo p und x die in (318) und (319) angegebenen Werthe besitzen. Wenn die Welle der ganzen Länge des Leiters entlang sich fortgepflanzt hat und zum zweitenmal an Punkt x kommt, so ist:

$$e_{F_2} = E \varepsilon^{-px-pl} \sin(\omega t - \alpha x - \alpha l).$$

Man erhält diesen Werth durch Einsetzen von $x + l$ für x in die vorhergehende Gleichung. Legt die Welle diese Strecke $n$mal zurück, so ergiebt sich der Werth:

$$e_{F_n} = E \varepsilon^{-px-pln} \sin(\omega t - \alpha x - \alpha l n).$$

Die Resultante aller dieser Wellen für einen bestimmten Punkt liefert somit den Werth:

$$(324) \qquad e_F = e_{F_1} + e_{F_2} + \ldots + e_{F_\infty} = E \varepsilon^{-px} \sum_{n=0}^{n=\infty} \varepsilon^{-pln}$$
$$\sin(\omega t - \alpha x - \alpha l n).$$

Berücksichtigen wir alle in negativer Richtung ausgehenden Wellen, so lässt sich ein ähnlicher Ausdruck für das Potential an einem bestimmten Punkt finden. Wenn die erste negative Welle eine solche Strecke zurückgelegt hat, dass sie die positive Entfernung x vom Anfangspunkt hat, so hat sie die Entfernung $l - x$ zurückgelegt. Diese Entfernung vom Anfangspunkt in negativer Richtung bezeichnen wir mit x'. Wir finden also für die erste negative Welle:

$$e_{B_1} = - E\,\varepsilon^{-p\,x'} \sin(\omega t - \alpha\,x'),$$

und für die Summe aller negativen Wellen:

$$(325) \qquad e_B = - E\,\varepsilon^{-p\,x'} \sum_{n=0}^{n=\infty} \varepsilon^{-p\,l\,n} \sin(\omega t - \alpha\,x' - \alpha\,l\,n).$$

Zur Vereinfachung von (324) und (325) benutzen wir folgende Formel:

$$(326) \qquad \sin(\omega t - \alpha\,x - \alpha\,l\,n) = \sin(\omega t - \alpha\,x) \cos \alpha\,l\,n$$
$$- \cos(\omega t - \alpha\,x) \sin \alpha\,l\,n.$$

Durch Substitution ergiebt sich alsdann für (324):

$$(327) \qquad e_F = E\,\varepsilon^{-p\,x} \sin(\omega t - \alpha\,x) \sum_{n=0}^{n=\infty} \varepsilon^{-p\,l\,n} \cos \alpha\,l\,n$$

$$- E\,\varepsilon^{-p\,x} \cos(\omega t - \alpha\,x) \sum_{n=0}^{n=\infty} \varepsilon^{-p\,l\,n} \sin \alpha\,l\,n.$$

In ähnlicher Weise erhalten wir für (325):

$$(328) \qquad e_B = - E\,\varepsilon^{-p\,x'} \sin(\omega t - \alpha\,x') \sum_{n=0}^{n=\infty} \varepsilon^{-p\,l\,n} \cos \alpha\,l\,n$$

$$+ E\,\varepsilon^{-p\,x'} \cos(\omega t - \alpha\,x') \sum_{n=0}^{n=\infty} \varepsilon^{-p\,l\,n} \sin \alpha\,l\,n.$$

Das resultirende Potential an einem beliebigen Punkt ist gleich der Summe von ε_F und ε_B. Setzen wir $l - x$ für x' in

(328) und addiren diesen Werth zu (327), so ergiebt sich:

$$(329) \quad e = E \sum_{n=0}^{n=\infty} \varepsilon^{-p l n} \cos \alpha l n \left\{ \varepsilon^{-p x} \sin(\omega t - \alpha x) \right.$$

$$- \varepsilon^{+p x - p l} \sin(\omega t + \alpha x - \alpha l) \left. \right\} + E \sum_{n=0}^{n=\infty} \varepsilon^{-p l n} \sin \alpha l n$$

$$\left\{ \varepsilon^{+p x - p l} \cos(\omega t + \alpha x - \alpha l) - \varepsilon^{-p x} \cos(\omega t - \alpha x) \right\}.$$

Setzen wir die Exponentialwerthe des Sinus und Kosinus ein, so bringen wir (329) auf folgende Formen:

$$(330) \quad \sum_{n=0}^{n=\infty} \varepsilon^{-p l n} \sin \alpha l n = \frac{\varepsilon^{p l} \sin \alpha l}{1 - 2 \varepsilon^{p l} \cos \alpha l + \varepsilon^{2 p l}},$$

$$(331) \quad \sum_{n=0}^{n=\infty} \varepsilon^{-p l n} \cos \alpha l n = \frac{\varepsilon^{2 p l} - \varepsilon^{p} \cos \alpha l}{1 - 2 \varepsilon^{p l} \cos \alpha l + \varepsilon^{2 p l}}.$$

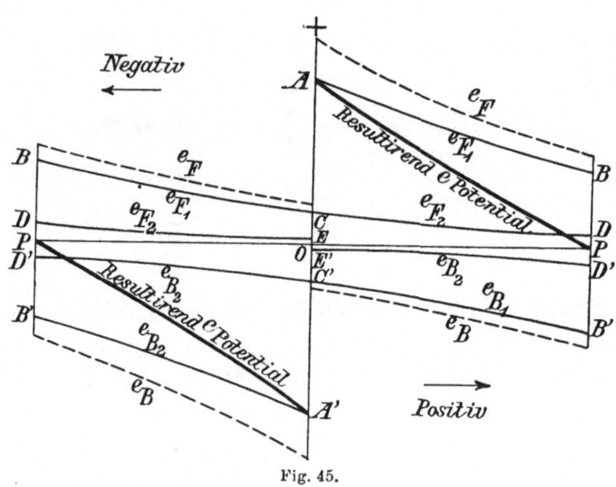

Fig. 45.

Positive und negative Wellen und resultirendes Potential in einem
geschlossenen Leiter.

Es sei $P O P$ (Fig. 45) ein Kabel, das einen geschlossenen
Stromkreis bildet. Der Maximalwerth des Potentials am posi-

tiven Pol der Maschine sei $\overline{OA}$. Entfernen wir uns von a, so nimmt das Potential logarithmisch der Kurve $ABCDE$ entlang ab. In ähnlicher Weise nimmt die negative Welle vom negativen Pol aus der Kurve $A'B'C'D'E'$ entlang ab. Am Punkte P, den wir uns halbwegs zwischen den Polen der Dynamomaschine zu denken haben, ist das Potential beständig gleich Null. Wenn wir die Entfernung $x = \dfrac{l}{2}$ haben, so wird (329) gleich Null. Ist die Länge des Kabels ein Vielfaches der Wellenlänge, so nimmt der Ausdruck für das Potential eine einfachere Form an. In diesem Falle pflanzt sich jede folgende positive Welle dem Leiter entlang in derselben Phase fort, wie die erste, und es lassen sich also sämmtliche positive Wellen algebraisch addiren.

Das resultirende Maximalpotential an einem beliebigen Punkt ist dann die Summe der Maxima der einzelnen Wellen.

e_{F_1}, e_{F_2} in Fig. 45 stellen aufeinander folgende positive Wellen dar, und e_{B_1} und e_{B_2} die entsprechenden negativen Wellen. Im Falle, wo die Länge des Kabels ein Vielfaches der Wellenlänge ist, ist die Summe der Maxima aller positiven und negativen Wellen durch die punktirte Linie e_F bzw. e_B dargestellt. Die Linie e, die Summe von e_F und e_B, stellt das resultirende Maximalpotential dar.

Wir haben gesehen, dass die Wellenlänge $\lambda = \dfrac{2\pi}{\alpha}$. Die Länge des Kabels ist ein Mehrfaches der Wellenlänge:

$$l = k\lambda = \frac{2\pi k}{\alpha} \quad \text{und} \quad \alpha\lambda = 2\pi k,$$

wo k eine Konstante ist. Da $\sin 2k\pi = 0$, so wird auch (330) gleich Null, und (331) nimmt den folgenden Werth an:

$$\frac{\varepsilon^{2pl} - \varepsilon^{pl}}{\left(1 - \varepsilon^{pl}\right)^2}.$$

Das zweite Glied von (329) verschwindet durch Benutzung dieser Werthe, und wir erhalten demnach als Ausdruck für das resultirende Potential:

$$(332) \qquad e = E \, \frac{\varepsilon^{p\,x} - \varepsilon^{p\,l - p\,x}}{1 - \varepsilon^{p\,l}} \, \sin(\omega\,t - \alpha\,x).$$

Die Linie e in Fig. 45 stellt dieses Potential dar. Ist $x = 0$, so wird dieser Werth $e = E \sin \omega t$ als Ausdruck für das Potential an den Polen der Dynamomaschine. Ist $x = \dfrac{l}{2}$, so verschwindet der Ausdruck, d. h. das Potential ist in der Mitte gleich Null.

Diese letztere Vereinfachung wurde ermöglicht durch die Annahme, dass die Länge des Kabels ein Vielfaches der Wellenlänge sei. Ist letzteres nicht der Fall, so ist eine algebraische Summirung der Maxima der einzelnen Wellen nicht möglich, da sie dann eine Phasendifferenz haben würden. Die Resultate würden keine wesentliche Aenderung erfahren.

Hätten wir anstatt des Potentials den Strom selbst in Betracht gezogen, so würden wir die entsprechenden Resultate in ganz analoger Weise erhalten haben.

II. Theil.

Graphische Behandlung.

Vierzehntes Kapitel.

Einleitung zum II. Theil, und Einleitung zur Behandlung von Stromkreisen mit R und L.

Inhalt: Analytische Lösungen des ersten Theils für einfache Stromkreise auf verzweigte Stromkreise mittelst der graphischen Methode ausgedehnt. Anordnung vom II. Theil. Graphische Darstellung einfacher harmonischer E.M.K.K. Graphische Darstellung der Summe einfacher harmonischer E.M.K.K. derselben Periode. Das Dreieck der E.M.K.K. für einen einzelnen Stromkreis mit R und L. Die treibende E.M.K. Die wirkende E.M.K. Die Gegenkraft der E.M.K. der L. Graphische Darstellung. Verwendung der Symbole in der graphischen Behandlung. Verwendung von Buchstaben in der graphischen Konstruktion.

Bei der analytischen Behandlung unseres Gegenstandes haben wir uns auf einen einfachen Stromkreis mit R, L und C, die hintereinander geschaltet sind, beschränkt. Im Falle dass ein komplicirtes Netz von Leitern vorliegt, könnten wir ebenfalls eine analytische Lösung finden. Dies wäre aber ein äusserst mühsames Verfahren, und die gewonnenen Resultate von wenig praktischem Werth. Es steht uns aber glücklicherweise der Weg offen, die analytisch erzielten Resultate durch eine graphische Methode zu erweitern und auf diese Weise Probleme der Berechnung zugänglich zu machen, die der analytischen Untersuchung beträchtliche Schwierigkeiten darbieten. Diese graphische Methode lässt sich dann am vortheilhaftesten anwenden, wenn die treibende E.M.K. harmonisch ist.

Der Zweck dieses Theiles ist die graphische Lösung von Aufgaben, die eine beliebige Kombination von neben- und hintereinander geschalteten Stromkreisen mit beliebigen harmonischen E.M.K.K. zum Gegenstand haben.

Zunächst werden wir verschiedene Verzweigungen von

Stromkreisen, die nur R und L enthalten, untersuchen, darauf Stomkreise mit R und C, und endlich Stromkreise mit R, L und C, und zwar werden wir alle möglichen Kombinationen berücksichtigen.

Bevor wir an die Lösung dieser Aufgaben herantreten, wollen wir noch kurz auseinandersetzen, in welcher Beziehung die graphische zur analytischen Methode steht.

Graphische Darstellung einer einfach harmon. E.M.K.

Der Ausdruck für die treibende harmon. E.M.K. ist:

$$e = E \sin \omega t.$$

Stellen wir diese Kurve graphisch dar, so erhalten wir die Sinuskurve der Fig. 46, wo t die unabhängige und e die abhängige Veränderliche ist. Die Linie $\overline{OA}$ denken wir uns um

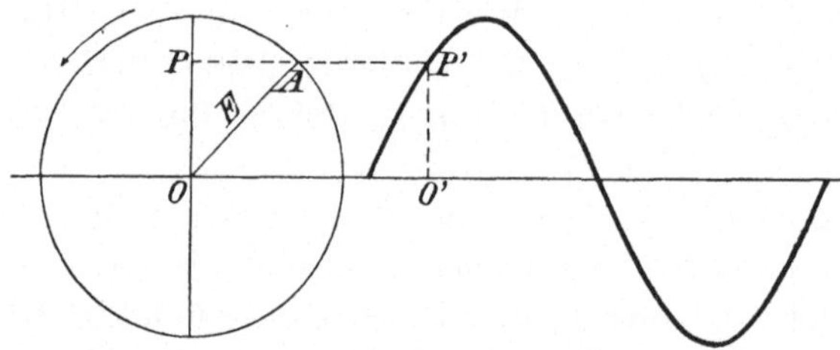

Fig. 46.
Graphische Darstellung einer einfach harmonischen ·E.M.K.

den Punkt 0 in einer Drehung begriffen, die dem Zeiger der Uhr entspricht. Die Bewegung sei gleichförmig. Die Projektion von $\overline{OA}$ entspricht in jedem Zeitpunkt der Ordinate $O'P'$ der Sinuskurve. Denken wir uns den Kreis in horizontaler Richtung mit konstanter Geschwindigkeit fortbewegt, so würde die Projektion $\overline{OP}$ die Spur einer Sinuskurve bilden, deren Ordinaten den augenblicklichen Werth der treibenden E.M.K. darstellen. Im Diagramm können wir die treibende E.M.K. durch die Linie $\overline{OA}$ darstellen, die dem Maximalwerth E derselben gleich ist. In diesem Sinne stellen wir die harmon. E.M.K.K. in den folgenden graphischen Konstruktionen durch Linien dar.

Graphische Darstellung der Summe einfach harmon. E.M.K.K. von derselben Periode.

Der Ausdruck für die Summe zweier einfach harmon. E.M.K.K. von derselben Periode ist, wenn sie sich zur treibenden E.M.K. zusammensetzen:

$$(333) \qquad e = E_1 \sin \omega t + E_2 \sin (\omega t + \theta).$$

Es lässt sich leicht analytisch nachweisen, dass diese Summe eine einfach harmon. E.M.K. ist, die mit Bezug auf Phase und Amplitude von jeder der beiden Komponenten verschieden ist, aber dieselbe Periode hat. Entwickeln wir nämlich die Form: $\sin (\omega t + \theta)$, so ergiebt sich die Gleichung:

$$e = (E_1 + E_2 \cos \theta) \sin \omega t + E_2 \sin \theta \cos \omega t.$$

Durch trigonometrische Umwandlung [cf. (27)] ergiebt sich:

$$(334) \qquad e = \sqrt{E_1{}^2 + E_2{}^2 + 2 E_1 E_2 \cos \theta}$$

$$\sin \left\{ \omega t + \tang^{-1} \frac{E_2 \sin \theta}{E_1 + E_2 \cos \theta} \right\}.$$

Diese Gleichung stellt eine einfach harmon. E.M.K. dar, da sie von der Form ist:

$$e = E \sin (\omega t + \varphi),$$

wo E und φ konstante Werthe sind. Aus dieser Gleichung geht ferner hervor, dass die Diagonale des Parallelogramms, deren Komponenten die beiden Glieder von (330) sind, die Linie ist, die graphisch die Gleichung (334) darstellt. Sie ist also die Summe der beiden Komponenten.

In Fig. 47 stellt Kurve *I*, die durch die Linie $\overline{OA}$ erzeugt ist, das erste Glied von (333) dar. Kurve *II*, die durch $\overline{OB}$ erzeugt ist, stellt den zweiten Ausdruck dar. Kurve *III* ist die Summe der Kurven *I* und *II* und ist durch die Diagonale $\overline{OC}$ eines Parallelogramms erzeugt, das $\overline{OA}$ und $\overline{OB}$ als Komponenten hat. Dass die Kurve *III*, die geometrische Summe, die Gleichung (334) d. h. die analytische Summe darstellt, ergiebt sich aus der Thatsache, dass die analytischen Beziehungen der Gleichung mit den Beziehungen übereinstimmen, welche die Geometrie der Figur aufweist. So ist gemäss der Gleichung die Amplitude der resultirenden harmonischen Funktion:

$$E = \sqrt{E_1{}^2 + E_2{}^2 + 2\,E_1\,E_2\cos\theta}.$$

Dasselbe Resultat ergiebt sich aus der Geometrie der Figur, denn

$$\overline{OA} = E_1, \quad \overline{OB} = E_2, \quad \text{und} \quad AOB = \theta.$$

Die resultirende E.M.K. muss gemäss der Gleichung einen Phasenunterschied von E_1 haben, der gleich ist dem Winkel:

$$\varphi = \operatorname{tang}^{-1}\frac{E_2\sin\theta}{E_1 + E_2\cos\theta}.$$

Aus der Figur ergiebt sich gleichfalls:

$$\varphi = COA = \operatorname{tang}^{-1}\frac{\overline{CD}}{\overline{DO}} = \operatorname{tang}^{-1}\frac{E_2\sin\theta}{E_1 + E_2\cos\theta}.$$

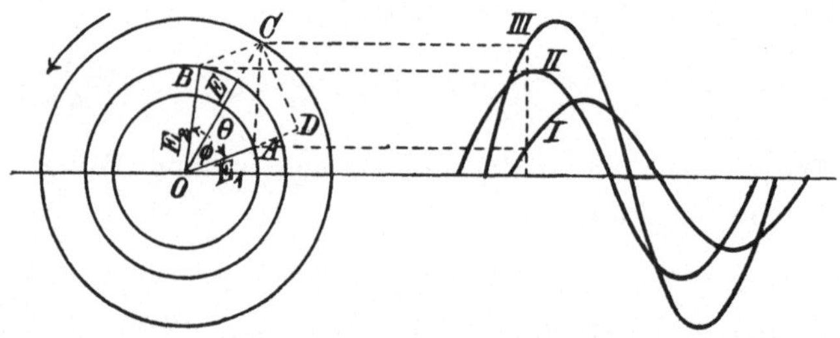

Fig. 47.

Resultante von zwei harmon. E. M. K. K.

Diese Uebereinstimmung der analytischen und graphischen Beziehungen beweist die Richtigkeit der Konstruktion, und wir können schliessen, dass die Summe von zwei beliebigen Sinuskurven von derselbe Periode, die durch zwei Linien dargestellt sind, die sich um einen gemeinsamen Mittelpunkt drehen, eine Sinuskurve derselben Periode ist, und zwar ist diese Summe gleich der Diagonale des aus den beiden Komponenten gebildeten Parallelogramms.

Ist die Anzahl der Komponenten grösser als zwei, so ist die Summe gleich dem Vektor, der die geometrische Resultante aller einzelnen Vektorkomponenten ist.

Dies geht aus dem Vorhergehenden hervor, indem beliebige zwei Komponenten einer einzelnen E.M.K. äquivalent sind, und diese, mit einer dritten und vierten Komponente vereinigt, liefert die geometrische Resultante aller Komponenten. So haben wir in Fig. 48 eine Anzahl von Vektoren A, B, C, D, von denen jeder eine E.M.K. darstellt. Man findet die Summe in der bekannten Weise, indem man zunächst ein Parallelogramm aus zwei Vektoren konstruirt, dann die Resultante mit

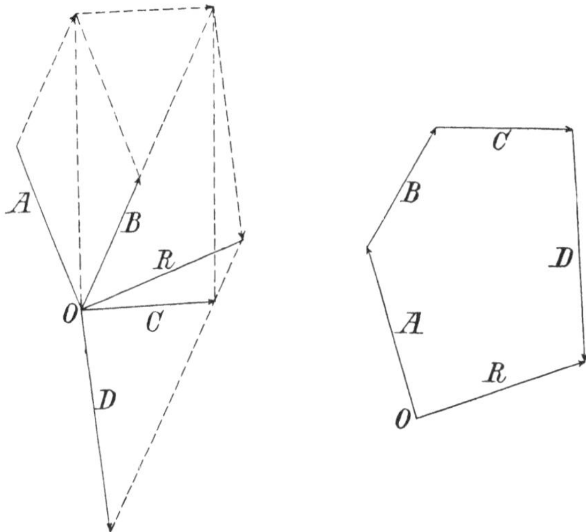

Fig. 48 und 49.
Summirung harm. E.M.K.K.

einem dritten Vektor kombinirt u. s. w., bis sämmtliche Komponenten auf einen einzelnen resultirenden Vektor R reducirt sind. Fig. 49 illustrirt diese Methode. Hier ist der Vektor A zunächst vom Ursprung O aus gezogen, dann B vom Endpunkt von A, C vom Endpunkt von B u. s. w., bis alle Linien gezogen sind. Die geometrische Summe ist alsdann der Vektor R, der vom Anfangspunkt aus zu dem zuletzt gefundenen Punkte gezogen wird, wodurch das Polygon vervollständigt wird.

Das Dreieck der E.M.K.K. für einen einfachen Stromkreis mit R und L.

Im Kapitel III, das von Stromkreisen mit R und L handelt, wurde nachgewiesen, dass in einem Stromkreis mit harmonischer E.M.K. der Strom ebenfalls harmonisch veränderlich ist, und zwar war:

$$(335) \qquad i = \frac{E}{\sqrt{R^2 + L^2 \omega^2}} \sin\left(\omega t - \tan g^{-1} \frac{L \omega}{R}\right).$$

Diese Stromgleichung war von der Differentialgleichung der elektromotorischen Kräfte abgeleitet worden:

$$e = R i + L \frac{di}{dt},$$

wo e den augenblicklichen Werth der treibenden E.M.K. darstellt, und wo $R i$ derjenige Theil ist, der zur Ueberwindung des Ohm'schen Widerstandes erforderlich ist, und $L \dfrac{di}{dt}$ derjenige Theil, der zur Ueberwindung der Gegenkraft von L nöthig ist.

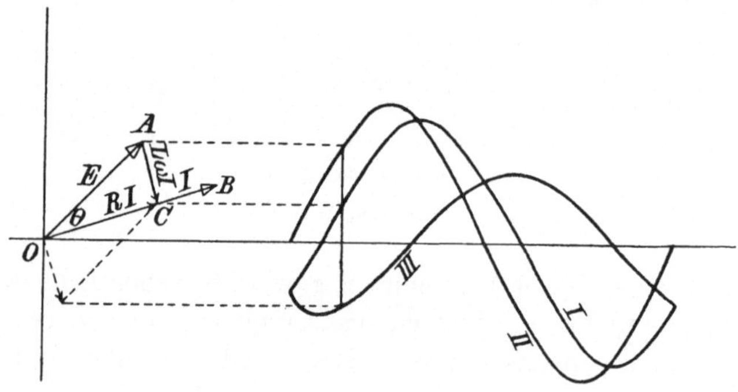

I Wirksame E.M.K.   *II* Treibende E.M.K.   *III* Zur Ueberwindung von *L* nöthige E.M.K.

Fig. 50.

Dreieck der E.M.K.K. Erste Methode: Verwendung der E.M.K. zur Ueberwindung von *L*.

In Fig. 50 stellt $\overline{OA}$ die harmonische E.M.K. dar; dann ergiebt sich aus (335), dass der Strom durch einen Vektor $\overline{OB}$

dargestellt werden muss, der um einen Winkel θ, dessen Tangente $\dfrac{L\,\omega}{R}$ ist, hinter $\overline{OA}$ zurückbleibt.

Die wirksame E.M.K. muss durch einen Vektor $\overline{OC} = R\,I$ dargestellt werden, der in die Richtung des Stromes fällt und gleich dem Stromvektor $\overline{OB}$ multiplicirt mit R ist. Die zur Ueberwindung von L nothwendige E.M.K., $L\,\dfrac{di}{dt}$, ist senkrecht zum Strom und ist deshalb durch den Vektor $\overline{CA}$ dargestellt. Es lässt sich nachweisen, dass sie wirklich senkrecht zum Strom ist. Gleichung (335) lässt sich auf die Form bringen:

$$i = I \sin (\omega\,t - \theta).$$

Durch Differenziren erhalten wir:

$$(336) \qquad \frac{di}{dt} = \omega\,I \cos (\omega\,t - \theta).$$

Multipliciren wir diese Gleichung mit L, so haben wir:

$$(337) \qquad L\,\frac{di}{dt} = L\,\omega\,I \sin (\omega\,t - \theta + 90^{0}).$$

Aus dieser Gleichung ergiebt sich, dass die E.M.K., $L\,\dfrac{di}{dt}$, die nothwendig ist, um die Kraft der Selbstinduktion zu überwinden, durch einen Vektor $\overline{CA}$ dargestellt ist, dessen Länge $L\,\omega\,I$ beträgt und der dem Strom 90^{0} voraus ist.

Die Kraft der Selbstinduktion ist gleich und entgegengesetzt der Kraft, die zu ihrer Ueberwindung nothwendig ist. Sie bleibt also um 90^{0} hinter dem Strom zurück und entspricht dem Vektor $\overline{AC}$.

Die Richtigkeit der vorstehenden Konstruktion ergiebt sich durch einen Vergleich der geometrischen und analytischen Beziehungen. So ist in Fig. 50 und 51:

$$\operatorname{tang} AOC = \frac{\overline{AC}}{\overline{OC}} = \frac{L\,\omega\,I}{R\,I} = \frac{L\,\omega}{R} = \operatorname{tang} \theta.$$

Wie man sieht, stimmt dies mit dem Verzögerungswinkel in (335) überein. Ferner ist $\overline{OA}$, die treibende E.M.K., als Hypotenuse im $\varDelta\,OAC$ gleich der Wurzel aus der Summe der beiden Seiten:

$$\overline{OA} = \sqrt{\overline{OC^2} + \overline{CA^2}};$$

$$E = \sqrt{R^2 I^2 + L^2 \omega^2 I^2} = I\sqrt{R^2 + L^2 \omega^2};$$

$$I = \frac{E}{\sqrt{R^2 + L^2 \omega^2}}.$$

Dies entspricht dem Maximalwerth des Stromes in (335).

Methode und Symbole bei der graphischen Behandlung.

Bei der graphischen Behandlung von Stromkreisen mit R und L giebt es zwei Methoden, die sich dadurch unterscheiden, dass bei der einen die E.M.K. der Selbstinduktion und in der andern die ihr gleiche und entgegengesetzte E.M.K., die zu ihrer Ueberwindung erforderlich ist, in Betracht gezogen wird. Letztere Methode ist die konsequentere, indem sie der in der Physik allgemein gültigen Anschauungsweise von Wirkung und Gegenwirkung entspricht. Die andere Anschauungsweise ist durch Fig. 51 illustrirt.

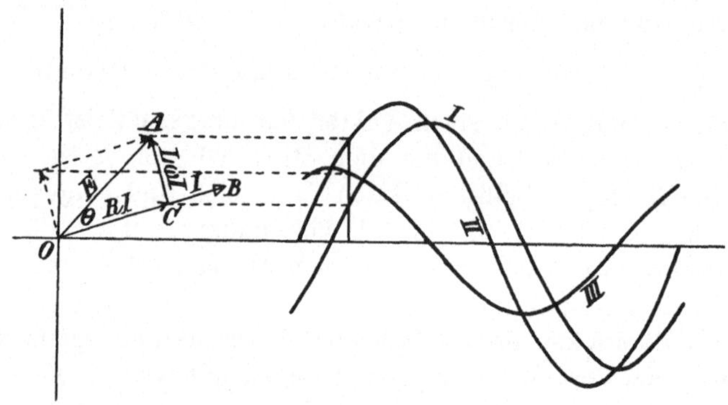

I Wirksame E.M.K. *II* Treibende E.M.K. *III* E.M.K. der *L*.

Fig. 51.

Dreieck der E.M.K.K. Zweite Methode: Verwendung der E.M.K. der *L* als solcher.

Wir erkennen aus der Figur, dass der Unterschied darin besteht, dass $\overline{AC}$ die E.M.K. von L darstellt, anstatt der E.M.K., die zu ihrer Ueberwindung erforderlich ist. $\overline{AC}$ ist

also um einen Winkel von 90⁰ hinter dem Strom zurück,
anstatt um den gleichen Winkel voraus zu sein. Wir
werden die erstere Methode aus angegebenem Grunde beibehalten.

Zum Verständniss der Zeichnungen wollen wir die Bedeutung der Buchstaben und Symbole erläutern. Unter positiver Richtung verstehen wir die Richtung, die dem Sinn der
Zeiger der Uhr entgegengesetzt ist. Die Vektoren drehen
sich in positiver Richtung. Die Buchstaben bezeichnen Punkte
und werden in der alphabetischen Ordnung verwandt.

Die Richtung der Linien, die eine E.M.K. oder einen
Strom bedeuten, ist durch Pfeile angedeutet. Diese Pfeile
sind am Endpunkt der Linien angebracht. Zur Bezeichnung
des Stromes benutzen wir ⟶▷ und zur Bezeichnung der E.M.K.
⟶. Pfeile sind da ausgelassen und durch einen kleinen Kreis
ersetzt, wo mehrere Linien in einem Punkte endigen.

Fünfzehntes Kapitel.

Stromkreise mit R und L. Einfache und verzweigte Stromkreise.

I. Wirkungen der Veränderung der Konstanten R und L in einem einfachen Stromkreis.

Bevor wir zum eigentlichen Gegenstand dieses Kapitels übergehen, wollen wir die Aenderungen in Betracht ziehen, die auftreten, wenn bei konstanten Koefficienten von L der Widerstand geändert wird, und ferner die Aenderungen, die auftreten, wenn bei konstantem R der Koefficient der Selbstinduktion geändert wird. Die Grenzfälle, nämlich wenn R oder L Null oder unendlich werden, werden vorgeführt.

Veränderung von R.

Nehmen wir an, dass das Ohm'sche R sich ändert, während L konstant bleibt.

Es sei $\Delta\, O\,A\,C$ (Fig. 52) das Dreieck der E.M.K.K., wenn der Widerstand R beträgt. Durch Division von $\overline{OC}$ durch R ergiebt sich $I = \overline{OB}$. Man ziehe $\overline{OD}$ von beliebiger Länge senkrecht zur E.M.K. $\overline{OA}$ in der Richtung der Verzögerung. $\angle\, DOC$ als Komplementwinkel von $\angle\, AOC$ ist also $\tan^{-1}\dfrac{R}{L\omega}$.

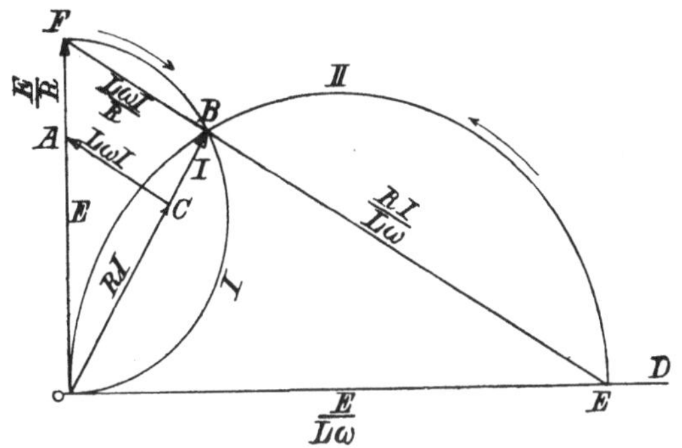

I Strom bei veränderlichem L. *II* Strom bei veränderlichem R.

Fig. 52.

Veränderung von R und L in einem einfachen Stromkreis. Fall I.

Man ziehe $\overline{BE}$ senkrecht zu $\overline{OB}$. Diese Linie schneidet $\overline{OD}$ in E. Dann ist in dem rechtwinkligen $\Delta\, OBE$ $\ \overline{BE} = \dfrac{RI}{L\omega}$, denn $\overline{OB} = I$ und $\tan EOB = \dfrac{R}{L\omega}$.

Es ist also die Hypotenuse gleich $\dfrac{E}{L\omega}$. Letzterer Werth ist konstant und unabhängig von I oder R. Im $\Delta\, OEB$ ist:

$$\overline{OE} = \sqrt{\overline{OB}^2 + \overline{BE}^2} = I\sqrt{1 + \dfrac{R^2}{L^2\omega^2}}.$$

Aus Gleichung (29) ergiebt sich:

$$I = \frac{E}{\sqrt{R^2 + L^2\omega^2}};$$

daher:

$$\overline{OE} = \frac{E}{\sqrt{R^2 + L^2\omega^2}} \sqrt{1 + \frac{R^2}{L^2\omega^2}} = \frac{E}{L\omega}.$$

Da nun $\overline{OB}$ im $\triangle\, OBE$ immer den Strom I darstellt und die Hypotenuse $\overline{OE}$ von I und R unabhängig ist, so folgt, dass der Strom immer durch einen Vektor $\overline{OB}$ im Halbkreis OBE bei beliebiger Aenderung von R dargestellt ist.

Wird R unendlich oder gleich Null, so erkennen wir aus der Figur die Grenzwerthe des Stromes. Ist $R\infty$, so ist der Strom $= 0$. Nähert sich R dem Nullwerth, so nähert sich $\overline{OB}$ $\overline{OE}$, und im Grenzfall wird der Strom:

$$I = \frac{E}{L\omega}.$$

Enthält der Leiter kein R, dann ist $\overline{CA} = \overline{OA}$, d. h. die treibende E.M.K. $= L\omega t$, also gleich der E.M.K. von L. Ferner bleibt der Strom um 90^0 hinter der treibenden E.M.K. zurück. Diese geometrischen Beziehungen finden ihren analytischen Ausdruck in (337).

Veränderung von L.

Es ändere sich der Koefficient von L bei konstantem Widerstand. Die Frage ist: wie ändert sich der Strom?

Wir verlängern $\overline{EB}$, bis es $\overline{OA}$ bzw. die Verlängerung schneidet. Da $\tang BOF = \frac{L\omega}{R}$, so ist $\overline{BF} = \frac{L\omega I}{R}$. Die Hypotenuse $\overline{OF}$ ist also:

$$\overline{OF} = \sqrt{\overline{OB^2} + \overline{BF^2}} = I\sqrt{1 + \frac{L^2\omega^2}{R^2}}.$$

Aber aus (29) ergiebt sich:

$$I\sqrt{1 + \frac{L^2\omega^2}{R^2}} = \frac{E}{R}.$$

Daraus folgt:

$$\overline{OF} = \frac{E}{R}\,.$$

Da also $\overline{OF}$ von I und L unabhängig ist, so folgt, dass der Strom durch den Vektor $\overline{OB}$ des Halbkreises OBF dargestellt ist. In der Figur zeigt der Pfeil den Sinn der Aenderung an, im Falle L zunimmt.

Für die Grenzfälle ergiebt sich Folgendes: Wird L unendlich, so wird der Strom Null; wird $L = \text{Null}$, so wird $\overline{OB} = \overline{OF}$, d. h. die zur Ueberwindung von L nöthige Kraft wird gleich Null und der Strom ist nach dem Ohm'schen Gesetz gleich $\frac{E}{R}\,.$

Die Richtigkeit der Konstruktion ergiebt sich aus folgenden Gleichungen:

$$(338) \qquad \overline{EF}{}^2 = \left\{\overline{EB} + \overline{BF}\right\}^2 = \left\{\frac{RI}{L\omega} + \frac{L\omega I}{R}\right\}^2$$

$$= \frac{I^2}{L^2\,\omega^2\,R^2}\,(R^2 + L^2\,\omega^2)^2\,.$$

$$(339) \qquad \overline{OE}{}^2 + \overline{OF}{}^2 = \frac{E^2}{L^2\,\omega^2} + \frac{E^2}{R^2} = \frac{E^2}{L^2\,\omega^2\,R^2}\,(R^2 + L^2\,\omega^2).$$

Setzen wir (338) gleich (339), so erhalten wir:

$$I^2\,(R^2 + L^2\,\omega^2) = E^2, \quad \text{oder} \quad I = \frac{E}{\sqrt{R^2 + L^2\,\omega^2}},$$

was mit (335) übereinstimmt.

Es ist ersichtlich, dass in den Grenzfällen, wo R und L sich dem Werthe 0 oder ∞ nähern, das $\varDelta$ der E.M.K.K. sich in zwei übereinander liegende gerade Linien verwandelt, d. h. eine Seite wird Null. Bei der Behandlung der folgenden Fälle haben wir den Grenzfällen keine besondere Beachtung geschenkt. Die Konstruktionen können aber leicht auf Grenzfälle angewandt werden.

II. Einfacher Stromkreis, wo der Strom bekannt ist.

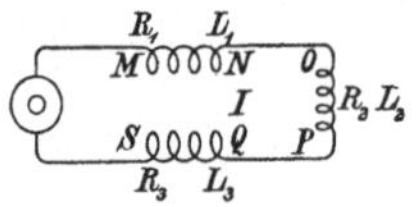

Fig. 53.

Fall II und III.

Es sei ein Stromkreis, Fig. 53, gegeben, in dem n verschiedene Spulen hinter einander geschaltet sind, deren Widerstände bzw. R_1, R_2 u. s. w. und deren Selbstinduktionskonstanten bzw. L_1, L_2 u. s. w. sind. Die Aufgabe ist, die treibende E.M.K. für den Strom I zu finden.

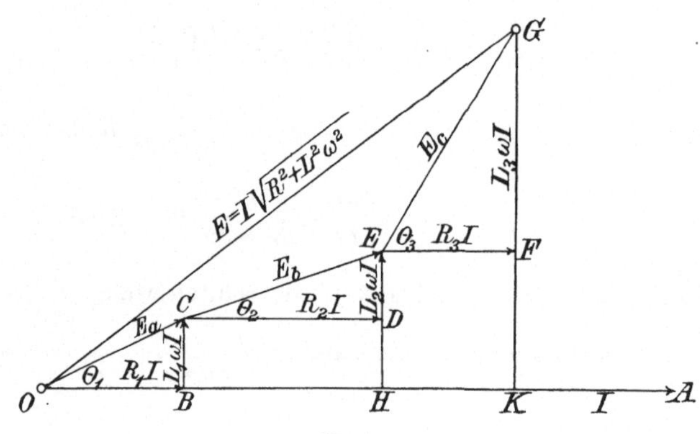

Fig. 54.

Fall II und III.

Es sei in Fig. 54 $\overline{OA}$ gleich dem Strom. Man multiplicire $\overline{OA}$ mit R_1 und trage $\overline{OB}$ gleich $R_1 I$ ab. Dies ist dann die wirksame E.M.K. der ersten Spule. Man ziehe $\overline{BC}$ senkrecht zu $\overline{OA}$ in positiver Richtung und mache

$$\angle\, B\,O\,C = \theta_1 = \operatorname{tang}^{-1} \frac{L_1\,\omega}{R}.$$

Dann ist $\angle\, B\,O\,C$ das $\angle$ der E.M.K.K. für die erste Spule und E_a ist die treibende E.M.K. In ähnlicher Weise trage man $\overline{C\,D} = R_2\, I$ parallel zu $\overline{OA}$ ab und mache dann

$$\triangle D C E = \theta_2 = \tang^{-1} \frac{L_2\,\omega}{R_2}.$$

$\triangle C D E$ stell dann das $\triangle$ der E.M.K.K. der zweiten Spule dar, und E_b ist die treibende E.M.K. In dieser Weise können wir fortfahren und für jede der n Spulen die betreffenden Dreiecke konstruiren, bis wir endlich den Punkt G erreichen, der der Endpunkt der Linie ist, die die treibende E.M.K. der letzten Spule darstellt. Ziehen wir $\overline{OG}$, so muss dies die treibende E.M.K. der Energiequelle sein, da sie die Summe der n Potentialdifferenzen der einzelnen Spulen ist. Denn machen wir $B H = C D$ und $H K = E F$, so ist $O K = R_1\,I + R_2\,I$ $+$ etc. $= I \Sigma R$. In ähnlicher Weise ist $K G = L_1\,\omega\,I + L_2\,\omega\,I$ $+$ etc. $= \omega\,I \Sigma L$. Ersetzen wir sämmtliche n Spulen durch eine einzige Spule, deren Widerstand $=$ der Summe der $n\,R = \Sigma R$ und deren Selbstinduktionskonstante ist gleich der Summe der n Konstanten $= \Sigma L$, so ergiebt sich, dass $O G$ gleich der treibenden E.M.K. ist, die für den Strom I erforderlich ist, und $\triangle O K G$ ist das Dreieck der E.M.K.K. für die äquivalente Spule.

III. Einfacher Stromkreis, wo die treibende E.M.K. bekannt ist.

Erste Methode: Man soll für denselben Stromkreis wie der in Fig. 53 den Strom I finden, wenn die treibende E.M.K. bekannt ist.

Zur Lösung dieser Aufgabe konstruiren wir über der bekannten E.M.K. $\overline{OG}$, Fig. 54, $\triangle O K G$, so dass $\triangle$ bei $O =$ $\tang^{-1} \frac{\Sigma L\omega}{\Sigma R}$. Dann ist die Seite $O K = I \Sigma R$. Der Strom $I = O A$ ist dann gleich $\frac{O K}{\Sigma R}$.

Die treibenden E.M.K.K. E_a, E_b der verschiedenen Verzweigungen erhält man in derselben Weise wie beim vorigen Beispiel. Die gesammte wirksame E.M.K. $= O K$ theilt man im Verhältniss der Widerstände R_1, R_2 u. s. w., und erhält so $O B$, $B H$ etc. als wirksame E.M.K.K. in den einzelnen Zweigen des Stromkreises. Die treibenden E.M.K.K. erhält man durch

Errichtung der betr. Dreiecke $\triangle\,OBC$, $\triangle\,CDE$ etc. auf OB, BH etc.

Zweite Methode: Folgende Methode ist zuweilen besser geeignet. Wir nehmen an, dass ein gewisser Strom im Leiter fliesse. Wir finden dann nach Methode von II die zugehörige E.M.K. Vergrössert oder verkleinert man nun die Figur, ohne die einzelnen Proportionen zu verändern, bis die E.M.K. der gegebenen E.M.K. gleich ist, dann ist der so erhaltene Strom derjenige, der der gegebenen E.M.K. entspricht; denn es ist klar, dass bei einer beliebigen Aenderung sowohl der E.M.K. als auch des Stromes das ganze Diagramm sich in genau demselben Verhältnisse ändert.

IIIa. Messungen.

Ein sehr einfacher, aber auch sehr wichtiger Fall ist der, wo ein Widerstand, der Selbstinduktion enthält, hinter einen

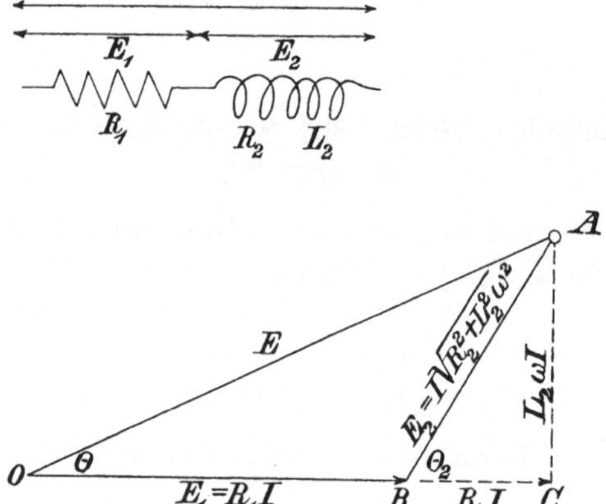

Fig. 54a und 54b.

solchen geschaltet ist, der keine Selbstinduktion enthält. Fig. 54a liefert ein Bild von einem solchen Falle.

Das entsprechende Diagramm der E.M.K.K. für vorliegenden Fall ist Fig. 54b. Hier sind OB und BA die entsprechenden E.M.K.K., die zu den Induktion enthaltenden und in-

duktionsfreien Widerständen gehören, während OA die gesammte treibende E.M.K. darstellt. Der Induktion enthaltende
Stromkreis $R_2 L_2$ kann z. B. die primäre Spule eines Trans-
formators bilden oder kurz einen beliebigen, Induktion enthaltenden Stromkreis darstellen. Aus den Werthen von E, E_1
und E_2, welche durch die drei Voltmeter-Methode erhalten
werden, und aus dem Widerstand R_1 lassen sich leicht folgende
Werthe ableiten: Zunächst $\measuredangle \theta$, um den der Strom hinter der
treibenden E.M.K., E, zurückbleibt; ferner $\measuredangle \theta_2$, um den der
Strom in dem Induktion enthaltenden Theil des Stromkreises
hinter der dazu gehörigen treibenden E.M.K., E_2, zurückbleibt;
ferner die Impedanz, der Widerstand und die Selbstinduktion
des Induktion enthaltenden Theils des Stromkreises; endlich
die in jedem Theil des Stromkreises und im gesammten Stromkreis pro Sekunde verausgabte Energie.

$\varDelta\, OAB$ ist aus E, E_1 und E_2 konstruirt und über OA
ist das rechtwinklige $\varDelta\, OCA$ errichtet, indem OA auf OB
projicirt wird.

Der Widerstand R_2 wird auf folgende Weise erhalten:
$OB = R_1 I$ und $BC = R_2 I$. Daher $R_1 : R_2 = OB = BC$. Für R_1
lässt sich $\dfrac{E_1}{I}$ setzen. Es ist also der Widerstand R_2:

$$R_2 = \frac{\overline{BC}}{\overline{OB}}\, R_1 = \frac{\overline{BC}}{\overline{OB}}\, \frac{E_1}{I}\,.$$

$\measuredangle \theta$, um den der Strom hinter der treibenden E.M.K.
zurückbleibt, ergiebt sich aus der Konstruktion der Figur. Es
ist nämlich:

$$E_2{}^2 = E^2 + E_1{}^2 - 2\,E\,E_1 \cos \theta.$$

Daraus folgt:

$$\cos \theta = \frac{E_2 + E_1{}^2 - E_2{}^2}{2\,E\,E_1}\,.$$

$\measuredangle \theta_2$, um den der Strom hinter der E.M.K. zurückbleibt,
die in dem Induktion enthaltenden Theil des Stromkreises
thätig ist, lässt sich in ähnlicher Weise durch Anwendung der
trigonometrischen Formel:

$$E^2 = E_1{}^2 + E_2{}^2 - 2\,E_1\,E_2 \cos OBA$$

finden. Es ergiebt sich alsdann sofort, dass:

$$\cos \theta_2 = - \cos O\,B\,A = \frac{E^2 - E_1{}^2 - E_2{}^2}{2\,E_1\,E_2}.$$

In dem keine Induktion enthaltenden Theil des Stromkreises ist der Strom mit der E.M.K. in Phase, also $\theta_1 = 0$.

Die Grösse der Selbstinduktion in dem Induktion enthaltenden Theile des Stromkreises ergiebt sich aus den obigen Werthen von R_2 und θ_2 und aus der Beziehung: $\operatorname{tang} \theta_2 = \dfrac{L_2\,\omega}{R_2}$. Der Werth von $L_2\,\omega$, der auch Induktionswiderstand im Gegensatz zum Ohm'schen Widerstand genannt wird, lässt sich in Ohm ausdrücken. Um L_2 zu finden, berechnet man zunächst θ_2 aus dem obigen Ausdruck für $\cos \theta_2$ mit Hilfe der trigonometrischen Tafeln. Daraus findet man dann ebenfalls mit Hilfe dieser Tafeln die tang dieses Winkels, und setzt ihn gleich $\dfrac{L_2\,\omega}{R_2}$. Hieraus lässt sich L_2 sofort berechnen.

Der Werth von L_2 lässt sich ebenfalls durch E_1, E_2 und E ausdrücken. Denn aus der Konstruktion ergiebt sich, dass

$$L_2 = \frac{E_2}{I\,\omega} \sin \theta_2 = \frac{E_2}{I\,\omega} \sqrt{1 - \cos^2 \theta_2}.$$

Setzen wir obigen Werth für θ_2 ein, so erhalten wir:

$$L_2 = \frac{1}{2\,I\,\omega\,E_1} \sqrt{2\,E_1{}^2\,E_2{}^2 + 2\,E^2\,E_1{}^2 + 2\,E^2\,E_2{}^2 - E^4 - E_1{}^4 - E_2{}^4}.$$

Da der letztere Ausdruck Differenzen der vierten Potenzen aufweist, so ist diese Methode nicht so genau als die im vorigen Absatz angegebene.

In diesen Ausdrücken stellen E, E_1, E_2 und I Maximalwerthe dar, aber in obigen Fällen würden die Ausdrücke ihren Werth behalten, wenn die virtuellen Werthe benutzt werden, d. h. die Quadratwurzel aus dem mittleren Quadrat der momentanen Werthe, die wir mit $\overline{I}$, $\overline{E}$ u. s. w. bezeichnen. Der Grund hierfür ist, dass die Werthe obiger Ausdrücke sämmtlich von dem Verhältniss der betreffenden Quantitäten abhängen und zwar in einer solchen Weise, dass, wenn jede Quantität mit derselben Konstanten multiplicirt würde, die Werthe der Ausdrücke selbst unverändert bleiben würden.

Es ist also gleichgültig, ob Maximal- oder virtuelle Werthe gebraucht werden.

Um die Energie zu berechnen, die in jedem Theile des Stromkreises verausgabt wird, bedienen wir uns der virtuellen Werthe, indem diese Werthe den Wechselstrommessinstrumenten entsprechen. Der allgemeine Ausdruck für die in einem Stromkreis pro Sekunde verausgabte Energie ist:

$$W = \tfrac{1}{2}\, E\, I \cos\theta = \overline{E}\; \overline{I} \cos\theta,$$

wo θ den Phasenunterschied zwischen E.M.K. und Strom bedeutet.

In dem Theil des Stromkreises, der kein L enthält, ist der Verzögerungswinkel gleich Null, und die pro Sekunde verausgabte Energie, d. h. das Maass der Arbeit, ist deshalb:

$$W_1 = \overline{E_1}\, \overline{I}.$$

.Die Energie, die in dem Theil des Stromkreises verausgabt wird, der keine Induktion enthält, ist pro Sekunde:

$$W_2 = \overline{E^2}\, \overline{I} \cos\theta_2 = \frac{\overline{I}}{2\,\overline{E_1}} \left(\overline{E^2} - \overline{E_1}^2 - \overline{E_2}^2 \right)$$

$$= \frac{1}{2\,R_1} \left(\overline{E^2} - \overline{E_1}^2 - \overline{E_2}^2 \right).$$

Die im ganzen Stromkreis pro Sekunde verausgabte Energie ist also:

$$W = \overline{E}\, I \cos\theta = \frac{\overline{I}}{2\,\overline{E_1}} \left(\overline{E^2} + \overline{E_1}^2 - \overline{E_2}^2 \right)$$

$$= \frac{1}{2\,R_1} \left(\overline{E^2} + \overline{E_1}^2 - \overline{E_2}^2 \right).$$

Diese Methode der Messung ist als die drei Voltmeter-Methode bekannt. Sie wurde von Swinburne, Ayrton und Sumpner um dieselbe Zeit vorgeschlagen. Die Methode ist auf jeden Stromkreis anwendbar, gleichviel ob die E.M.K. harmonisch ist oder nicht. Für die grösste Genauigkeit macht man $E_1 = E_2$.

IV. Verzweigte Stromkreise mit zwei Zweigen, wenn die treibende E.M.K. bekannt ist.

Wir betrachten nun einen verzweigten Stromkreis, der aus zwei nebeneinander geschalteten Zweigen besteht (siehe Fig. 55). Jeder Zweig habe L und R, und die treibende E.M.K. zwischen den Punkten M und N sei E. Man finde den Hauptstrom I und die Ströme I_1 und I_2 in den Zweigen.

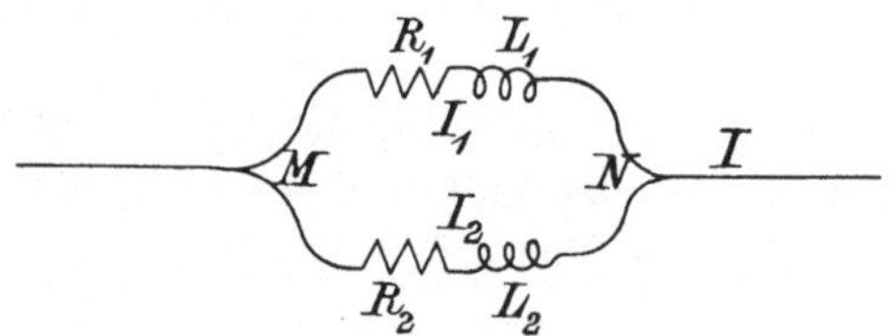

Fig. 55. Fall IV.

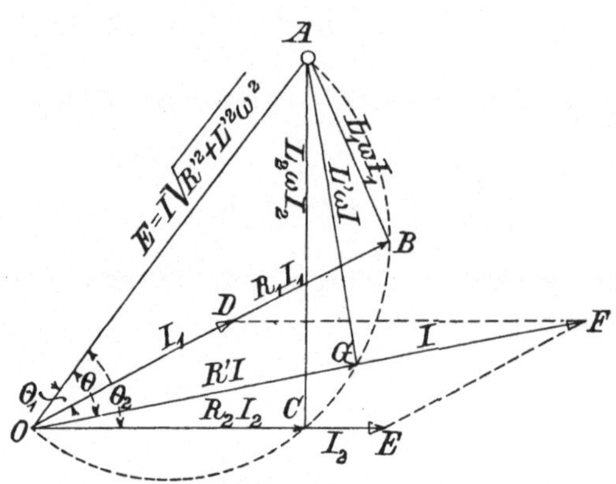

Fig. 56. Fall IV.

Fig. 56 illustrirt die Methode, nach der man Haupt- und Zweigströme findet, wenn die treibende E.M.K. und R und L eines jeden Zweiges bekannt sind.

Da die treibende E.M.K. für jeden Zweig bekannt ist, so lässt sich jeder einzelne Zweig als einfacher Stromkreis mit R und L betrachten und nach obiger Methode (siehe Fig. 50) berechnen.

Wir ziehen OA gleich der treibenden E.M.K. E. Wir

machen $\triangle\,A\,O\,B = \theta_1 = \mathrm{tang}^{-1}\dfrac{L_1\,\omega}{R_1}$ in negativer Richtung, so
dass er einen Verzögerungswinkel bedeutet. Dann ist das
rechtwinklige $\varDelta\,OBA$ das $\varDelta$ der E.M.K.K. für den ersten
Zweig, denn OB ist die zur Ueberwindung des Widerstandes
nöthige E.M.K., und BA ist die zur Ueberwindung der Selbstinduktion erforderliche E.M.K. In ähnlicher Weise machen
wir $\triangle\,A\,O\,C = \theta_2 = \mathrm{tang}^{-1}\dfrac{L_2\,\omega}{R_2} =$ dem Verzögerungswinkel im
zweiten Zweig. Konstruiren wir dann $\varDelta\,OCA$, so haben wir
die E.M.K.K. des zweiten Zweiges. Da dies rechtwinklige
Dreiecke sind, so liegen B und C auf der Peripherie eines
Kreises, dessen Durchmesser OA ist. Die wirksame E.M.K.
des ersten Zweiges, $R_1\,I_1 = O\,B$, der Strom ist also gleich
$\dfrac{O\,B}{R_1} = \dfrac{R_1\,I_1}{R_1} = O\,D$. In ähnlicher Weise ist $I_2 = \dfrac{O\,C}{R_2} = O\,E$. Nun
ist der Strom in dem Hauptstromkreis in jedem Zeitpunkt
gleich der Summe der Ströme in den einzelnen Zweigen. Wir
konstruiren also das Parallelogramm mit den Seiten $O\,D$ und
$O\,E$. Die Diagonale $O\,F$ stellt den Hauptstrom I dar, denn
ihre Projektion ist zu beliebiger Zeit gleich der Summe
der Projektionen der beiden Seiten $O\,D$ und $O\,E$, welch
letztere die momentanen Werthe der Ströme in den beiden
Zweigen darstellen. Aus der Konstruktion ergiebt sich alsdann:

$$E = I_1\,\sqrt{R_1{}^2 + L_1{}^2\,\omega^2} = I_2\,\sqrt{R_2{}^2 + L_2{}^2\,\omega^2} = I\,\sqrt{R'^2 + L'^2\,\omega^2}\,.$$

Wie man sieht, ist der Strom in jedem Zweige der Impedanz umgekehrt proportional.

Dieses Diagramm gewährt die vollständige Lösung des
Problems der verzweigten Stromkreise. Die Ströme I_1 und I_2
der beiden Zweige treiben hinter der treibenden E.M.K., E um
die $\triangle\,\theta_1$ und θ_2 zurück. Der Hauptstrom I liegt zwischen den
beiden und bildet mit E einen $\triangle\,\theta$. Wie man sieht, ist der
Maximalwerth des Hauptstromes I die längste Diagonale eines
Parallelogramms, dessen Seiten die Ströme in den Zweigen
darstellen. Er ist also grösser als jeder der beiden Ströme in
den Zweigen. Da die Ströme Phasendifferenz haben, so kommt
es, dass in gewissen Punkten der Phase des Hauptstromes

letzterer kleiner ist als ein Zweigstrom. Ist z. B. der Hauptstrom gleich Null, so kann der Zweigstrom einen bedeutenden Werth haben.

Aequivalenter Widerstand und Selbstinduktion.

Für die beiden parallelen Zweige, die wir bisher in Betracht gezogen, können wir einen einzelnen Stromkreis setzen, dessen Widerstand R' und Selbstinduktion L' von solcher Beschaffenheit sind, dass der Strom durch diese Substitution unverändert bleibt.

Dann muss $\varDelta\,OGA$ das $\varDelta$ der E.M.K.K. für diesen Stromkreis sein, indem die treibende E.M.K. OA ist und die wirksame E.M.K. OG in der Richtung des Stromes ist. Die zur Ueberwindung der Selbstinduktion erforderliche E.M.K. GA steht dann rechtwinklig zum Strom. Man nennt den Widerstand R' und die Selbstinduktion L' des äquivalenten einfachen Stromkreises den äquivalenten Widerstand bzw. Selbstinduktion des verzweigten Stromkreises.

Die Werthe dieses Widerstandes R' und der Selbstinduktion L' lassen sich leicht durch die bekannten entsprechenden Werthe der einzelnen Zweige ausdrücken, wie wir im folgenden Paragraphen sehen werden.

V. Verzweigter Stromkreis mit beliebiger Anzahl von Zweigen. Die treibende E.M.K. ist bekannt.

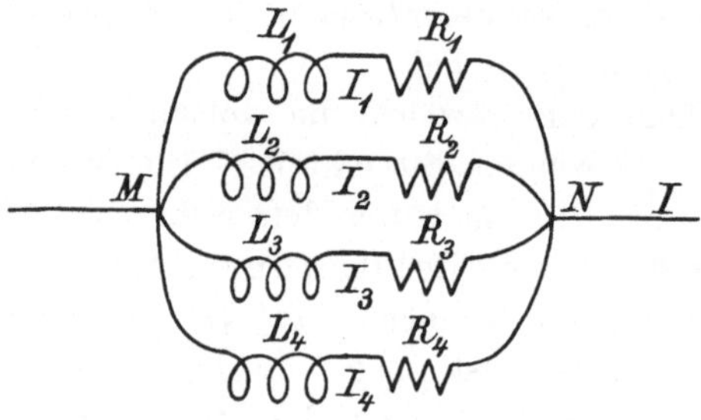

Fig. 57. Fall V und VI.

Es habe der verzweigte Stromkreis MN (Fig. 57) n Zweige in paralleler Schaltung, und jeder enthalte Widerstand und

Selbstinduktion. Die E.M.K. zwischen den Endpunkten M und N sei E. Die einzelnen Ströme I_1, I_2 ... I_n lassen sich in ähnlicher Weise wie in Problem IV berechnen, und der resultirende Strom I ist dann wieder die geometrische Resultante der n einzelnen Ströme.

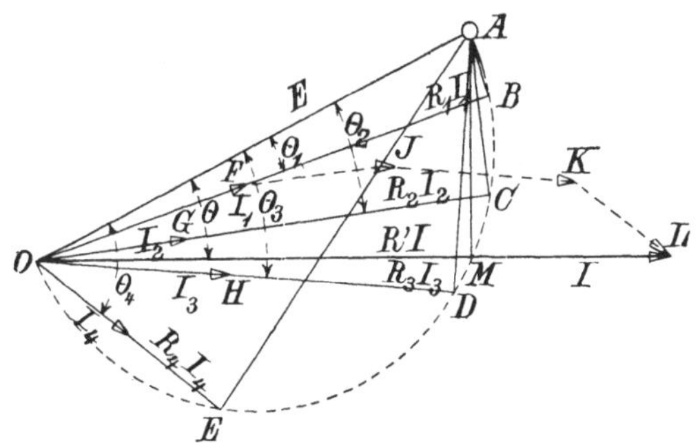

Fig. 58. Fall V und VI.

Fig. 58 ist in folgender Weise konstruirt. Man beschreibt einen Halbkreis über der treibenden E.M.K. OA und trägt dann die n verschiedenen Verzögerungswinkel θ_1, θ_2 ... θ_n in negativer Richtung ab. Auf diese Weise erhält man n verschiedene rechtwinklige Dreiecke, $\triangle OBA$, $\triangle OCA$, $\triangle ODA$, deren Seiten die wirksamen E.M.K.K., die treibenden E.M.K.K. und die zur Ueberwindung der Selbstinduktion nöthigen E.M.K.K. darstellen.

Die Ströme I_1, I_2, I_3 u. s. w. ergeben sich durch Division der betr. wirksamen E.M.K.K.: $R_1 I_1$, $R_2 I_2$, $R_3 I_3$ etc. durch die Widerstände R_1, R_2, R_3 etc. Der resultirende Strom I ist dann die geometrische Resultante aller Stromzweige OF, OG, OH etc. Das Polygon $OFIKL$ zeigt eine solche Konstruktion. Aus dieser Konstruktion erkennt man, dass $\angle OFI$, $\angle FIK$ etc. sämmtlich grösser als ein rechter Winkel sind, und dass deshalb der resultirende Strom I oder OL grösser als irgend einer der Zweigströme sein muss. Während eines gewissen Theiles einer jeden Periode ist der momentane Werth der Resultante kleiner als der momentane Werth eines der Zweigströme.

Aequivalenter Widerstand und Selbstinduktion paralleler Zweige.

Wir nehmen an, dass ein einfacher Stromkreis an die Stelle der n parallelen Zweige gesetzt wird, dass der Widerstand R' und die Selbstinduktion L' desselben in ihrer Wirkung der Gesammtwirkung der n parallelen Zweige äquivalent sind. Der Werth für R' und L' kann leicht aus den Widerständen und den betr. Werthen der Selbstinduktion der einzelnen Zweige ermittelt werden. In Fig. 58 stellt $\Delta\,OMA$ das Dreieck der E.M.K.K. für den einzelnen äquivalenten Stromkreis dar, durch den das System der parallelen Zweige ersetzt worden ist. Der resultirende Strom OL behält denselben Werth, denn die wirksame E.M.K. $R'\,I$ ist in der Richtung des Stromes OL und ist also gleich OM, indem die zur Ueberwindung der Selbstinduktion erforderliche E.M.K., $L'\omega\,I$ oder MA auf dem Strom senkrecht steht.

Wir ermitteln jetzt den Werth von R' und L' und den der $\tan\theta$. Projiciren wir die Ströme I, I_1, I_2 etc. auf OA, so erhalten wir:

$$(340) \qquad I\cos\theta = I_1\cos\theta_1 + I_2\cos\theta_2 + \ldots = \sum I\cos\theta.$$

Projiciren wir die Ströme auf eine zu OA senkrechte Linie, so ergiebt sich:

$$(341) \qquad I\sin\theta = I_1\sin\theta_1 + I_2\sin\theta_2 + \ldots = \sum I\sin\theta.$$

Da $\Delta\,OBA$, $\Delta\,OCA$ etc. alle rechtwinklige Dreiecke sind, so ergeben sich die folgenden Beziehungen:

$$(342) \qquad I = \frac{E}{\sqrt{R'^2 + L'^2\,\omega^2}},$$

$$I_1 = \frac{E}{\sqrt{R_1^2 + L_1^2\,\omega^2}},$$

$$I_2 = \frac{E}{\sqrt{R_2^2 + L_2^2\,\omega^2}} \qquad \text{etc.}$$

$$(343) \qquad \cos \theta = \frac{R'}{\sqrt{R'^2 + L'^2 \omega^2}},$$

$$\cos \theta_1 = \frac{R_1}{\sqrt{R_1^2 + L_1^2 \omega^2}},$$

$$\cos \theta_2 = \frac{R_2}{\sqrt{R_2^2 + L_2^2 \omega^2}} \qquad \text{etc.}$$

$$(344) \qquad \sin \theta = \frac{L' \omega}{\sqrt{R'^2 + L'^2 \omega^2}},$$

$$\sin \theta_1 = \frac{L_1 \omega}{\sqrt{R_1^2 + L_1^2 \omega^2}},$$

$$\sin \theta_2 = \frac{L_2 \omega}{\sqrt{R_2^2 + L_2^2 \omega^2}} \qquad \text{etc.}$$

Durch Einsetzen dieser Werthe in (340) erhalten wir:

$$(345) \qquad \frac{I \cos \theta}{E} = \frac{R'}{R'^2 + L'^2 \omega^2}$$

$$= \frac{R_1}{R_1^2 + L_1^2 \omega^2} + \frac{R_2}{R_2^2 + L_2^2 \omega^2} + \cdots = \sum \frac{R}{R^2 + L^2 \omega^2}.$$

In derselben Weise erhalten wir aus (341):

$$(346) \qquad \frac{I \sin \theta}{E} = \frac{L' \omega}{R'^2 + L'^2 \omega^2}$$

$$= \frac{L_1 \omega}{R_1^2 + L_1^2 \omega^2} + \frac{L_2 \omega}{R_2^2 + L_2^2 \omega^2} + \cdots = \sum \frac{L \omega}{R^2 + L^2 \omega^2}.$$

Der Kürze wegen setzen wir:

$$(347) \qquad \sum \frac{R}{R^2 + L^2 \omega^2} = A,$$

und

$$(348) \qquad \sum \frac{L \omega}{R^2 + L^2 \omega^2} = B \omega.$$

Dividiren wir (346) durch (345), so ergiebt sich:

$$(349) \qquad \tan \theta = \frac{B \omega}{A}.$$

Aus den Gleichungen (345) und (346) ergeben sich die Beziehungen:

$$\frac{R'}{R'^2 + L'^2\,\omega^2} = A,$$

$$\frac{L'\,\omega}{R'^2 + L'^2\,\omega^2} = B\,\omega.$$

Vergleichen wir diese Werthe mit denen von $\cos\theta$ und $\sin\theta$ in (343) und (344), so erhalten wir:

$$(350) \qquad A = \frac{\cos^2\theta}{R'}, \quad \text{oder} \quad R' = \frac{\cos^2\theta}{A},$$

und

$$(351) \qquad B\,\omega = \frac{\sin^2\theta}{L'\,\omega}, \quad \text{oder} \quad L'\,\omega = \frac{\sin^2\theta}{B\,\omega}.$$

Für $\cos^2\theta$ und $\sin^2\theta$ setzen wir die Werthe:

$$\cos^2\theta = \frac{1}{1 + \tan^2\theta} = \frac{1}{1 + \dfrac{B^2\,\omega^2}{A^2}} = \frac{A^2}{A^2 + B^2\,\omega^2},$$

$$\sin^2\theta = \frac{1}{1 + \cot^2\theta} = \frac{1}{1 + \dfrac{A^2}{B^2\,\omega^2}} = \frac{B^2\,\omega^2}{A^2 + B^2\,\omega^2}.$$

Substituiren wir diese Werthe in (350) und (351), so erhalten wir:

$$(352) \qquad R' = \frac{A}{A^2 + B^2\,\omega^2}.$$

$$(353) \qquad L'\,\omega = \frac{B\,\omega}{A^2 + B^2\,\omega^2}.$$

Durch die Gleichung (352) und (353) können wir den äquivalenten Widerstand und die Selbstinduktion einer beliebigen Anzahl von parallelen Stromkreisen berechnen, wenn wir Widerstand und Selbstinduktion der einzelnen Zweige kennen. Der Verzögerungswinkel des Hauptstromes ergiebt sich aus (349). Dieselben analytischen Resultate erhielt Lord Rayleigh, cf. Philosophical Magazine, May 1886. Vorliegende Behandlung wurde von den Verfassern in derselben Zeitschrift, September 1892, zum ersten Mal veröffentlicht.

VI. Verzweigter Stromkreis, der Strom bekannt.

Es sei der Werth des Hauptstromes I in einem verzweigten Stromsystem bekannt. Man soll die Stromwerthe für die einzelnen Zweige finden. Der Werth der treibenden E.M.K. ist nicht bekannt, infolge dessen können wir die vorige Konstruktion nicht anwenden.

Erste Methode. Ganz graphische Behandlung.

Wir nehmen einen beliebigen Werth für die treibende E.M.K. E an und verfahren dann wie im vorigen Beispiel. Dann ist der Hauptstrom I natürlich grösser oder kleiner als der gegebene Werth. Das Diagramm ist trotzdem mit Ausnahme des Maassstabs richtig. Aendern wir also den Maassstab im Verhältniss des gegebenen Werthes von I zu dem aus der Konstruktion sich ergebenden I, so ist die Konstruktion richtig.

Zweite Methode.

Eine andere Lösung desselben Problems beruht auf der Anwendung von äquivalentem Widerstand und Selbsinduktion. Die Werthe von R' und L' sind durch (352) und (353) bestimmt. Machen wir (Fig. 58) $OM = R'I$ und MA senkrecht auf OM, $= L'\omega I$, so ist die Hypotenuse OA des rechtwinkligen Dreiecks $\varDelta OMA$ die treibende E.M.K., E. Der Rest der Konstruktion ist derselbe wie oben. Man trägt $\measuredangle\,\theta_1$, $\measuredangle\,\theta_2$, $\measuredangle\,\theta_3$ ab und konstruirt die Dreiecke der E.M.K.K. für sämmtliche Zweige.

Auf diese Weise findet man leicht die wirksamen E.M.K.K. und die Ströme in den einzelnen Zweigen.

VII. Wirkungen der Aenderungen der Konstanten R und L in einem Stromkreise mit zwei Zweigen.

Wir untersuchen jetzt den Fall, wo R des einen Zweiges sich ändert, während die übrigen Konstanten unverändert bleiben. Das Diagramm eines verzweigten Stromkreises ist durch Fig. 59 dargestellt.

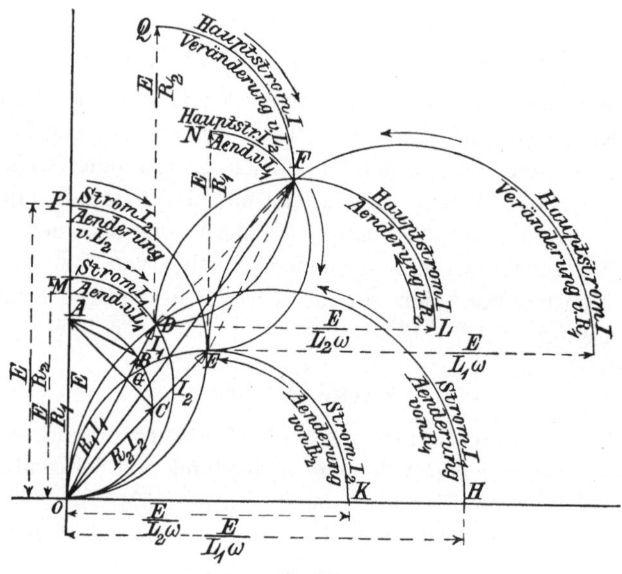

Fig. 59.

Die Aenderung von R und L in einem verzweigten Stromkreise. Fall VII.

Aendert sich der Widerstand R_1, so ist einleuchtend, dass die wirksame E.M.K. OB immer auf dem Halbkreis OBA liegt und da man diesen Zweig als einen einzelnen Stromkreis betrachten kann, der eine konstante E.M.K. hat, und dessen Widerstand sich ändert, so ist der Strom I_1 ein Vektor des Halbkreises ODH, dessen Durchmesser $OH = \dfrac{E}{L_1\,\omega}$ ist. Ist R_1 die einzige Grösse, die sich ändert, so ist es klar, dass der resultirende Hauptstrom ein Vektor des Halbkreises EFI sein muss, dessen Durchmesser $EI = OH$.

Aendern wir R_2, so muss der Strom I_2 ein Vektor des Halbkreises OEK sein, dessen Durchmesser $OK = \dfrac{E}{L_2\,\omega}$. Dann ist der resultirende Hauptstrom ein Vektor des Halbkreises DFL. Aendert man beide Widerstände gleichzeitig, so sind I_1 und I_2 Vektoren in den Halbkreisen ODH und OEK, aber der resultirende Hauptstrom hat keinen besondern geometrischen Ort.

Die Pfeile der Figur deuten den Sinn der Aenderung an für den Fall, dass der Widerstand zunimmt.

Betrachten wir jeden Zweig des verzweigten Stromsystems als einen einzelnen Stromkreis, so ist ersichtlich, dass eine beliebige Aenderung von L_1 eine Aenderung des Stromvektors I_1 hervorbringt, der sich in dem Halbkreis ODM mit dem Durchmesser $\dfrac{E}{R_1}$ bewegt. Andererseits verursacht eine Aenderung von L_1 eine Aenderung des Hauptstromvektors I im Halbkreis EFN.

Aendern wir in ähnlicher Weise L_2 — immer vorausgesetzt, dass die andern Grössen konstant bleiben — so ist I_2 der Vektor des Halbkreises OEP und der resultirende Strom I der Vektor des Halbkreises DFQ. Aendert man L_1 und L_2 gleichzeitig, so ist ersichtlich, dass I_1 und I_2 in den Kreisen ODM und OEP Vektoren sind, aber der resultirende Strom hat keinen besonderen geometrischen Ort.

Grenzfälle.

Aus dem Diagramm ersehen wir, welchen Werth die Ströme annehmen in den Grenzfällen, wo Widerstand und Selbstinduktion gleich Null oder unendlich werden. Nehmen wir z. B. den Fall, wo $L_2 = 0$, und R_1 im Vergleich mit L_1 sehr klein wird, d. h. dass in einem Zweige nur Selbstinduktion und im andern nur Widerstand ist. Der Strom I_1 würde dann durch OH und I_2 durch OP dargestellt sein und der Hauptstrom I wäre die Resultante.

Der Fall des konstanten Potentials. Man denke sich ein Glühlicht (Fig. 60), das den Widerstand $R_2 = 50$ Ohm besitzt und als Nebenschluss eine Spule enthält, deren Selbstinduktion $L_1 = 0{,}5$ Henry, und deren Enden eine Potential-differenz von 50 Volt aufweisen.

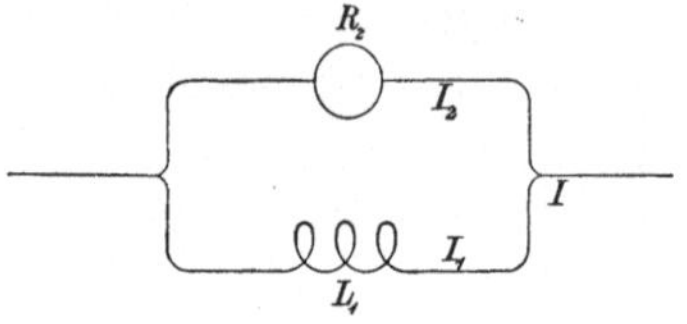

Fig. 60. Fall VII.

Die Frage ist, wie gross ist die Stromstärke im Glühlicht, in der Spule und in der Hauptlinie? ω sei gleich 1000. Es ergiebt sich sofort, dass

$$\frac{E}{R_2} = \frac{50}{50} = 1 = I_2,$$

und

$$\frac{E}{L_1 \omega} = \frac{50}{0{,}5 \times 1000} = 0{,}1 = I_1.$$

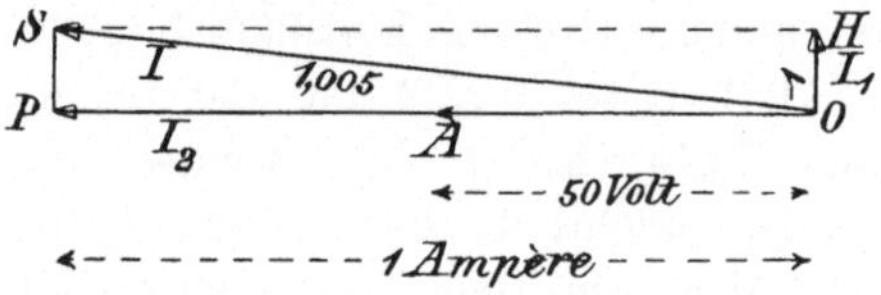

Fig. 61.

Fall VII. Der Fall eines konstanten Potentials.

Wir machen OP (Fig. 61) $= \dfrac{E}{R_2} = 1$. Senkrecht zu OP konstruiren wir $OH = \dfrac{E}{L_1 \omega} = 0{,}1$. Der resultirende Strom OS berechnet sich leicht durch die Beziehung:

$$\overline{OS} = \sqrt{\overline{OP^2} + \overline{OH^2}} = \sqrt{1 + 0{,}01} = 1{,}005 \quad \text{(Annäherungswerth)}.$$

Unterbricht man den Stromkreis des Glühlichts, so wird der Hauptstrom auf 0,1 Ampère reducirt. In Fig. 61 entspricht dieser Werth OH.

Beispiel eines konstanten Stromes. — Wir setzen jetzt den Fall, dass ein konstanter Strom in einem verzweigten Stromkreise fliesse. Es habe der Hauptstrom den konstanten

Werth von 10 Ampère. Man finde die zwei Ströme und die Potentialdifferenz für die beiden Endpunkte! Der Widerstand R_2 betrage 2 Ohm und die Selbstinduktion der Spule 0,02 Henry. Nach der ersteren der obigen Methoden (Fall VI) nehmen wir eine treibende E.M.K. OA an, die beispielsweise den Werth von 10 Volt habe.

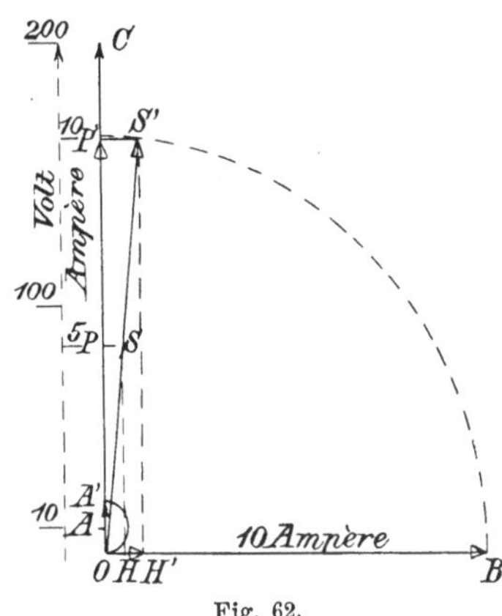

Fig. 62.

Fall VII. Beispiel eines konstanten Stroms.

Verfahren wir bei Fig. 62 in derselben Weise wie bei der Konstruktion 61, so ergiebt sich

$$\frac{E}{R_2} = \frac{10}{2} = 5 = I_2 = \overline{OP},$$

und

$$\frac{E}{L_1 \omega} = \frac{10}{0,02 \times 1000} = 0,5 = I_1 = \overline{OH}.$$

Die Resultante OS berechnet sich auf folgende Weise:

$$\overline{OS} = \sqrt{\overline{OP^2} + \overline{PS^2}} = \sqrt{25 + 0,25} = 5,025 \text{ Ampère}.$$

Da der Hauptstrom die Stärke von 10 Ampère besitzen soll, so muss der Maassstab des Diagramms im Verhältniss von $\frac{10}{5,025}$ vergrössert werden, um die richtige Potentialdifferenz zwischen den Endpunkten und den richtigen Werth der Zweigströme zu erhalten. Man findet auf diese Weise für die treibende E. M. K. den Werth $10 \times \dfrac{10}{5,025} = 19,9$ Volt. Strom $I_2 = 9,95$ Ampère und $I_1 = 0,995$ Ampère. Die durch die Spule absorbirte Energie ist verschwindend klein, da der Strom I_1 hinter der treibenden E. M. K. fast um 90^0 zurückbleibt. Sollte der Faden des Glühlichts brechen, so würde der Strom I_2 plötzlich unterbrochen werden und der ganze Strom OB von 10 Ampère würde durch die Spule fliessen. Das Potential OC würde dann plötzlich grösser werden, und zwar hinreichend gross, um die E. M. K. der Selbstinduktion $L_1 \omega I = 0,02 \times 1000 \times 10 = 200$ Volt zu überwinden. Die Spule des Nebenschlusses konsumirt also wenig Energie und verhindert im Falle des Brechens der Lampe eine Stromunterbrechung.

Sechszehntes Kapitel.

Behandlung von Stromkreisen mit L und R. Zusammengesetzte Stromkreise.

VIII. Parallele und hintereinandergeschaltete Stromkreise. Die treibende E.M.K. ist bekannt. Lösung durch äquivalente Werthe von R und L.

Auch im Fall einer Kombination von parallelen und hintereinandergeschalteten Stromkreisen wendet man die obigen

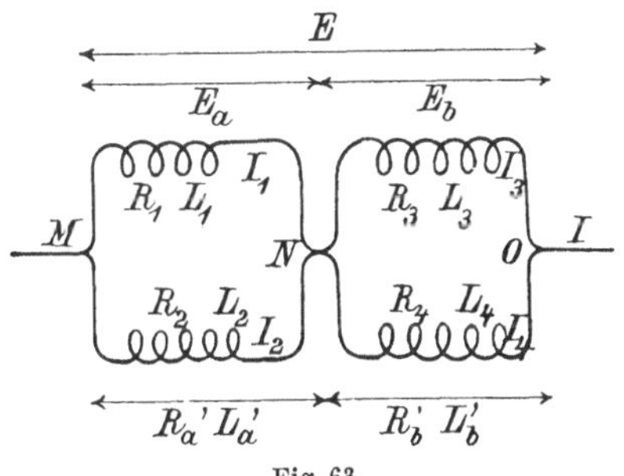

Fig. 63.

Fall VIII und IX.

Methoden wiederholt an. Man habe z. B. den Fall, wo zwei Systeme von parallelen Stromkreisen hintereinandergeschaltet sind (Fig. 63).

Der Widerstand und die Selbstinduktion sämmtlicher einzelnen Zweige ist bekannt, ebenfalls die gesammte treibende Kraft. Der Hauptstrom und die Nebenströme lassen sich dann auf folgende Weise berechnen.

Man findet leicht den äquivalenten Widerstand und die Selbstinduktion R_a' und L_a' zwischen M und N, und ebenfalls R_b' und L_b' zwischen N und O. Wir haben auf diese Weise die Aufgabe auf den Fall einer Hintereinanderschaltung reducirt und können also leicht den Hauptstrom und den Strom in den einzelnen Zweigen finden.

Zunächst bestimmen wir die treibende E.M.K. zwischen M und N und zwischen N und O.

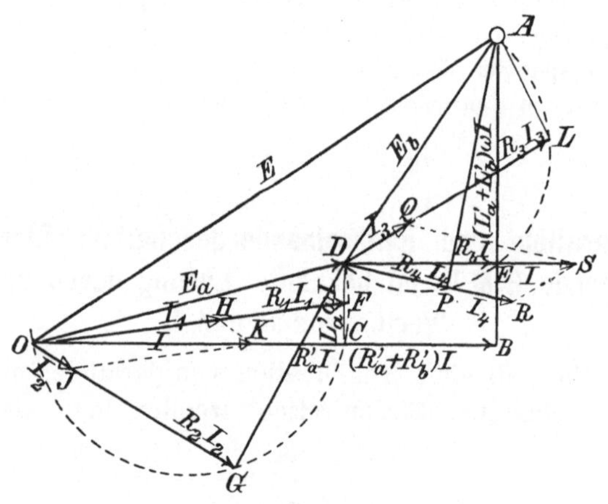

Fig. 64.

Fall VIII und IX.

Wir konstruiren über der treibenden E.M.K. OA das rechtwinklige $\triangle OBA$, so dass tang $AOB = \dfrac{(L_a' + L_b')\,\omega}{R_a' + R_b'}$. Dann ist OB wirksame E.M.K., die den Widerstand $R_a' + R_b'$ überwindet. OB kann im Punkte C so getheilt werden, dass OC und CB die einzelnen wirksamen E.M.K.K. darstellen. Man hat dann

$$OC : CB = R_a' : R_b'.$$

Man zieht nun CD senkrecht auf OC und vervollständigt

dann $\varDelta\, O\,C\,D$, so dass tang $D\,O\,C = \dfrac{L_a'\,\omega}{R_a'}$. $O\,D$ ist die treibende E.M.K. zwischen M und N, und $D\,A$ ist die treibende E.M.K. zwischen N und O. Da wir die treibende E.M.K., E_a zwischen M und N kennen, so können wir den Werth der Ströme I_1 und I_2 nach obiger Methode finden (siehe IV und V). Ueber dem Durchmesser $O\,D$ konstruiren wir $\varDelta\, O\,F\,D$ und $\varDelta\, O\,G\,D$ mit Rücksichtnahme auf die Verzögerungswinkel, die durch die Konstanten der einzelnen Zweige bestimmt sind. Die Stromstärke von I_1, I_2 und I findet man durch Division der wirksamen E.M.K.K. durch die Widerstände R_1, R_2 bzw. R_a'. In ähnlicher Weise konstruiren wir $\varDelta\, D\,L\,A$ und $\varDelta\, D\,P\,A$ über der Linie $D\,A$, die gleich der wirksamen E.M.K. zwischen N und O ist. Die Stromstärke von I_3 und I_4 kann dann ebenfalls gefunden werden und die Aufgabe ist vollkommen gelöst.

IX. Neben- und hintereinander geschaltete Stromkreise. Strom gegeben. Lösung durch Anwendung von äquivalentem R und L.

Haben wir dieselbe Art von Stromleitung wie die in Fig. 63 dargestellte, so wollen wir nunmehr annehmen, dass der Hauptstrom I bekannt sei und dass der Werth der Nebenströme zu bestimmen sei. Für den Theil des Stromkreises, der zwischen M und N liegt, und den zwischen N und O können wir gemäss der zweiten Methode (VI) die Lösung finden.

In Fig. 64 machen wir $O\,C = R_a'\,I$ und $C\,D = L_a'\,\omega\,I$. Ueber $O\,D$ konstruiren wir $\varDelta\, O\,F\,D$ und $\varDelta\, O\,G\,D$ und erhalten so die Lösung für die beiden ersten Zweige. Wir ziehen dann $D\,E \,\|\, O\,C = R_b'\,I$ und $E\,A = L_a'\,\omega\,I$. $\varDelta\, D\,L\,A$ und $\varDelta\, D\,P\,A$ werden dann über $D\,A$ errichtet, und auf diese Weise erhält man die Lösung für den dritten und vierten Zweig. Die Linie, die O mit A verbindet, liefert die gesammte treibende E.M.K. E.

X. Erweiterung der Fälle VIII und IX.

Die Lösung von Fall VIII lässt sich auf eine beliebige Kombination von Stromkreisen anwenden. Betrachten wir z. B. eine Kombination, wie sie Fig. 65 aufweist.

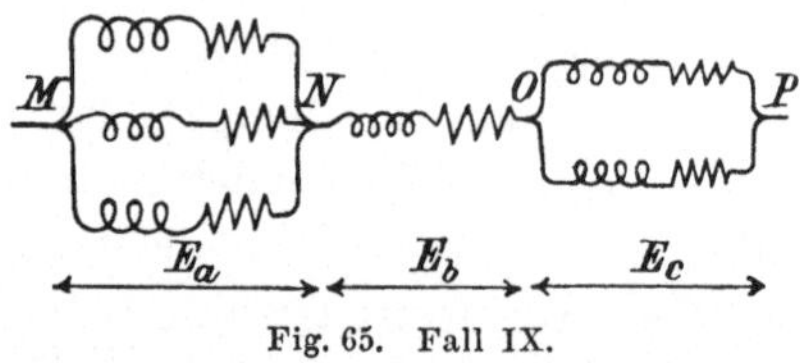

Fig. 65. Fall IX.

Die treibende E.M.K. zwischen M und P sei bekannt. Wir zerlegen dieses Stromnetz in drei Theile, MN, NO und OP, und berechnen den äquivalenten R und L dieser einzelnen Theile. Die treibenden E.M.K.K. E_a, E_b, E_c können jetzt (Fig. 66) abgetragen werden und zwar nach der Methode, die im Fall III erläutert wurde.

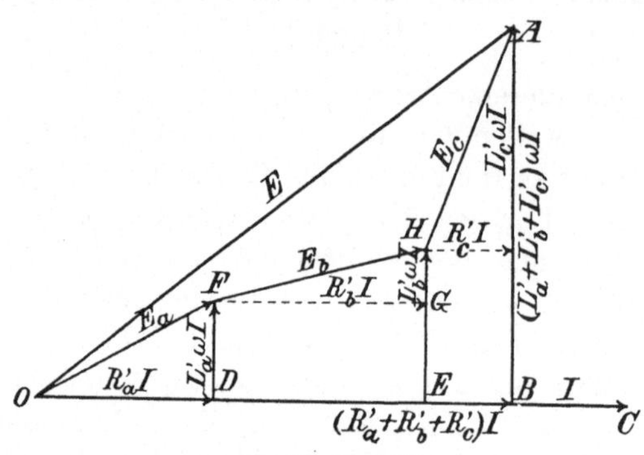

Fig. 66. Fall IX.

Wir beschreiben Halbkreise über den einzelnen E.M.K.K. und behandeln dann einen jeden Theil des Stromkreises gesondert, wie in Fall V. Man konstruirt die einzelnen Dreiecke in den betr. Halbkreisen und findet so die einzelnen Zweigströme.

Ist der Hauptstrom in einem ausgedehnten Leitersystem bekannt, so erhält man die Lösung wie in Fall VII, indem man das Stromnetz in einzelne Partien von parallelen Stromkreisen theilt und die einzelnen Partien MN, NO und OP (siehe Fig. 65) gesondert behandelt.

XI. Rein graphische Lösung.

Bisher haben wir die Aufgaben in der Weise gelöst, dass wir auf analytischem Wege die Werthe von äquivalentem R und L jeder einzelnen Abtheilung von parallelen Stromkreisen ermittelten. Infolge dessen waren die angewandten Methoden theils analytisch, theils graphisch. Diese Aufgaben lassen sich aber auch in rein graphischer Weise behandeln, und zwar in folgender Weise: Wir nehmen irgend einen Werth für die Stromstärke oder E.M.K. in einem besonderen Zweige an und führen die Konstruktion in dem hierdurch bedingten Maassstabe aus. Später multipliciren wir dann den Maassstab der Konstruktion auf Grund der bekannten Bedingungen der Aufgabe. Bei diesem Verfahren ist es nothwendig, wie früher, einzelne Abtheilungen des Leitersystems zuerst gesondert zu behandeln. Je nach den gegebenen Verhältnissen ist die eine oder die andere Methode vorzuziehen.

Wir betrachten zunächst folgenden Fall:

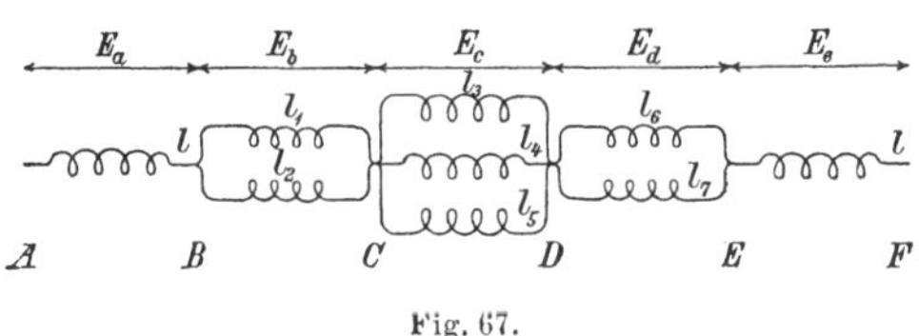

Fig. 67.

Voraussetzung ist, dass die verschiedenen treibenden E.M.K.K. bekannt sind. Es sei der Hauptstrom I in dem Leitersystem bekannt (Fig. 67). Nehmen wir an, dass die treibende E.M.K. den Werth E_b habe; wir konstruiren dann über der Linie E_b die Dreiecke für die beiden ersten Zweige und finden auf diese Weise die Ströme I_1, I_2 und I, die durch die angenommene E.M.K. bedingt sind. Der so erhaltene Werth I des Hauptstromes wird von dem gegebenen Werth verschieden, sein. Infolge dessen muss die angenommene

E.M.K. E_b im Verhältniss des gegebenen Werthes von I zu dem aus der Konstruktion erhaltenen Werthe I geändert werden, d. h. der Maassstab der Zeichnung wird in diesem Verhältniss geändert.

Nachdem wir so den Theil des Stromsystems, der zwischen B und C liegt, behandelt haben, verfahren wir in gleicher Weise für die übrigen Theile. Wir erhalten so die vollständige Lösung.

Auf analoge Weise verfahren wir, wenn die gesammte treibende E.M.K. E anstatt des Stromes I gegeben ist.

Im Falle wir einen beliebigen Werth für den Strom in irgend einem Zweig annehmen, verfahren wir in folgender Weise:

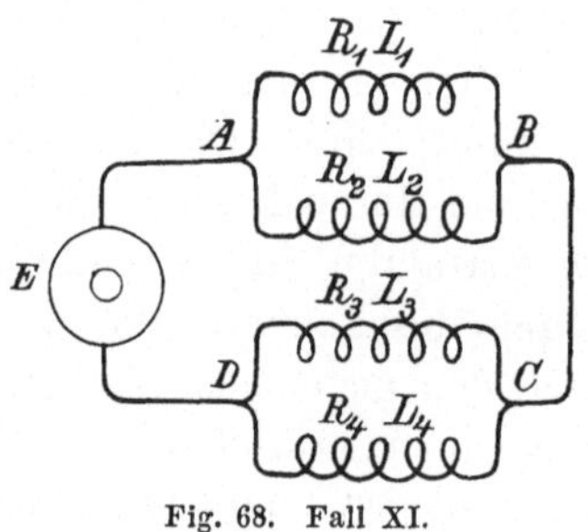

Fig. 68.   Fall XI.

Es sei die gesammte E.M.K. E bekannt. Wir ziehen die Linie OA (Fig. 69), die den Strom darstellt, dessen Widerstand R_1 und dessen Selbstinduktion L_1 betrage. Wir multipliciren dann R_1 mit OA und verlängern bis B. Dann ist $OB = R_1 I_1$ = die wirksame E.M.K. im ersten Zweig. Wir ziehen dann $BC \perp OB$ in positiver Richtung und machen die Linie $= L_1 \omega I_1$. Dann ist OC die E.M.K., die erforderlich ist, um den Strom durch den ersten Zweig fliessen zu lassen. Nachdem wir diese treibende E.M.K. ermittelt haben, konstruiren wir $\Delta\, ODC$ für den zweiten Zweig und erhalten den Strom E, der in diesem Zweige fliesst, indem wir OD durch R_2 dividiren. Der Gesammtstrom $I = OF$ ist dann die Vektorsumme von I_1 und I_2, oder von OA und OB.

Für das parallele System zwischen D und C (Fig. 68) wenden wir dieselbe Methode an. Für OA (Fig. 70) nehmen wir einen Werth für den Strom im dritten Zweige an. Durch die Konstruktion ergiebt sich dann OF als der Gesammtstrom, der zwischen C und D fliesst (Fig. 68). Da diese beiden parallelen Systeme hintereinander geschaltet sind, so muss

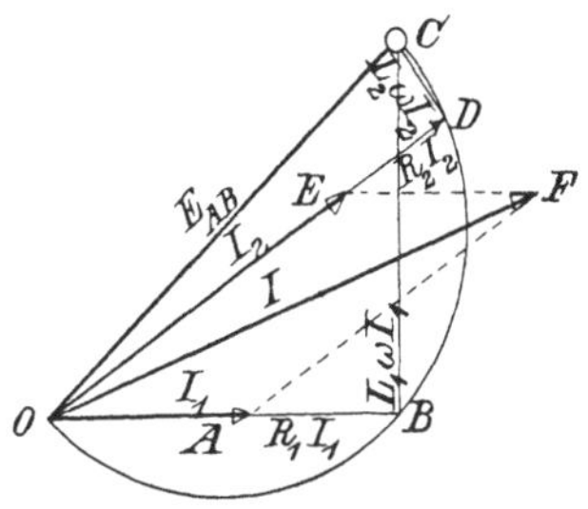

Fig. 69. Fall XI.
Lösung für die Abtheilung zwischen
A und B (Fig. 68).

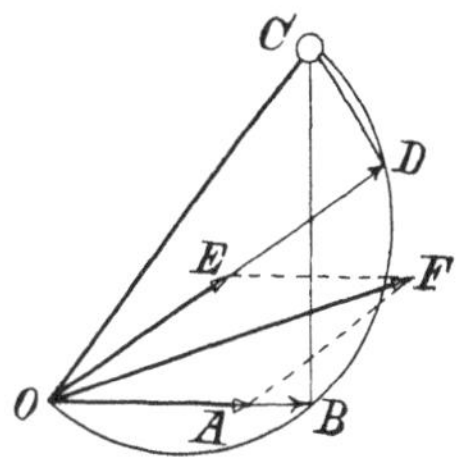

Fig. 70. Fall XI.
Lösung für die Abtheilung zwischen
C und D (Fig. 68).

der Gesammtstrom OF (Fig. 69) gleich dem Gesammtstrom OF (Fig. 70) sein. Wir vergrössern deshalb Fig. 70 in der Weise, dass OF ebenso gross wie OF der Fig. 69 wird (Fig. 71).

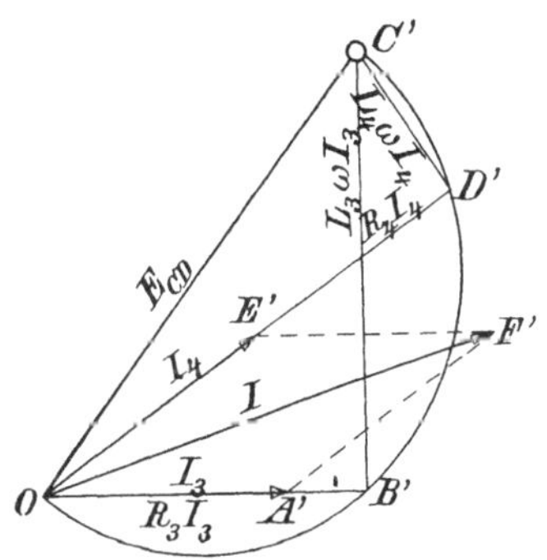

Fig. 71. Fall XI.
Vergrösserung von Fig. 70.

Nunmehr wird Fig. 69 und 71 kombinirt zu Fig. 72, so dass $O'F' \parallel OF$, indem beide denselben Strom I darstellen. OC', die Vektorsumme von E_{ab} und E_{ca}, ist die gesammte treibende E.M.K. zwischen den Endpunkten A und D, die erforderlich ist, um den Strom I fliessen zu lassen. Vergrössern

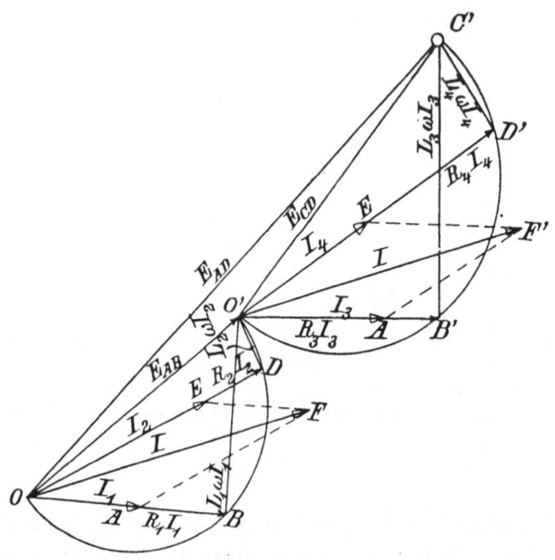

Fig. 72. Fall XI.

wir diese Figur, bis $O\,C'$ gleich der gegebenen E.M.K. wird,
so ist die Lösung eine vollständige und wir haben die Ströme
in den einzelnen Zweigen somit gefunden.

XII. Kombination von neben- und hintereinander geschalteten Stromkreisen.

Die in den vorhergehenden Paragraphen entwickelten Methoden lassen sich auch auf komplicirtere Fälle anwenden, wie
z. B. der durch Fig. 73 vorgeführte. Die Stromkreise 1, 2, 3
etc. enthalten bzw. Widerstand und Selbstinduktion: $R_1 L_1$,
$R_2 L_2$, $R_3 L_3$ etc. Der Widerstand und die Selbstinduktion der
hintereinander geschalteten Theile des Stromkreises, die in der
Figur in horizontaler Richtung auf einander folgen, seien bzw.
R_a und L_a, $R_b L_b$, $R_c L_c$ u. s. w., und zwar gelten letztere
Werthe für die beiden übereinander liegenden horizontalen
Linien zusammengenommen. Wir führen nun die Methode des

äquivalenten Widerstands und der Selbstinduktion ein und
bezeichnen demgemäss den äquivalenten Widerstand und die
Selbstinduktion des Theiles des Stromkreises, den wir mit 1

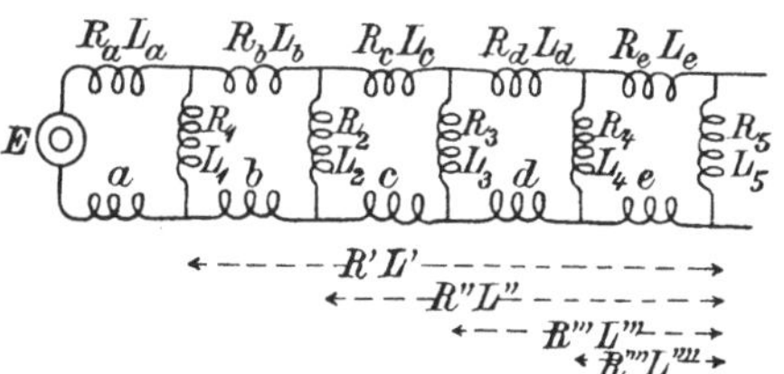

Fig. 73. Fall XII.

bezeichnet haben, zusammen mit demjenigen Theil, der jenseits des Stromkreises 1 liegt, mit $R'L'$. Den äquivalenten
Widerstand von 2 zusammen mit dem Theil, der jenseits von
2 liegt, bezeichnen wir mit $R''L''$. Mit $R'''L'''$ bezeichnen wir

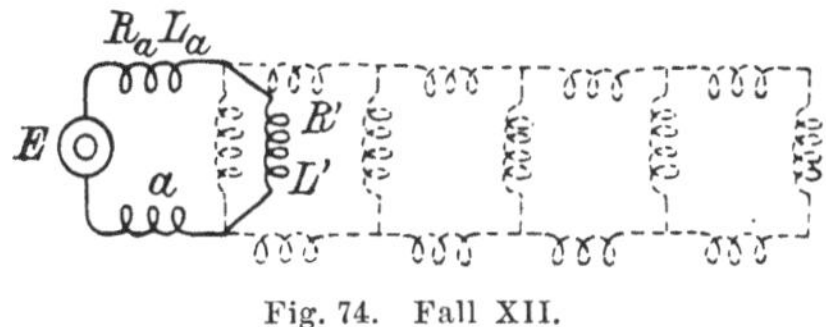

Fig. 74. Fall XII.

den äquivalenten Widerstand von Theil 3 zusammen mit dem
Theil des Stromkreises, der jenseits von 3 liegt u. s. w. Man
berechnet diese Werthe für äquivalenten Widerstand und
Selbstinduktion durch wiederholte Anwendung von (352) und

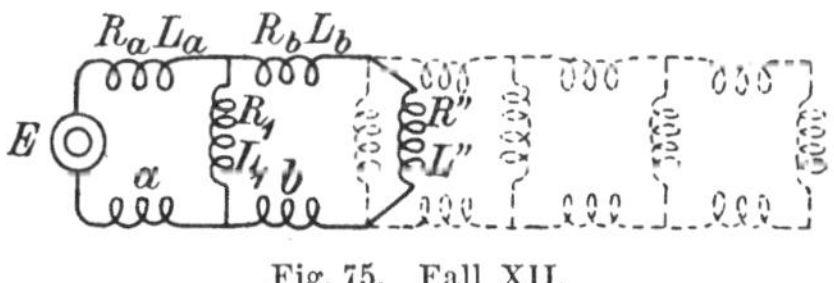

Fig. 75. Fall XII.

(353), indem man an dem entfernteren Ende des Systems an-
fängt. Den äquivalenten Widerstand R'''' und Selbstinduktion
L'''' findet man, indem man R_5 und L_5 zu R_e bzw. L_e addirt
und dann den äquivalenten Widerstand und die Selbstinduktion
berechnet, wenn sie mit Stromkreis 4 parallel geschaltet sind.
Man findet R''' und L''', indem man R'''' und L'''' zu R_d bzw.

L_d addirt und dann den äquivalenten Widerstand und Selbstinduktion berechnet, falls diese mit Stromkreis 3 parallel geschaltet sind. Aehnlich findet man $R''L''$ und $R'L'$.

Wir wollen nunmehr durch einen Stromkreis mit R' und L' denjenigen Theil des Stromsystems ersetzen, der ihm äquivalent ist. Das System wird dadurch zum einfacheren System reducirt, das die einzelnen Quantitäten in Hintereinanderschaltung enthält. Man kann also die Methode, die bei Fall III angewandt wurde, zur Lösung wählen. Die vollständige Konstruktion ist in Fig. 76 ausgeführt.

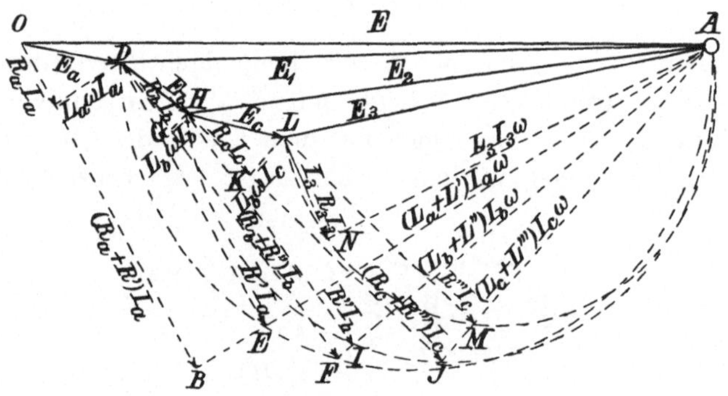

Fig. 76. Fall XII.

Man ziehe $OA = E$. Ueber OA errichte man das rechtwinklige Dreieck $\triangle OBA$, so dass

$$\operatorname{tang} AOB = \frac{L_a + L'}{R_a + R'}\,\omega.$$

Man trage ein Stück OC auf OB ab, so dass

$$\overline{OC} : \overline{CB} = R_a : R'.$$

Man ziehe $DC \perp OB$ und vervollständige $\triangle OCD$, so dass

$$\operatorname{tang} DOC = \frac{L_a}{R_a}\,\omega.$$

Dann stellt E_a die treibende E.M.K. des Theiles a des Stromkreises dar und E_1 die treibende E.M.K. des übrigen Theiles:

$$\operatorname{tang} ADE = \frac{L'}{R'}\,\omega.$$

Kehren wir nun zu dem ursprünglichen Stromsystem zurück (Fig. 73) und ersetzen durch einen einfachen Stromkreis mit Widerstand R'' und Selbstinduktion L'' denjenigen Theil des Leitersystems, dem er gemäss obiger Auseinandersetzung äquivalent ist. Das System nimmt dann die in Fig. 75 illustrirte Form an. Alsdann setzen wir die Konstruktion der Fig. 76 in der vorherigen Weise fort.

Ueber DA, der E.M.K. E_1, die zwischen den Endpunkten der parallelen Stromkreise thätig ist, konstruire man das rechtwinklige Dreieck $\varDelta\, DFA$, so dass

$$\operatorname{tang}\ ADF = \frac{L_b + L''}{R_b + R''}\,\omega.$$

Man theile DF im Punkte G, so dass

$$\overline{DG} : \overline{GF} :: R_b : R''.$$

Man konstruire das rechtwinklige Dreieck $\varDelta\, HDG$, so dass

$$\operatorname{tang}\ HDG = \frac{L_b}{R_b}\,\omega.$$

Dann ist E_b die E.M.K., die im Theile b des Stromkreises thätig ist, und E_2 die treibende E.M.K. des jenseits b liegenden Theiles des Leitersystems.

Wiederholte Anwendung dieser Konstruktionsmethode liefert die vollständige Lösung der Aufgabe und E_1, E_2, E_3 etc. sind alsdann die treibenden E.M.K.K. der Stromkreise 1, 2, 3 und E_a, E_b, E_c die treibenden E.M.K.K. der Abtheilungen a, b, c etc.

Wenn wir die treibende E.M.K. eines beliebigen Theils des Stromkreises kennen, so können wir das Dreieck der E.M.K.K. konstruiren und auf diese Weise die betreffende Stromstärke finden. Die Dreiecke über E_a, E_b und E_c sind bereits konstruirt. Die wirksamen E.M.K.K., $R_a I_a$, $R_b I_b$, $R_c I_c$ etc. sind also bekannt. Man findet den Strom, indem man die wirksame E.M.K. durch den Widerstand dividirt. In ähnlicher Weise lassen sich die Ströme in den einzelnen Zweigen 1, 2, 3 etc. ermitteln.

Die Lösung derselben Aufgabe durch Anwendung rein graphischer Methoden könnte ebenfalls durchgeführt werden.

Siebzehntes Kapitel.

Behandlung von Stromkreisen, die Widerstand und Selbstinduktion enthalten und in denen mehr als eine Quelle der E.M.K. thätig ist.

XIII. Hintereinander geschaltete E.M.K.K.

Es seien in verschiedenen Theilen eines einzelnen Stromkreises zwei Quellen einer harmonischen E.M.K. vorhanden. Man finde die Stromstärke und die verschiedenen Potentialdifferenzen der verschiedenen Theile des Stromkreises.

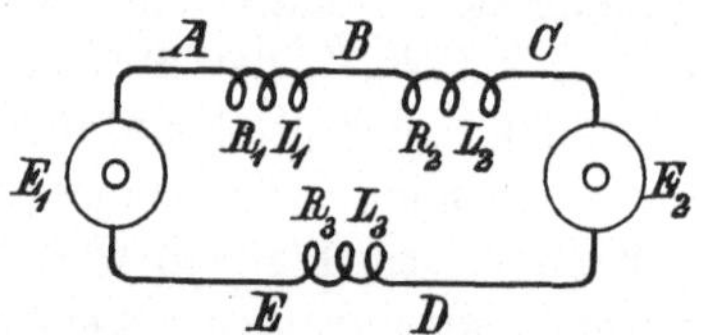

Fig. 77. Fall XIII.

Fig. 77 stellt einen solchen Fall dar. E_1 und E_2 seien zwei verschiedene harmonische E.M.K.K. von derselben Periode. Man ziehe OA und OB (Fig. 78), die E_1 bzw. E_2 darstellen. Die gesammte E.M.K., die im Stromkreise wirksam ist, ist die geometrische Summe von OA und OB, d. h. die Diagonale OC.

Betrachten wir OC als die treibende E.M.K. in einem einzelnen Stromkreise, dessen Widerstand $= \Sigma R$ und dessen

Selbstinduktion $= \Sigma L$, so können wir das Dreieck der E.M.K.K. konstruiren und finden so den Strom. Man mache

$$\angle\, C\,O\,D = \mathrm{tang}^{-1}\,\frac{\Sigma\,L\,\omega}{\Sigma\,R}.$$

Dann ist $OD = I\Sigma R$ und $DC = I\omega\Sigma L$. Dividiren wir OD durch ΣR, so erhalten wir $OE = I$. Um die einzelnen Potentialdifferenzen zwischen den Punkten AB, BC, ED (Fig. 77) zu

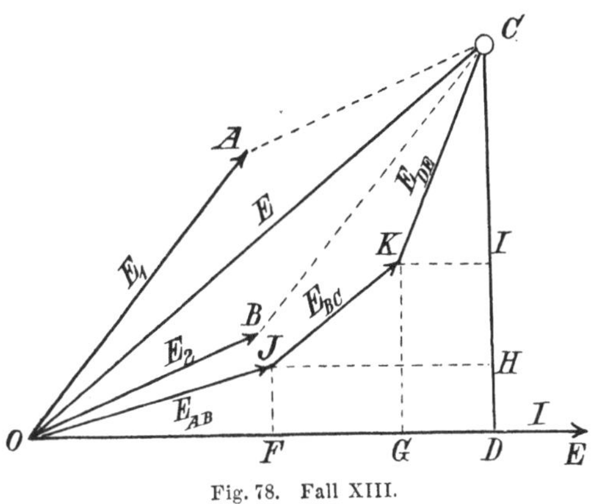

Fig. 78. Fall XIII.

finden, theilen wir OD im Punkte F und G in der Weise, dass die einzelnen Theile R_1, R_2 und R_3 proportional sind. In ähnlicher Weise theilen wir DC bei H und I in der Weise, dass die einzelnen Theile L_1, L_2 und L_3 proportional sind. Dadurch werden die Punkte I und K bestimmt und somit OI, IK und KC als Potentialdifferenzen zwischen den betreffenden Punkten erhalten.

XIV. Drehungsrichtung der E.M.K.-Vektoren.

Wenn zwei harmonische E.M.K.K. hintereinander geschaltet sind, wie im vorigen Beispiel, so entsteht die Frage, ob die Vektoren, die die beiden E.M.K.K. darstellen, sich nicht in entgegengesetztem Sinne drehen. Es ist klar, dass, falls die Drehung in entgegengesetzter Richtung stattfände, die Resultante der Vektor einer Ellipse sein würde (siehe Fig. 79).

OB ist ein E.M.K.-Vektor, der sich entgegengesetzt dem

Sinne der Zeiger der Uhr dreht, und OA ist ein anderer Vektor, der sich mit der gleichen Winkelgeschwindigkeit in entgegengesetztem Sinne dreht. OC ist alsdann der Vektor einer Ellipse. Die grössere Achse hat die festliegende Richtung OD, so dass der Winkel AOB durch OD halbirt wird. Die Grösse der halben grösseren Achse ist gleich der arithmetischen Summe und die Grösse der halben kleineren Achse ist gleich der Differenz der Vektoren OA und OB.

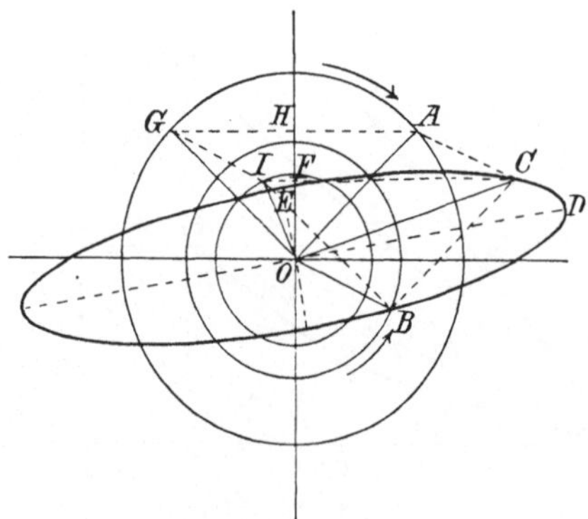

Fig. 79. Fall XIV.

Anstatt OA in der erwähnten Richtung zu ziehen, hätten wir diese Linie in der Richtung OG ziehen können, so dass $\angle\,GOH = \angle\,AOH$ wäre, und hätten derselben eine Drehung im gleichen Sinne wie OB geben können. Dann wären die Projektionen OH von OA und von OG in jedem Augenblicke dieselben. Es stellt also der Vektor OG, der sich entgegengesetzt dem Sinne der Zeiger der Uhr dreht, in jedem Augenblicke dieselbe E.M.K. dar, wie der Vektor OA, welch letzterer sich im Sinne der Zeiger der Uhr dreht. OA kann also durch OG ersetzt werden. Die Resultante von OB und OG liefert OI, und OI ist der Vektor eines Kreises. Es ist also die Projektion von OI gleich der Projektion von OC und die Ellipse kann durch einen Kreis ersetzt werden.

Die Vektoren, die sich in entgegengesetzter Richtung drehen, bedürfen also nicht einer besonderen Behandlung.

XV. E.M.K.K. in paralleler Schaltung.

Wir wollen nunmehr annehmen, dass in jedem Zweige eines verzweigten Stromsystems (Fig. 80) eine harmonische E.M.K. thätig sei; sämmtliche E.M.K.K. haben dieselbe Periode. Es handelt sich darum, die Ströme in den einzelnen Zweigen zu ermitteln.

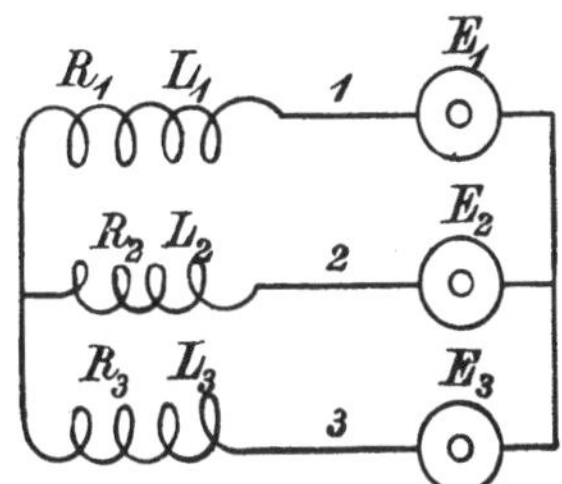

Fig. 80. Fall XV.

Wenden wir das Princip an, dass, wenn die einzelnen Zweigströme bekannt sind, der Strom die geometrische Summe dieser Theilströme ist, so lässt sich die Aufgabe lösen. Demgemäss betrachten wir jeden einzelnen Zweig, 1, 2, 3 als die Hauptlinie, in dem die treibende E.M.K. thätig ist, und die übrigen Zweige als einen verzweigten Stromkreis. Es sei unter dieser Voraussetzung E_1 die einzige thätige E.M.K. und können wir die einzelnen Ströme I_1', I_2', I_3' nach früher angegebenen Methoden leicht finden. Alsdann nehmen wir an, dass E_2 die einzig thätige E.M.K. sei und finden auf ähnliche Weise die Theilströme I_1'', I_2'', I_3''. Ebenso ergiebt sich I_1''', I_2''', I_3'''.

Die wirklichen Ströme in den Zweigen I_1, I_2, I_3 müssen dann also, wenn sämmtliche E.M.K.K. thätig sind, wie oben angedeutet, je gleich der geometrischen Summe der Theilströme sein, d. h.

$$I_1 = \text{geometrische Summe von } I_1', \quad I_2', \quad I_3'.$$
$$I_2 = \quad\quad\quad - \quad\quad\quad - \quad\quad I_1'', \quad I_2'', \quad I_3''.$$
$$I_3 = \quad\quad\quad - \quad\quad\quad - \quad\quad I_1''', \quad I_2''', \quad I_3'''.$$

XVI. E.M.K.K. verschiedener Perioden.

Zwei treibende harmonische E.M.K.K., deren Perioden im Verhältnisse von 3 : 1 stehen, seien hintereinander geschaltet. Man ermittele die resultirende treibende E.M.K. und den Strom (siehe Fig. 81).

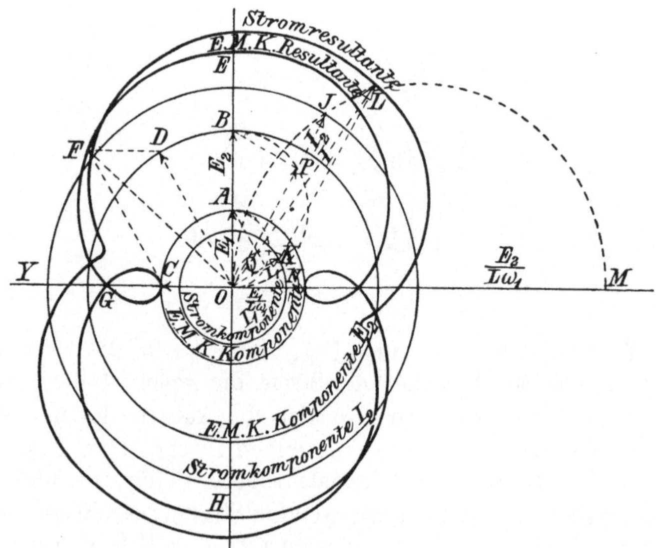

Fig. 81. Fall XVI.

Es sei OA der Maximalwerth von E_1 und OB der Maximalwerth von E_2, die sich wie 1 : 2 verhalten. Da OA dreimal so schnell sich dreht, wie OB, so gelangt OA bei OC an, wenn OB bei OD ankommt, und die Resultante OF ist Vektor der Kurve $EFGH$. Projicirt man OF auf die Achse OY während gleicher Zeitintervalle, so können wir die Kurve der resultirenden E.M.K. ziehen. Obige Kurve stellt folgende Gleichung dar:

$$e = E_1 \sin 3\,\omega\,t + E_2 \sin \omega\,t.$$

Wie man sieht, sind zwei einfach harmonische E.M.K.K. vorhanden.

Um den Strom zu finden, der dieser resultirenden E.M.K.

entspricht, brauchen wir nur die Ströme zu ermitteln, die die einzelnen E.M.K.K. erzeugen würden, und diese dann geometrisch zu addiren. Ist Selbstinduktion im Stromkreis vorhanden, so ist die Tangente des Verzögerungswinkels der einzelnen Ströme in Bezug auf ihre zugehörigen E.M.K.K. gleich $\frac{L\omega}{R}$. Ist $\varDelta\, OPB$ das Dreieck der E.M.K.K., das über E_2 konstruirt ist, und ist OI der Strom I_2, dann muss I auf einem Halbkreis OIM liegen, dessen Durchmesser $= \frac{E_2}{L\omega_2}$. Der Ver-

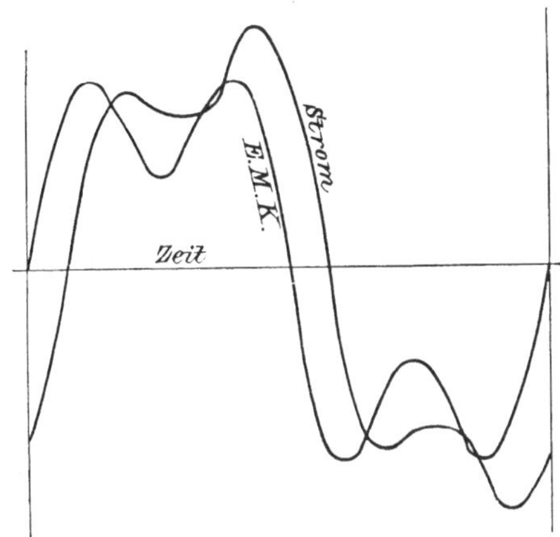

Fig. 82. Fall XVI.

zögerungswinkel AOQ, der zur E.M.K. E_1 gehört, ist nun bestimmt, da seine Tangente den dreifachen Werth der Tangente BOP hat, also:

$$\frac{L\omega_1}{R} = \frac{3L\omega_2}{R}.$$

Auch kennen wir jetzt den Strom OK oder I_1, der zu der E.M.K. $OA = E_1$ gehört. Denn K muss auf dem Halbkreis OKN liegen, dessen Durchmesser

$$ON = \frac{1}{6}\,OM. \quad ON = \frac{E_1}{L\omega_1} = \frac{E_1}{3L\omega_2};$$

und

$$OM = \frac{E_2}{L\omega_2} = \frac{2E_1}{L\omega_2}.$$

Es ist also $OM = 6\,ON$. Die Resultante von OK und OJ liefert OL, und dieser Vektor bewegt sich immer in der Kurve, die in der Zeichnung mit „Stromresultante" bezeichnet ist. Projicirt man OL auf die Achse OY in regelmässigen Zeitabschnitten, so erhält man die in Fig. 82 dargestellte Kurve.

Diese Stromkurve besteht aus zwei einfach harmonischen Kurven, welche jede einzelne einer einfach harmonischen E.M.K. entspricht. Aber die beiden Komponenten bleiben hinter ihren bezüglichen E.M.K.-Komponenten um verschiedene Winkel zurück. Deshalb ist die resultirende Stromkurve nicht symmetrisch mit der resultirenden E.M.K.-Kurve.

Achtzehntes Kapitel.

Einleitung zur Behandlung von Stromkreisen mit L und C.

Inhalt: Aehnlichkeit der Verhältnisse für den Fall, dass R und C, und für den Fall, dass R und L im Stromkreis vorhanden sind. E.M.K.-Dreieck für einen einzelnen Stromkreis mit R und C. Treibende E.M.K. Wirksame E.M.K. Kondensator-E.M.K. Graphische Darstellung. Zwei Methoden. 1. Anwendung der E.M.K., die zur Ueberwindung der Kondensator-E.M.K. nothwendig ist. 2. E.M.K. des Kondensators. Beziehungen der analytischen und graphischen Behandlung. Illustration durch ein Beispiel aus der Mechanik.

Aus der Aehnlichkeit der analytischen Behandlung von Stromkreisen mit R und L und solchen mit R und C können wir schliessen, dass die graphische Behandlung eine ähnliche Analogie aufweist. Gleichwohl wollen wir ein Beispiel der graphischen Behandlung von Stromkreisen mit R und C geben.

Das Dreieck der E.M.K.K. für einen einzelnen Stromkreis mit R und C.

Aus (78) ersahen wir, dass, wenn die treibende E.M.K. harmonisch ist, dann der Strom ebenfalls harmonisch ist, ebenso wie die Ladung des Kondensators (79). Die Gleichungen für die E.M.K.K. hatten die folgende Form:

$$e = R\,i + \frac{\int i\,dt}{C},$$

$$e = R\,i + \frac{q}{C},$$

$$\frac{de}{dt} = R\,\frac{di}{dt} + \frac{i}{C}.$$

Hier bedeutet e den momentanen Werth der treibenden E.M.K. $R\,i$ ist der Theil der E.M.K., der zur Ueberwindung des Ohm'schen Widerstandes erforderlich ist, und $\dfrac{\int i\,dt}{C}$ oder $\dfrac{q}{C}$ ist die E.M.K., die zur Ueberwindung der E.M.K. des Kondensators nothwendig ist.

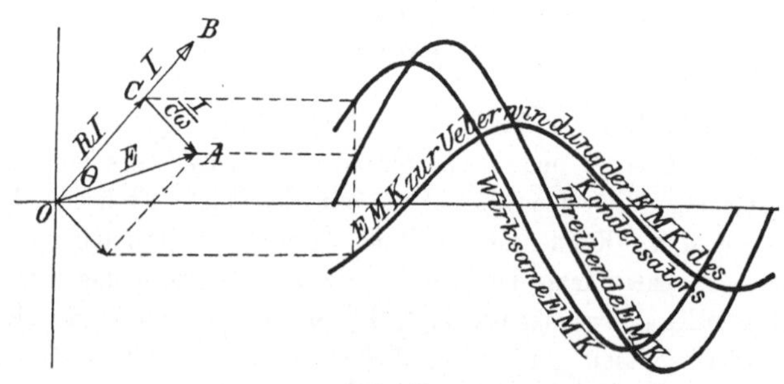

Fig. 83.
Dreieck der E.M.K.K. Erste Methode.

Es sei der Vektor $O\,A$ (Fig. 83) die treibende harmonische E.M.K. Dann ist gemäss (78) der Strom durch einen Vektor dargestellt — in der Figur $O\,B$ —, der um

$$\angle\,\theta = \operatorname{tang}^{-1}\frac{1}{C\,R\,\omega}\;O\,A$$

voraus ist. Da die wirksame E.M.K. $= R\,I$ dieselbe Richtung wie der Strom hat, so wird dieselbe durch den Vektor $O\,C$ dargestellt und $O\,C = O\,B \times R$. Die zur Ueberwindung der E.M.K. des Kondensators nöthige E.M.K. ist rechtwinklig zur Richtung des Stromes. und wird deshalb durch den Vektor $C\,A$ dargestellt, der mit $O\,B$ einen rechten Winkel bildet.

Es lässt sich nachweisen, dass die momentane E.M.K. $\dfrac{q}{C}$ senkrecht zum Strome steht. Es ist nämlich:

$$\frac{q}{C} = \frac{\int i\,dt}{C} = \frac{E}{C\,\omega\sqrt{R^2 + \dfrac{1}{C^2\,\omega^2}}}\;\sin\left[\omega\,t + \operatorname{tang}^{-1}\frac{1}{C\,R\,\omega} - 90^{\circ}\right].$$

Zur Vereinfachung setzen wir:

$$I = \frac{E}{\sqrt{R^2 + \frac{1}{C^2\,\omega^2}}},$$

und

$$\theta = \text{tang}^{-1}\,\frac{1}{C\,R\,\omega}.$$

Die Gleichung nimmt dann die Form an:

$$(354) \qquad \frac{q}{C} = \frac{I}{C\,\omega}\,\sin\left[\omega t + \theta - 90^0\right].$$

Aus dieser Gleichung geht hervor, dass die E.M.K. $\frac{q}{C}$ 90^0 hinter dem Strom zurückbleibt, und dass der Maximalwerth dieser E.M.K. $= \frac{I}{C\,\omega}$. Der Vektor (siehe Fig. 83), dessen Länge $= \frac{I}{C\,\omega}$ ist, ist 90^0 hinter dem Strom OB zurück und stellt deshalb die E.M.K. dar, die zur Ueberwindung der E.M.K. des Kondensators erforderlich ist.

Es ist also die E.M.K. des Kondensators gleich und entgegengesetzt der E.M.K., die zu ihrer Ueberwindung nothwendig ist, sie ist folglich 90^0 dem Strom, der durch den Vektor AC, Fig. 84, dargestellt ist, voraus.

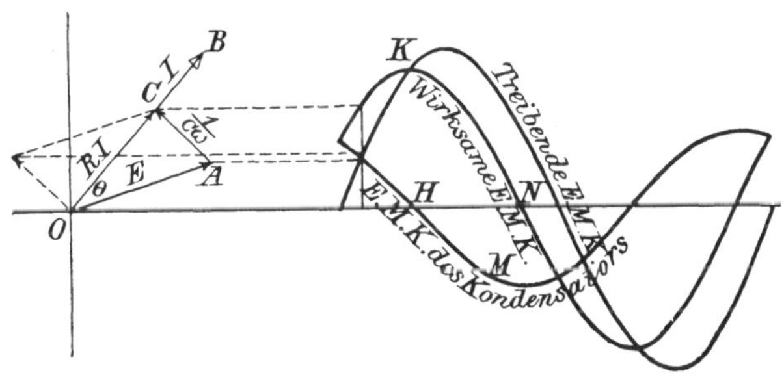

Fig. 84.

Zweite Methode. Dreieck der E.M.K.K. Verwendung der E.M.K. des Kondensators.

Bei der graphischen Behandlung von Stromkreisen, die R und L enthalten, kann man zwei Methoden anwenden, je nachdem man die E.M.K. von C selbst in's Auge fasst, oder die E.M.K., die zur Ueberwindung der E.M.K. der Kapacität erforderlich ist. Wir ziehen die letztere Methode als die logischere vor. Fig. 83 und Fig. 84 illustriren die beiden Methoden.

Ein Blick auf diese Figuren genügt, um erkennen zu lassen, dass beide der Stromgleichung (78) genügen.

Illustration durch ein Beispiel aus der Mechanik. — Die Thatsache, dass die E.M.K. des Kondensators in ihrer Richtung senkrecht zum Strome ist, lässt sich durch eine Versinnbildlichung der hier in Frage kommenden elektrischen Vorgänge durch ein mechanisches Analogon illustriren.

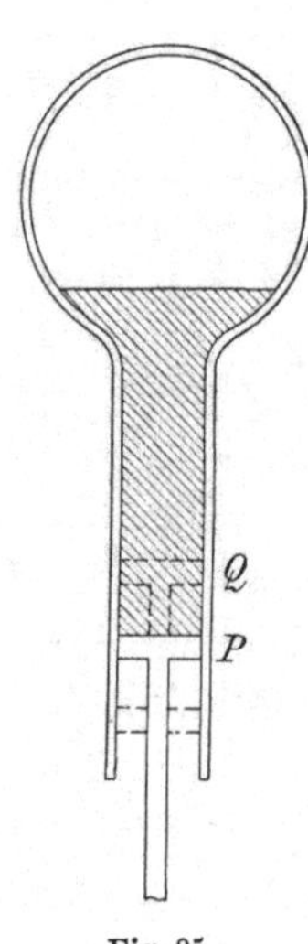

Fig. 85.

Mechanisches Sinnbild eines Kondensators.

Der mit Luft gefüllte Raum (Fig. 85) stellt einen Kondensator dar. Man denkt sich die Luft zuerst zusammengedrückt und dann sich ausdehnend. Der Kolben P bewegt sich harmonisch auf und ab, wobei die Luft abwechselnd zusammengedrückt wird und sich ausdehnt. Wenn der Kolben in seiner mittleren Lage ist, so befindet sich die Luft unter atmosphärischem Druck. Man stelle sich den Strom unter der Bewegung des Kolbens vor, oder besser unter der Bewegung des in dem Rohr befindlichen Wassers, das den Druck des Kolbens auf den Luftraum übermittelt.

Die Ladung des Kondensators stellen wir uns unter dem Volumen des Wassers vor, das in den kugelförmigen Luftraum ein- oder austritt. Es sei die Ladung $= 0$, wenn der Kolben in seiner mittleren Stellung sich befindet. In dem Augenblicke, wo der Kolben sich in dieser Stellung P befindet, ist die Ladung gleich Null und der Strom erreicht seinen Maximalwerth, da hier der Kolben sich mit maximaler Geschwindigkeit bewegt. Die entsprechenden Punkte der Kurven (Fig. 84) sind H und K, d. h. der positive Strom ist durch die Aufwärtsbewegung des Kolbens dargestellt. Kommt der Kolben bei Q, seinem höchsten Punkte, an, so ist der Strom gleich Null. Dies entspricht dem Punkte N auf der Kurve. Die Ladung ist hier ein positives Maximum. Während des letzten Viertels des Kolbenganges übte die Luft einen nach auswärts gerichteten Druck aus; letzterer entspricht der E.M.K. des

Kondensators, der dem Strom entgegengesetzt ist. Dieser Druck erreicht, ebenso wie die Ladung, einen negativen Maximalwerth, wenn der Strom gleich Null ist. Das entspricht dem Punkte M auf der Kurve. Während der Kolben zur mittleren Stellung zurückkehrt, befinden sich Strom und Druck in derselben negativen Richtung, bis der Strom seinen negativen Maximalwerth in seiner mittleren Lage erreicht. Hier wird der Druck gleich Null und ändert alsdann sein Vorzeichen. Aus diesem Beispiel ersehen wir, dass der Druck, den die Luft ausübt, und der der E.M.K. des Kondensators entspricht, genau 90^0 dem Strom voraus ist. Der Druck, der auf den Kolben ausgeübt werden muss, um den Druck der Luftkammer zu überwinden, entspricht der E.M.K., die zur Ueberwindung derjenigen des Kondensators erforderlich ist. Es ist klar, dass dieser Druck demjenigen der Luftkammer gleich und entgegengesetzt ist und deshalb 90^0 hinter dem Strom zurückbleibt.

Neunzehntes Kapitel.

Stromkreise mit R und C.

Aenderung von R. — Aendert man den Ohm'schen Widerstand in einem Stromkreis, der nur R und C enthält, so ändert sich der Strom, und es ist von Belang, die Art und Richtung dieser Aenderung zu untersuchen.

$\varDelta\, OAC$ (Fig. 86) stellt das Dreieck der E.M.K.K. für den Stromkreis dar, wenn der Widerstand $= R$. Der Strom $OB = \dfrac{OC}{R}$. Man ziehe OD von beliebiger Länge, senkrecht zur E.M.K. OA in positiver Richtung. $\angle\, DOC$ ist der Komplementwinkel von $\triangle\, A O C$ und ist deshalb gleich tang$^{-1}\, C R \omega$. Man ziehe $B C$ senkrecht zu $O B$. Diese Senkrechte schneide $O D$ bei E. $B E$ ist dann gleich $C R \omega I$. Denn $O B = I$, und tang $E O B = C R \omega$.

Es lässt sich beweisen, dass die Hypotenuse $O E$ dieses Dreiecks $= C E \omega$. Sie ist deshalb von einer beliebigen Varia-

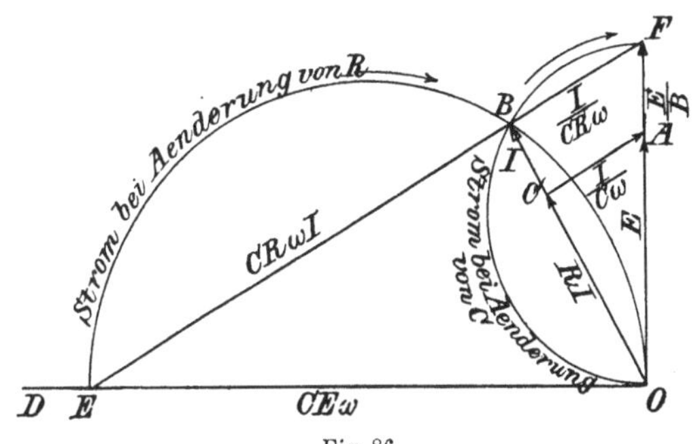

Fig. 86.

Fall XVII. Aenderung von R und C bei Hintereinanderschaltung.

tion des Stromes I oder des Widerstandes R unabhängig. Die Quadratwurzel der Summe der Quadrate $O B$ und $B E$ ist alsdann

$$\overline{O E} = \sqrt{\overline{O B^2} + \overline{B E^2}} = I \sqrt{1 + C^2 R^2 \omega^2}.$$

Setzen wir für I den Werth:

$$\frac{E}{\sqrt{R^2 + \dfrac{1}{C^2 \omega^2}}},$$

so erhalten wir

$$I \sqrt{1 + C^2 R^2 \omega^2} = C E \omega,$$

und deshalb

$$\overline{O E} = C E \omega.$$

Da nun die Seite $O B$ des rechtwinkligen Dreiecks $\triangle\, O B E$ immer den Strom darstellt, und die Hypotenuse $O E$ von Strom und Widerstand unabhängig ist, so folgt, dass der Strom immer ein Vektor des Halbkreises $O B E$ ist, und zwar bei beliebiger Aenderung des Widerstandes. Der Pfeil in der Figur zeigt die Richtung der Aenderung an, wenn der Widerstand zunimmt.

In den Grenzfällen, wenn R unendlich oder Null wird, erhalten wir die Grenzwerthe des Stromes. Ist $R\infty$, so ist $I=0$. Wird $R=0$, dann wird $OB=OE$, und der Strom $I=CE\omega$.

Enthält der Stromkreis keinen Ohm'schen Widerstand, so ist die treibende E.M.K. $=\dfrac{I}{C\omega}$, d. h. gleich der E.M.K. des Kondensators. Ferner ist der Strom um 90^0 der treibenden E.M.K. voraus. Diese graphischen Beziehungen finden ihren analytischen Ausdruck in (354).

Aenderung von C des Kondensators. — Wir nehmen nun an, dass die Kapacität des Kondensators sich ändert, während der Widerstand gleich bleibt. Die Frage ist: welche Aenderung erleidet der Strom.

In Fig. 86 verlängern wir EB, bis es die treibende E.M.K. OA in F schneidet. Dann ist $BF=\dfrac{I}{CR\omega}$, da $\operatorname{tang} BOF=\dfrac{1}{CR\omega}$. Die Hypotenuse OF ist also:

$$\overline{OF}=\sqrt{\overline{OB^2}+\overline{BF^2}}=I\sqrt{1+\frac{1}{C^2R^2\omega^2}}.$$

Aus dem Werth für I in (82) ergiebt sich, dass:

$$I\sqrt{1+\frac{1}{C^2R^2\omega^2}}=\frac{E}{R},$$

daher:

$$\overline{OF}=\frac{E}{R}.$$

Da die Hypotenuse OF von I und C unabhängig ist, so folgt, dass der Strom ein Vektor OB im Halbkreis OBF ist bei beliebiger Aenderung von C. In der Figur deutet der Pfeil die Richtung der Aenderung an, wenn C zunimmt.

In den Grenzfällen, wenn C unendlich oder gleich Null wird, erreicht auch, wie aus der Figur ersichtlich, der Strom die folgenden Grenzwerthe. $I=0$, wenn $C=0$. Wird $C=\infty$ (wenn kein Kondensator im Stromkreis ist), so wird der Stromvektor $OB=OF$. Dann ist $I=\dfrac{E}{R}.$

Dass die Konstruktion der Fig. 86 mit den Gleichungen übereinstimmt, ergiebt sich aus folgenden Beziehungen:

$$(355) \qquad \overline{EF}^2 = (\overline{EB} + \overline{BF})^2 = \left\{ C R \omega I + \frac{I}{C R \omega} \right\}^2$$

$$= \frac{I^2}{C^2 R^2 \omega^2} \left\{ 1 + C^2 R^2 \omega^2 \right\}^2 .$$

$$(356) \qquad \overline{OE}^2 + \overline{OF}^2 = C^2 E^2 \omega^2 + \frac{E^2}{R^2} = \frac{E^2}{R^2} (1 + C^2 R^2 \omega^2) .$$

Setzen wir (355) und (356) gleich, so erhalten wir:

$$\frac{I}{C^2 \omega^2} (1 + C^2 R^2 \omega^2) = E^2 \quad \text{oder} \quad I = \frac{E}{\sqrt{R^2 + \dfrac{1}{C^2 \omega^2}}} ,$$

ein Resultat, das in Gleichung (82) seinen analytischen Ausdruck findet.

XVIII. Der Strom bekannt.

Es sei ein Stromkreis (Fig. 87) gegeben, der n verschiedene Widerstände R_1, R_2 etc. und n Kondensatoren mit der Kapacität C_1, C_2 etc. hintereinander geschaltet enthalte.

Man finde die treibende E.M.K., die erforderlich ist, damit ein Strom $= I$ fliesse. In Fig. 88 machen wir OA gleich dem Strom. Wir multipliciren mit R_1, so dass $OB = R_1 I$. Dies ist dann die wirksame E.M.K. Wir errichten BC senkrecht auf

OA in negativer Richtung, machen $\angle BOC = \theta_1 = \tan^{-1} \dfrac{1}{C_1 R_1 \omega}$.

Dann ist $\varDelta BOC$ das Dreieck der E.M.K.K. für denjenigen Theil des Stromsystems, der zwischen A und B in Fig. 87 liegt.

Die Konstruktion der Figur ist ähnlich der Fig. 84. Der Unterschied liegt darin, dass die Dreiecke der E.M.K.K. in vorliegendem Falle so konstruirt sind, dass die einzelnen Ströme ihren zugehörigen E.M.K.K. voraus sind.

$\varDelta CDE$ u. s. w. werden konstruirt und die Konstruktion in ähnlicher Weise wie in Fall II vollendet. Auf diese Weise erhalten wir die treibende E.M.K. OG.

Aequivalenter Widerstand und äquivalente Kapacität in Hintereinanderschaltung.

Wir wenden uns jetzt der Frage zu, welchen einzelnen Widerstand und welche einzelne Kapacität wir in den Stromkreis, Fig. 87, einschalten müssen, damit derselbe Strom fliesse.

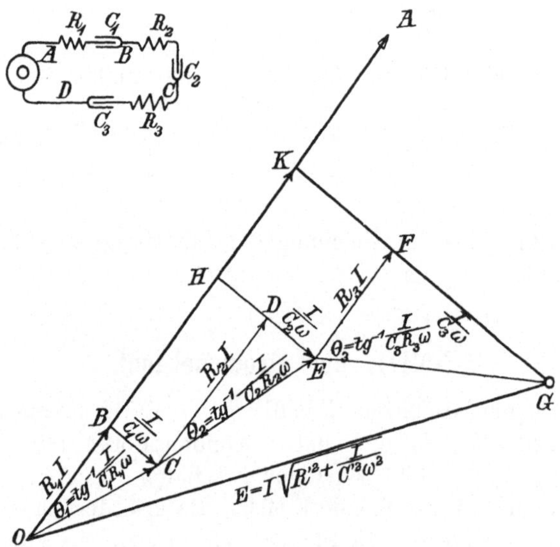

Fig. 87 und 88. Fall XVIII und XIX.

Es ist klar, dass wenn OK (Fig. 88) $= R'I$, und $KG = \dfrac{I}{C'\omega'}$, wo R' äquivalenten Widerstand und C' äquivalente Kapacität bedeutet, dann derselbe Strom OA fliessen muss. Aber $OK = I\Sigma R$ und $KG = \dfrac{I}{\omega}\sum \dfrac{1}{C}$. Es folgt daraus, dass $R' = \Sigma R$, und $\dfrac{1}{C'} = \sum \dfrac{1}{C}$. Es ist C' also $= \dfrac{1}{\sum \dfrac{1}{C}}$, und es ist also die äquivalente Kapacität gleich dem reciproken Werth der Summe der reciproken Werthe der einzelnen Kapacitäten.

XIX. Die treibende E.M.K. ist bekannt.

Man habe denselben Stromkreis wie in Fig. 87. Die Aufgabe ist, den Strom und die Potentialdifferenz der einzelnen Theile des Stromkreises zu finden, wenn die treibende E.M.K. bekannt ist. Aus obiger Erörterung in Bezug auf R und C geht hervor, dass es einen Widerstand und eine Kapacität giebt, die in ihrer Wirkung den einzelnen betr. Quantitäten äquivalent sind. Wir können also $\varDelta\, OKG$ konstruiren und so den Strom finden, und wie im vorigen Beispiel ermitteln wir dann die verschiedenen Potentialdifferenzen OC, CE und EG.

XX. Verzweigter Stromkreis. Zwei Zweige.
Treibende E.M.K. bekannt.

Man habe einen Stromkreis, wie er durch Fig. 89 dargestellt ist.

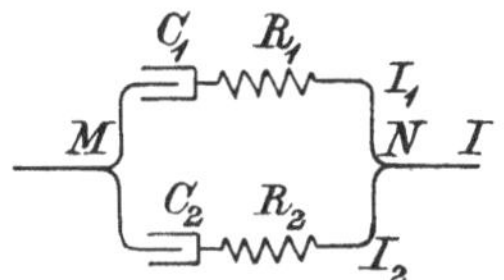

Fig. 89. Fall XX.

Die Werthe der Kapacitäten und der Widerstände und ferner die E.M.K. E zwischen M und N sind bekannt. Es handelt sich darum, den Hauptstrom und die beiden Zweigströme zu ermitteln.

Wie man sieht, ist dieser Fall ganz analog demjenigen, wo R und L in den Zweigen vorhanden waren (Fall IV).

Man muss natürlich berücksichtigen, dass wir es im vorliegenden Fall mit einem Ueberholungswinkel zu thun haben.

Die beiden parallelen Zweige können auch durch eine einfache Stromlinie, die äquivalentes R' und C' enthält, ersetzt werden. Das Dreieck der E.M.K.K. würde dann (Fig. 90) $= \varDelta\, OGA$ sein, da die treibende E.M.K. $= OA$, und die wirksame E.M.K. $= OG$ ist. Die E.M.K. GA, die zur Ueberwindung der E.M.K. des Kondensators erforderlich ist, steht senkrecht auf dem Strom. Wir können für OG $R'I$ und für GA $\dfrac{1}{C'\omega}$ setzen. Dieser äquivalente Widerstand bzw. Kapacität

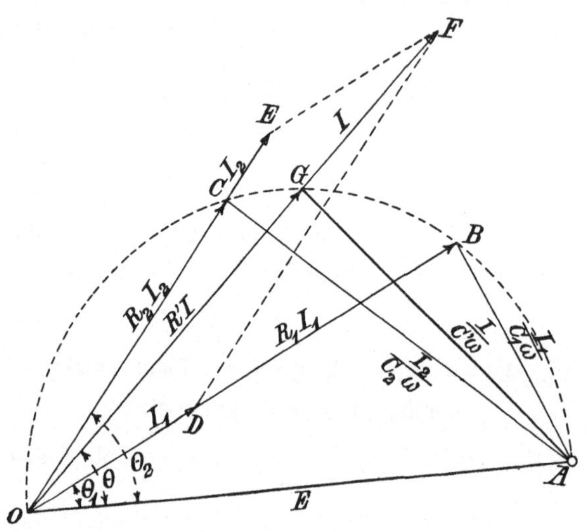

Fig. 90. Fall XX.

lassen sich, wie wir später sehen werden, durch die betr. Widerstände und Kapacitäten der Zweige ausdrücken.

XXI. Verzweigter Stromkreis. Beliebige Anzahl von Zweigen. Treibende E.M.K. ist bekannt.

Es sei (Fig. 91) MN ein verzweigter Stromkreis, der aus n parallelen Zweigen besteht, von denen ein jeder R und C enthält. Die treibende E.M.K. E zwischen M und N sei bekannt. Der Hauptstrom I ist zu ermitteln.

Die Konstruktion der Fig. 92 ist ähnlich derjenigen von Fig. 58. Der Unterschied ist der, dass die Dreiecke und alle Zweigströme auf der positiven Seite abgetragen sind. Der Hauptstrom OL ist die geometrische Resultante der Zweigströme OF, OG, OH, OI.

Der in Fig. 91 dargestellte Fall lässt sich, wie wir bereits in ähnlichen Fällen gesehen haben, in der Weise behandeln, dass wir für die einzelnen Zweige eine einzelne Stromlinie mit äquivalentem R und C einsetzen. Wir verfahren in ganz analoger Weise wie bei Fall V (siehe diesen).

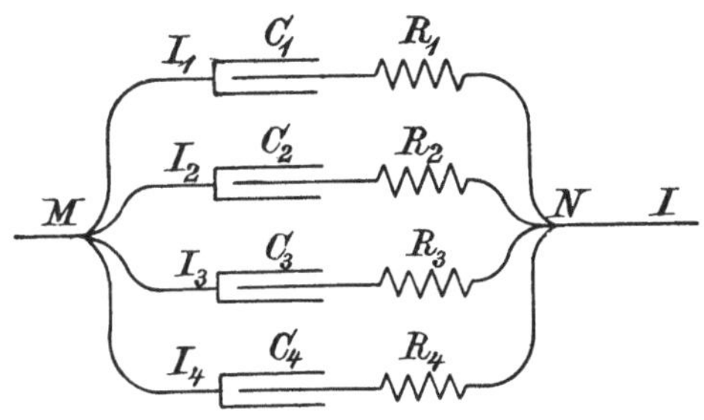

Fig. 91. Fall XXI und XXII.

Es ergiebt sich dann:

$$(356\,\mathrm{a}) \qquad R' = \frac{A}{A^2 + B^2\,\omega^2},$$

und

$$(356\,\mathrm{b}) \qquad \frac{1}{C'\,\omega} = \frac{B\,\omega}{A^2 + B^2\,\omega^2},$$

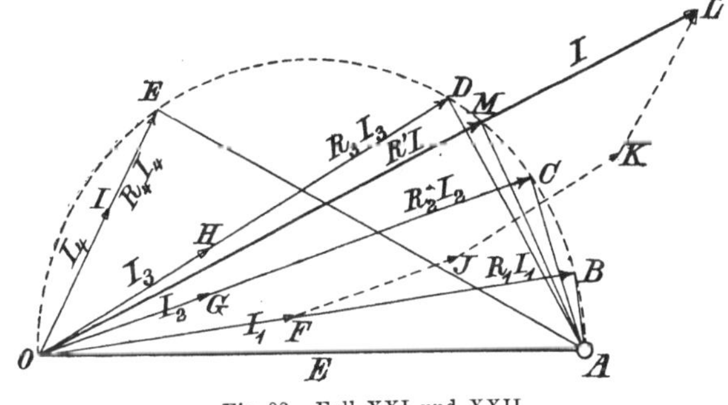

Fig. 92. Fall XXI und XXII.

wo

$$A = \sum \frac{R}{R^2 + \dfrac{1}{C^2\,\omega^2}},$$

und

$$B\,\omega = \sum \frac{\dfrac{1}{C\,\omega}}{R^2 + \dfrac{1}{C^2\,\omega^2}} = \sum \frac{C\,\omega}{C^2\,R^2\,\omega^2 + 1}.$$

Der Hauptstrom ist der treibenden E.M.K. um einen Winkel θ voraus, so dass

$$\operatorname{tang} \theta = \frac{B\,\omega}{A}.$$

Vorstehende Entwicklung wurde von den Verfassern zuerst im Philosophical Magazine, September 1892, veröffentlicht. Die betreffenden Resultate lassen sich auch aus den allgemeinen Ausdrücken für äquivalentes R, L und C des Falles XXXI ableiten.

XXII. Verzweigter Stromkreis. Der Strom ist bekannt.

Es sei eine Anzahl von parallelen Stromzweigen, jeder mit R und C, vorhanden. Der Strom in der Hauptlinie sei bekannt. Die Frage ist: wie gross sind die Ströme in den einzelnen Zweigen (siehe Fig. 91).

Wie in den vorigen Fällen, führen auch hier zwei Methoden zur Lösung. Zunächst nehmen wir einen beliebigen Werth für die treibende E.M.K. E an und verfahren ebenso wie im vorhergehenden Beispiel. Der Maassstab der Zeichnung wird in der bekannten Weise geändert.

Bei der zweiten Methode bedienen wir uns des Princips des äquivalenten Widerstands und der äquivalenten Kapacität (Fig. 92). $O\,M$ machen wir gleich $F'\,I$. $M\,A$ ziehen wir senkrecht zu $O\,M$ und machen es gleich $\dfrac{I}{C'\,\omega}$. Die Hypotenuse $O\,A$ ist die treibende E.M.K. Die weitere Konstruktion ist dieselbe wie im vorigen Beispiel. Ueber $O\,A$ konstruiren wir das Dreieck der E.M.K.K. für jeden einzelnen Zweig und ermitteln auf diese Weise Strom und Ueberholungswinkel.

XXIII. Wirkungen der Aenderungen der Konstanten R und C in einem verzweigten Stromkreis mit zwei Zweigen.

Vergleichen wir Fall I und XVII, die sich auf die Wirkungen der Aenderungen der Konstanten R und L, bzw. R und C im Falle einfacher Hintereinanderschaltung bezogen, so erkennen wir, dass die beiden Fälle analog sind. Der

Unterschied besteht darin (siehe Fig. 52 und 86), dass in einem Falle die Konstruktion in negativer und im andern in positiver Richtung vorgenommen ist. Vorliegender Fall gleicht Fall VII, in dem die Wirkung einer Aenderung von R und von L in einem verzweigten Stromkreis untersucht wurde.

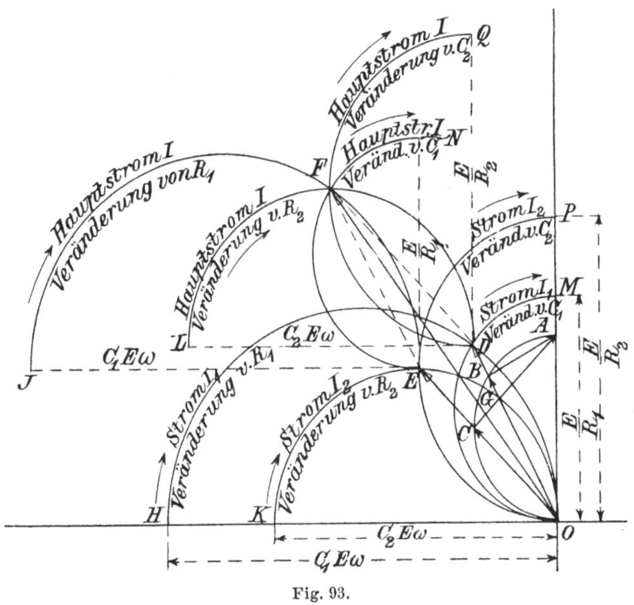

Fig. 93.

Fall XXII. Veränderung von R und C in einem verzweigten Stromkreis.

Die Konstruktion von Fig. 93 ist also durch einen Hinweis auf Fig. 59 vollkommen klar. Die Pfeile in der Figur zeigen die Richtung der Aenderung an, wenn R oder C zunehmen.

XXIV. Kombinationen von hinter- und nebeneinander geschalteten Stromkreisen. Treibende E.M.K. ist bekannt.

Hat man es mit Stromkreisen zu thun, in denen R und C in beliebiger Weise kombinirt sind, so wendet man die früher erörterten Methoden wiederholt an, und zwar in ähnlicher Weise wie bei Stromkreisen mit R und L. Es seien z. B. zwei Systeme von parallelen Zweigen hintereinander geschaltet (siehe Fig. 94).

R und C der einzelnen Zweige und die gesammte treibende
E.M.K. sei bekannt. Man finde den Strom in der Hauptleitung
und in den einzelnen Zweigen! Vergleicht man diesen Fall

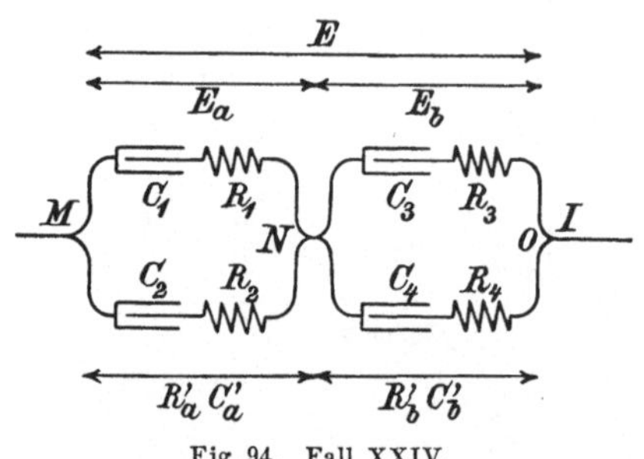

Fig. 94. Fall XXIV.

mit Fall VIII, so erkennt man sofort die Aehnlichkeit. Die
Konstruktion von Fig. 63 und 95 weist diese Analogie noch
deutlicher auf.

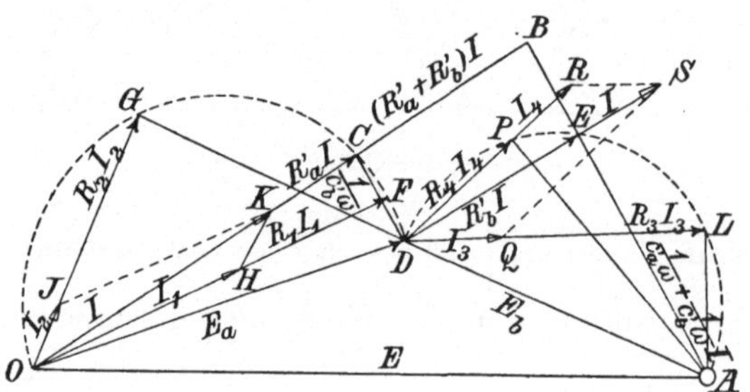

Fig. 95. Fall XXIV.

Wir berechnen den äquivalenten Widerstand resp. Kapa-
cität $R_a{}'$ und $C_a{}'$ zwischen M und N, und $R_b{}'$ und $C_b{}'$ zwischen
N und O nach den Gleichungen (356a) und (356b). Die trei-
benden E.M.K.K. E_a und E_b finden wir nach den Methoden,
die bei Fall XIX angewandt wurden. Wir behandeln den Theil
des Stromnetzes, der zwischen M und N liegt, und denjenigen,
der zwischen N und O liegt, gesondert (siehe Fall XXI). Die
Konstruktion erkennt man leicht aus der Figur.

XXV. Kombinationen von hinter- und nebeneinander geschalteten Stromkreisen. Der Strom ist bekannt.

Haben wir eine Art von Stromnetz, wie in Fig. 94, und ist der Hauptstrom I bekannt, dann tritt die Frage auf: wie gross ist der Strom in jedem Zweige? Die zwischen M und N resp. zwischen N und O liegenden Theile des Stromkreises werden wiederum gesondert behandelt (siehe XXII).

XXVI. Rein graphische Lösung.

Anstatt wie bisher, Stromnetze, die eine Kombination von Neben- und Hintereinanderschaltungen enthalten, durch das Princip des äquivalenten Widerstandes und der äquivalenten Kapacität zu lösen, können wir auch eine rein graphische Methode anwenden. In diesem Falle nehmen wir einen beliebigen Werth für den Strom in einem besonderen Zweige

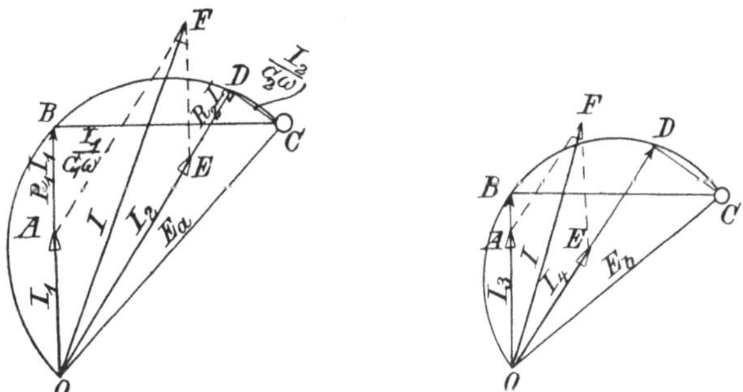

Fig. 96 und 97. Fall XXVI.

an oder wir nehmen einen Werth für die treibende E.M.K. an. Der Maassstab der Diagramme wird alsdann so geändert, dass er mit den gegebenen Bedingungen übereinstimmt. Fig. 96, 97, 98 und 99 illustriren die rein graphische Behandlung eines Stromnetzes, wie Fig. 94 ein solches aufweist. Die Methode besteht darin, einen Werth für die treibende E.M.K. oder für einen der Zweigströme anzunehmen und dann jede einzelne Abtheilung besonders zu behandeln. Fig. 96 und 97 enthalten

16*

die Behandlung der Theile MN bzw. NO. Für die Zweigströme I_1 und I_2 sind die Werthe angenommen worden. Fig. 97 wird dann in der Weise vergrössert (siehe Fig. 98), dass der Hauptstrom I dieselbe Stärke hat wie in Fig. 96. Die Fig. 96

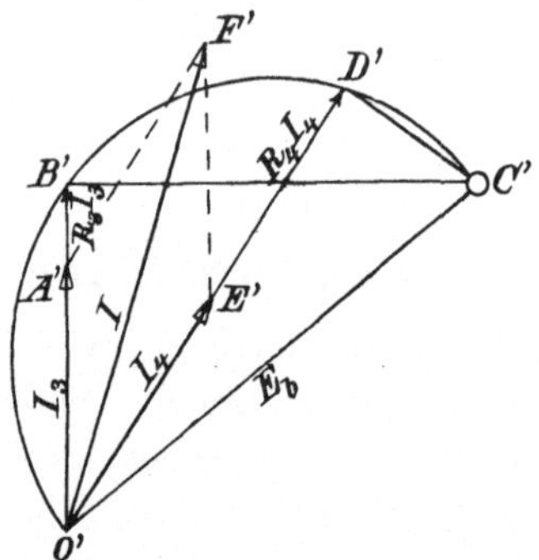

Fig. 98. Fall XXVI.

und 98 werden dann zusammengesetzt (Fig. 99) in der Weise, dass $OF \parallel O'F'$, indem jede den Strom I repräsentirt. Auf diese Weise finden wir die treibende E.M.K. E, die den Strom I fliessen lässt.

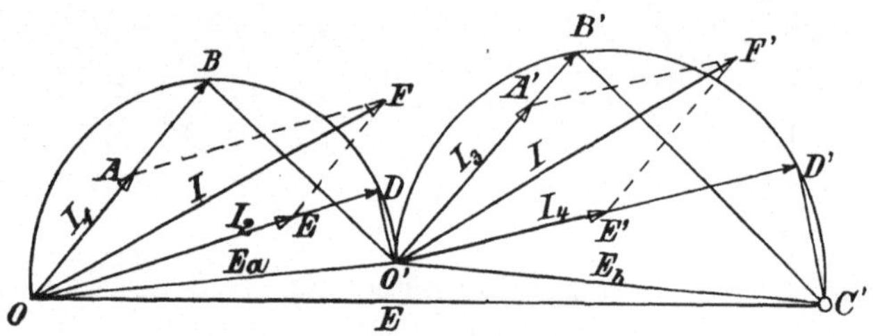

Fig. 99. Fall XXVI.

Hätten wir den Fall, dass die treibende E.M.K. bekannt wäre, so würden wir in analoger Weise den Maassstab der Konstruktion ändern, bis E der gegebenen E.M.K. gleich wäre. In dem Falle würde die Figur bei gegebener E.M.K. den Werth des Hauptstromes und der Zweigströme liefern.

XXVII. **Parallelschaltungen zwischen zwei Hauptlinien.**

Als eine besondere Kombination von parallelen und hintereinander geschalteten Stromkreisen wollen wir den Fall XXVII,
Fig. 100, betrachten. Wir theilen das gegebene Stromnetz in
einzelne Abtheilungen ein und verfahren in ganz analoger

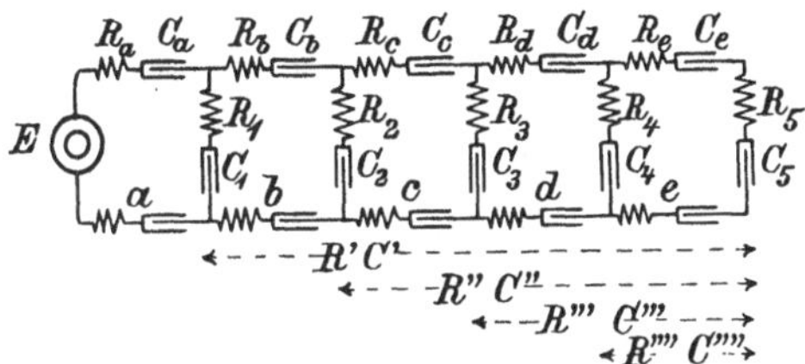

Fig. 100. Fall XXVII.

Weise wie bei Fall XII (siehe diesen). Wie man sofort erkennt,
besteht der Unterschied zwischen vorliegendem Fall und Beispiel XII einzig darin, dass wir es hier mit Kapacität zu thun
haben, wo im Fall XII Selbstinduktion sich befindet.

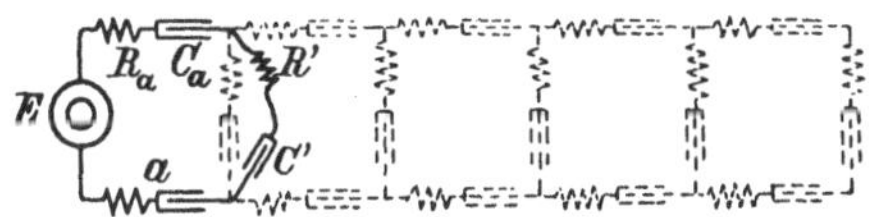

Fig. 101. Fall XXVII.

Die Werthe der äquivalenten Widerstände und Kapacitäten findet man durch wiederholte Anwendung der Formel

Fig. 102. Fall XXVII.

(356 a) und (356 b). Die vollständige Lösung des Beispiels ist
in Fig. 103 gegeben. Die Aehnlichkeit dieser Figur mit Figur 76
erkennt man sofort.

E_1, E_2, E_3 etc. sind die treibenden E.M.K.K. der einzelnen parallelen Zweige. Konstruiren wir über diesen E.M.K.K. die betreffenden Dreiecke, so ergeben sich die wirksamen E.M.K.K. und ebenfalls die einzelnen Zweigströme in der bekannten

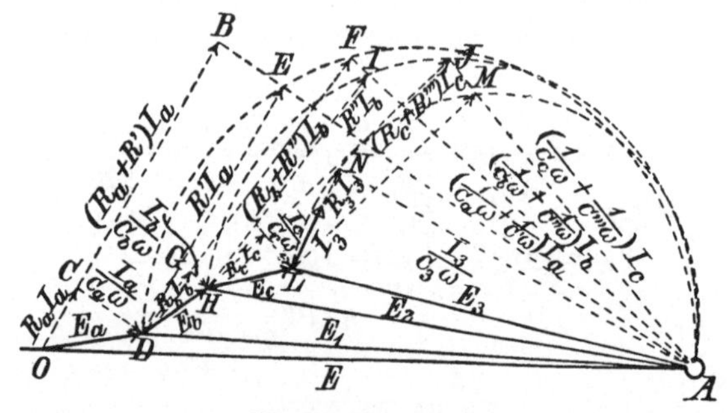

Fig. 103. Fall XXVII.

Weise. So ist z. B. im Zweige 3 LN die wirksame E.M.K. und I_3 der betr. Strom. E_a, E_b, E_c etc. liefern die treibenden E.M.K.K. in den Theilen a, b, c etc. Die einzelnen Ströme erhält man leicht aus den Werthen der wirksamen E.M.K.K. $R_a I_a$, $R_b I_b$, $R_c I_c$ etc.

Zwanzigstes Kapitel.

Stromkreise mit R, L und C.

Bisher haben wir solche Fälle einer Untersuchung unterzogen, bei denen drei E.M.K.K. in Frage kamen, nämlich die
wirksame E.M.K., die treibende E.M.K. und als dritte entweder die E.M.K. der Selbstinduktion oder der Kapacität.
Nunmehr wenden wir uns solchen Fällen zu, bei denen ausser
der treibenden E.M.K. und der wirksamen E.M.K. sowohl die
E.M.K. von L als auch die von C in Frage kommt. Wenn
wir also in gewohnter Weise die Beziehungen der einzelnen
E.M.K.K. durch ein Dreieck darstellen wollen, so müssen wir
zwei der in Frage kommenden Grössen zu einer einzigen
Grösse kombiniren und können dann das Dreieck der E.M.K.K.
konstruiren. Da die E.M.K., die zur Ueberwindung von L
erforderlich ist, und diejenige, die zur Ueberwindung von C
erforderlich ist, genau entgegengesetzt sind, so liegt es nahe,
diese beiden Grössen durch einen äquivalenten Werth zu er-

setzen. Die resultirende Grösse muss dann rechtwinklig zum Strome sein, wie sich aus folgender Betrachtung ergiebt.

Die zur Ueberwindung von L erforderliche E.M.K. ist $L \omega I$ und ist dem Strom um 90^0 voraus. Die zur Ueberwindung der E.M.K. des Kondensators nothwendige Kraft ist $\dfrac{I}{C \omega}$ und ist 90^0 hinter dem Strom zurück. Stellen wir diese Verhältnisse graphisch dar, so ergiebt sich Fig. 104.

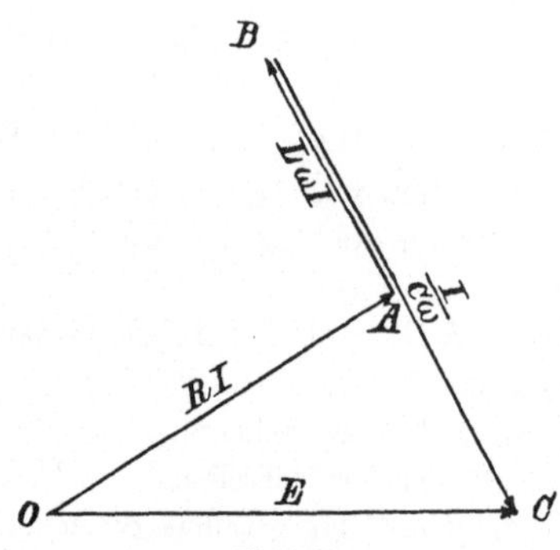

Fig. 104.

Diagramm der E.M.K.K. in einem Stromkreis mit
R, L und C.

$B C$ ist gleich $\dfrac{I}{C \omega}$. $A B = L \omega I$. Da nun diese beiden Kräfte entgegengesetzt gerichtet sind, und da beide ausserdem

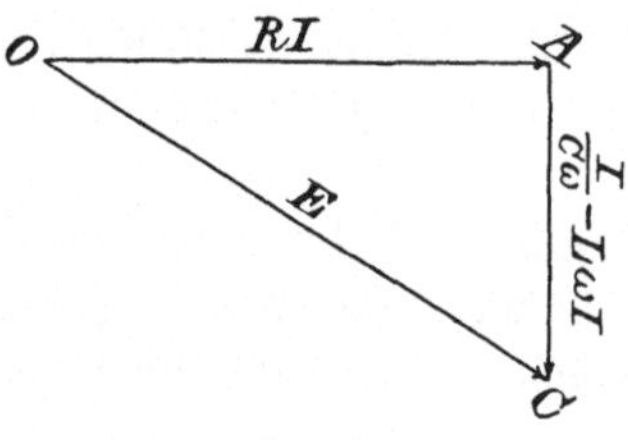

Fig. 105.

Dreieck der E.M.K.K. in einem Stromkreis mit
R, L und C.

mit der wirksamen E.M.K. einen rechten Winkel bilden, so ist ihre Gesammtwirkung durch $A C = \left(\dfrac{1}{C \omega} - L \omega \right) I$ dargestellt (siehe Fig. 105).

Ist $\dfrac{1}{C\,\omega} > \dfrac{L}{\omega}$, so ist der Strom der treibenden E.M.K. voraus, und ist $\dfrac{1}{C\,\omega} < \dfrac{L}{\omega}$, so bleibt der Strom hinter der E.M.K. zurück.

Die Tangente dieses Verzögerungs- resp. Vorauswinkels ist:

$$\operatorname{tang} \theta = \frac{\left(\dfrac{1}{C\,\omega} - L\,\omega\right) I}{R\,I} = \frac{1}{C\,R\,\omega} - \frac{L\,\omega}{R}.$$

Da die treibende E.M.K. OC gleich der Wurzel aus der Summe der Quadrate der beiden Seiten ist, so ist ihr Werth:

$$E = I \sqrt{R^2 + \left(\frac{1}{C\,\omega} - L\,\omega\right)^2}.$$

Diesen Wurzelwerth haben wir Impediment genannt, und wir können also den Strom durch den Quotienten:

$$\frac{\text{E.M.K.}}{\text{Impediment}}$$

ausdrücken.

Aus vorstehender Erörterung ersieht man, wie man bei der graphischen Behandlung von Stromkreisen mit R, L und C vorzugehen hat.

Ein Vergleich der graphischen Methode mit den entsprechenden analytischen Ergebnissen lässt die Richtigkeit der ersteren klar hervortreten. Für Stromkreise mit R, L und C war der Werth des Stromes:

$$i = \frac{E}{\sqrt{R^2 + \left(\dfrac{1}{C\,\omega} - L\,\omega\right)^2}} \sin\left\{\omega t + \operatorname{tang}^{-1}\left(\frac{1}{C\,R\,\omega} - \frac{L\,\omega}{R}\right)\right\}.$$

Der Verzögerungs- resp. Vorauswinkel gleich:

$$\operatorname{tang}^{-1} \frac{1}{C\,R\,\omega} - \frac{L\,\omega}{R}.$$

Wie man sieht, stimmt dies mit dem graphischen Ergebniss überein. Aus der Gleichung ergiebt sich der Maximalwerth des Stromes:

$$I = \frac{E}{\sqrt{R^2 + \left(\dfrac{1}{C\,\omega} - L\,\omega\right)^2}} = \frac{E}{\text{Impediment}},$$

was wiederum mit dem Resultat der graphischen Methode übereinstimmt.

Der Werth von C oder derjenigen L, die einer Kombination von L und C äquivalent ist. — Es bezeichnet C' und L' die Kapacität bzw. Selbstinduktion, die einer gegebenen Kombination von L und C gleich ist.

Wie sich aus Fig. 105 ergiebt, ist die E.M.K. der Kombination gleich $\dfrac{1}{C\omega} - L\omega I$. Im Falle $\dfrac{1}{C\omega} > L\omega$, so ist der entsprechende Werth positiv, und dann ist:

$$\frac{I}{C'\omega} = \frac{I}{C\omega} - L\,\omega\,I; \qquad \text{oder} \qquad \frac{1}{C'\omega} = \frac{1}{C\omega} - L\omega.$$

Daher

$$(357) \qquad\qquad C' = \frac{1}{\dfrac{1}{C} - L\,\omega^2} = \frac{C}{1 - L\,C\,\omega^2}.$$

Letzterer Werth ist positiv, da $1 > LC\omega^2$.

Nehmen wir an, dass $L\omega I > \dfrac{I}{C\omega}$, dann ist

$$L'\,\omega\,I = L\,\omega\,I - \frac{I}{C\,\omega}; \qquad \text{oder} \qquad L'\,\omega = L\,\omega - \frac{1}{C\,\omega}.$$

Daher ist

$$(358) \qquad\qquad L' = L - \frac{1}{C\,\omega^2}$$

eine positive Grösse.

XXVIII. Wirkungen der Veränderung der Konstanten R, L, C und ω.

Aenderung von R. — Betrachten wir den Fall, wo in einem Stromkreis mit R, L und C R allein verändert wird, dann tritt die Frage auf: in welcher Weise ändert sich der Strom? Da die Kombination von L und C durch ein äquivalentes L bzw. C ersetzt werden kann, so muss auch die

Aenderung des Stromes, die durch eine Aenderung von R erzeugt wird, dieselbe sein, wenn der äquivalente Werth von L bzw. von R an Stelle der Kombination tritt.

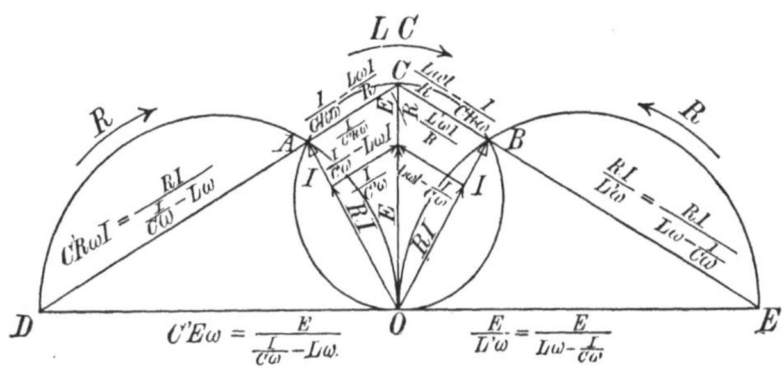

Fig. 106.

Fall XXVIII.   Aenderung der Konstanten.

In Fig. 106 stellt OC die treibende E.M.K. E, dividirt durch R, dar. Es kann der Strom I entweder der treibenden E.M.K. voraus sein oder hinter ihr zurückbleiben, je nach den Werthen von C und ω. Für gewisse Werthe von R, L und C stelle OA den Strom dar und zwar sei letzterer der treibenden E.M.K. voraus. Man mache $DO = C'E\omega$, und ziehe den Halbkreis OAD über DO als Durchmesser. Der Strom ist alsdann der Vektor OA in diesem Halbkreis. Vergleiche Fall XVII. Wäre $\dfrac{1}{C\omega} - L\omega$ eine negative Grösse, z. B. numerisch gleich dem früheren positiven Werthe, so wäre der Strom durch OB darzustellen, das hinter OC zurückbleibt, und der Strom wäre ein Vektor im Halbkreise OBE. Die Pfeile bei R zeigen die Richtung der Aenderung an, wenn der Widerstand zunimmt.

Aenderung von L oder C. — Aendert sich entweder L oder C allein, während die übrigen Konstanten unverändert bleiben, so ist einleuchtend, dass der Werth von $\dfrac{1}{C\omega} - L\omega$ sich ebenfalls ändert, also auch der Werth von L' und C'. Wir haben also hier einen Fall, der dem Beispiel XVII ganz analog ist (siehe dieses).

Aenderung der Winkelgeschwindigkeit. — Wenn sich die Anzahl der Wechsel pro Sekunde ändert, so ist diese Aenderung, wie sich aus der Definition ergiebt, mit einer Aenderung der Winkelgeschwindigkeit ω gleichbedeutend. Denn letztere ist 2π mal der Anzahl der Wechsel. Nun ist aber klar, dass eine Vergrösserung der Winkelgeschwindigkeit sowohl die Wirkung von L als auch die von C vergrössert. Ist der äquivalente Werth der Kombination von L und C gleich:

$$L' = L - \frac{1}{C\,\omega^2},$$

so erzeugt jede Aenderung in der Winkelgeschwindigkeit eine Aenderung des äquivalenten Werthes von L, wie leicht ersichtlich; oder für den Fall, dass C der wichtigere Faktor ist, so ändert sich der äquivalente Werth von C gemäss der Beziehung:

$$C' = \frac{C}{1 - LC\omega^2}.$$

Wie wir gesehen haben, ist der Strom ein Vektor des Kreises $OACB$ (siehe Fig. 106). Es ist einleuchtend, dass bei einer Aenderung der Winkelgeschwindigkeit der Strom ebenfalls ein Vektor dieses Kreises sein muss.

XXIX. Hintereinanderschaltung. Strom bekannt.

Es sei ein Stromkreis mit n verschiedenen Spulen und Kondensatoren gegeben, in der Weise, wie Fig. 107 andeutet.

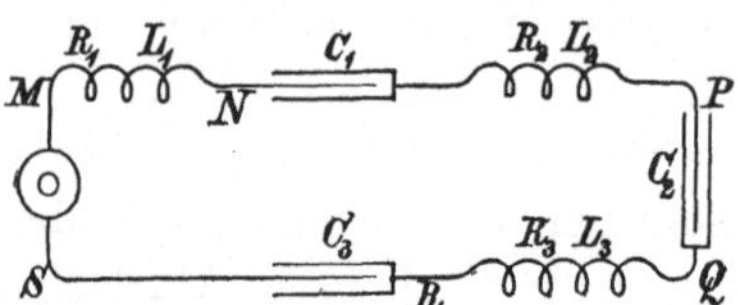

Fig. 107. Fall XXIX und XXX.

Man finde die treibende E.M.K., wenn der Strom I bekannt ist; ferner ermittle man die Potentialdifferenz zwischen den Enden der einzelnen Spulen und Kondensatoren.

In Fig. 108 mache man $OA = I$; $OB = R_1 I_1$ und $BC = L_1 \omega I$, senkrecht zu OB in positiver Richtung. In negativer Richtung mache man $BD = \dfrac{I}{C_1 \omega}$. Die algebraische Summe von

BC und BD ist BE. OE ist dann die Potentialdifferenz zwischen M und O (Fig. 107). OC ist die Potentialdifferenz zwischen M und N, und BD oder CD diejenige zwischen N und O. In ähnlicher Weise zieht man EG, EI, IK und ferner IM, welche die Potentialdifferenzen zwischen OP, OQ, QR bzw. QS (Fig. 107) darstellen, bis man zum Punkte M kommt (Fig. 108). OM ist dann die treibende E.M.K., die den Strom I fliessen lässt.

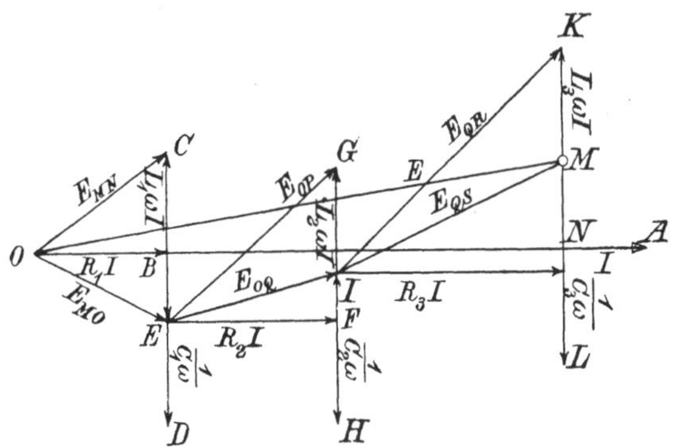

Fig. 108. Fall XXIX und XXX.

Aequivalentes R, L und C bei Hintereinander-schaltung. — Es geht aus Fig. 108 hervor, dass, wenn wir nur eine Spule hätten, deren Selbstinduktion L' einen solchen Werth hätte, dass $\overline{NM} = L' \omega I$ wäre, und deren Widerstand R' derart wäre, dass $\overline{ON} = R' I$ wäre, dass dann derselbe Strom I fliessen würde, wenn diese Spule für die betreffende Kombination von Kondensatoren und Spulen eingesetzt würde. Der Widerstand dieser äquivalenten Spule ist alsdann:

$$(359) \qquad R' = R_1 + R_2 + R_3 + \text{etc.} = \Sigma R.$$

Die Selbstinduktion der Spule, $\dfrac{MN}{\omega I}$, lässt sich alsdann in folgender Weise ableiten:

$$\overline{MN} = \overline{BC} - \overline{BD} + \overline{FG} - \overline{FH} + \overline{JK} - \overline{JL},$$

oder

$$L' \omega I = L_1 \omega I - \frac{I}{C_1 \omega} + L_2 \omega I - \frac{I}{C_2 \omega} + L_3 \omega I - \frac{I}{C_3 \omega}.$$

$$L'\,\omega\,I = I \sum \left(L\omega - \frac{1}{C\,\omega} \right).$$

$$(360) \qquad L' = \frac{1}{\omega} \sum \left(L\omega - \frac{1}{C\,\omega} \right).$$

Wenn diese Summe einen negativen Werth hat, so kann die Kombination nicht durch einen Selbstinduktionswerth ersetzt werden, wohl aber durch einen Kapacitätswerth. Der Werth C' ergiebt sich aus Folgendem:

$$\frac{I}{C'\omega} = \sum \left(\frac{I}{C\,\omega} - L\,\omega\,I \right) = I \sum \left(\frac{1}{C\,\omega} - L\omega \right).$$

Daher

$$(361) \qquad C' = \frac{1}{\omega \sum \left(\dfrac{1}{C\,\omega} - L\,\omega \right)}.$$

Diese Gleichungen (359), (360) und (361) ermöglichen uns also, äquivalentes R, L und C bei Hintereinanderschaltung zu ermitteln.

XXX. Hintereinanderschaltung. Die treibende E.M.K. ist bekannt.

Man habe einen Stromkreis, wie der in Fig. 107 angedeutete. Die treibende E.M.K., die durch OM (Fig. 108) dargestellt ist, sei bekannt. Man soll den Strom finden und ebenfalls die Potentialdifferenz zwischen den Enden einer jeden Spule und jedes Kondensators.

Wenn wir die äquivalente Selbstinduktion L' (360) und die äquivalente Kapacität C' (361) berechnet haben, so können wir das Dreieck der E.M.K.K. $\triangle\,OMN$ konstruiren.

In diesem Dreieck ist $ON = I\Sigma R$, und $NM = I\Sigma \left(L\omega - \frac{1}{C\,\omega} \right).$

Man findet den Strom OA, indem man ON durch ΣR dividirt. Nachdem wir den Werth des Stromes erhalten haben, können wir, wie im vorigen Beispiel, dann auch die E.M.K.K. der einzelnen Theile des Stromsystems finden.

XXXI. **Verzweigter Stromkreis. Die treibende E.M.K. ist bekannt.**

Es sei ein Stromsystem, wie das durch Fig. 109 illustrirte gegeben.

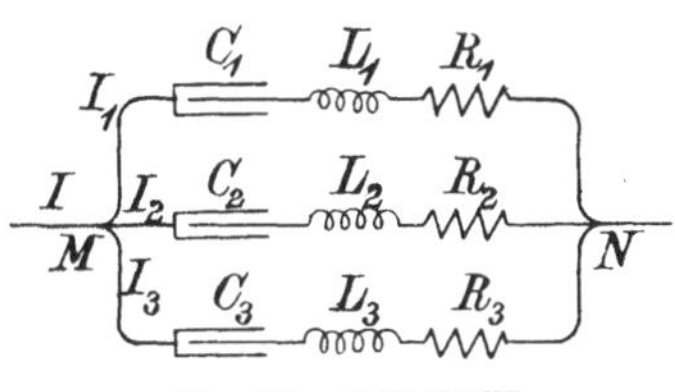

Fig. 109. Fall XXXI.

Die treibende E.M.K. sei gegeben. Man will den Haupt- und die Zweigströme finden. Die Konstruktion (Fig. 110) liefert die vollständige Lösung.

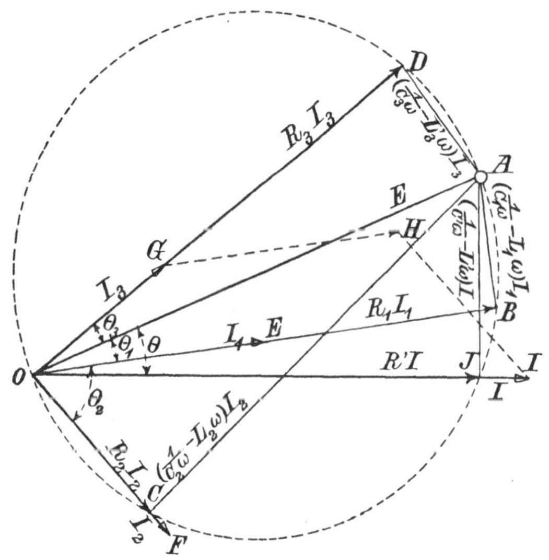

Fig. 110. Fall XXXI.

Da die treibende E.M.K. zwischen M und N bekannt ist, so können wir jeden einzelnen Zweig gesondert behandeln, siehe Fall XXX. Ueber OA, das die treibende E.M.K. E darstellt, wird als Durchmesser ein Kreis beschrieben. Die einzelnen Dreiecke $\varDelta\,OBA$, $\varDelta\,OCA$, $\varDelta\,ODA$, die die betreffenden Winkel θ_1, θ_2, θ_3 enthalten, werden alsdann über OA konstruirt. Die Zweigströme I_1, I_2, I_3 erhält man alsdann, indem man die betr. wirksamen E.M.K.K. durch die zugehörigen Widerstände R_1, R_2, R_3 dividirt. Der Hauptstrom I ist dann die Vektorsumme der Zweigströme. Wie man leicht erkennt, sind die einzelnen Zweigströme entweder der treibenden E.M.K. voraus, oder sie bleiben hinter ihr zurück, je nach den Werthen des Widerstandes, der Selbstinduktion und der Kapacität der einzelnen Zweige.

Aequivalentes R, L und C bei Nebeneinanderschaltung. — Ist ein paralleles Stromsystem mit R, L und C gegeben, so lässt sich ein solches System durch einen einfachen Leiter ersetzen, der L und R, oder C und R enthält. Die Bestimmung dieser Werthe dieser äquivalenten Grössen geschieht in ähnlicher Weise wie bei Beispiel V.

Projiciren wir die Ströme I, I_1, I_2 etc. auf OA, so erhalten wir die Gleichung:

$$(362) \qquad I \cos \theta = I_1 \cos \theta_1 + I_2 \cos \theta_2 + \ldots = \varSigma\, I \cos \theta.$$

Projiciren wir diese Ströme auf eine Linie, die auf OA senkrecht steht, so ergiebt sich:

$$(363) \qquad I \sin \theta = I_1 \sin \theta_1 + I_2 \sin \theta_2 + \ldots = \varSigma\, I \sin \theta.$$

Da alle Dreiecke $\varDelta\,OBA$, $\varDelta\,OCA$ etc. rechtwinklig sind, so haben wir die Beziehungen:

$$(364) \qquad I = \frac{E}{\sqrt{R'^2 + \left(\dfrac{1}{C'\,\omega} - L'\,\omega\right)^2}},$$

$$I_1 = \frac{E}{\sqrt{R_1{}^2 + \left(\dfrac{1}{C_1\,\omega} - L_1\,\omega\right)^2}},$$

$$I_2 = \frac{E}{\sqrt{R_2{}^2 + \left(\dfrac{1}{C_2\,\omega} - L_2\,\omega\right)^2}} \quad \text{etc.}$$

$$(365) \qquad \cos\theta = \frac{R'}{\sqrt{R'^2 + \left(\dfrac{1}{C'\,\omega} - L'\,\omega\right)^2}}\,,$$

$$\cos\theta_1 = \frac{R_1}{\sqrt{R_1{}^2 + \left(\dfrac{1}{C_1\,\omega} - L_1\,\omega\right)^2}}\,,$$

$$\cos\theta_2 = \frac{R_2}{\sqrt{R_2{}^2 + \left(\dfrac{1}{C_2\,\omega} - L_2\,\omega\right)^2}} \quad \text{etc.}$$

$$(366) \qquad \sin\theta = \frac{\dfrac{1}{C'\,\omega} - L'\,\omega}{\sqrt{R'^2 + \left(\dfrac{1}{C'\,\omega} - L'\,\omega\right)^2}}\,,$$

$$\sin\theta_1 = \frac{\dfrac{1}{C_1\,\omega} - L_1\,\omega}{\sqrt{R_1{}^2 + \left(\dfrac{1}{C_1\,\omega} - L_1\,\omega\right)^2}}\,,$$

$$\sin\theta_2 = \frac{\dfrac{1}{C_2\,\omega} - L_2\,\omega}{\sqrt{R_2{}^2 + \left(\dfrac{1}{C_2\,\omega} - L_2\,\omega\right)^2}} \quad \text{etc.}$$

Setzen wir diese Werthe in (362) ein, so erhalten wir:

$$(367) \qquad \frac{I\cos\theta}{E} = \frac{R'}{R'^2 + \left(\dfrac{1}{C'\,\omega} - L'\,\omega\right)^2}$$

$$= \sum \frac{R}{R^2 + \left(\dfrac{1}{C\,\omega} - L\,\omega\right)^2} = A.$$

Substituiren wir in ähnlicher Weise in (363), so erhalten wir:

$$(368) \qquad \frac{I \sin \theta}{E} = \frac{\dfrac{1}{C'\,\omega} - L'\,\omega}{R'^2 + \left(\dfrac{1}{C'\,\omega} - L'\,\omega\right)^2}$$

$$= \sum \frac{\dfrac{1}{C\,\omega} - L\,\omega}{R^2 + \left(\dfrac{1}{C\,\omega} - L\,\omega\right)^2}$$

$$= \sum \frac{C - C'^2\,L\,\omega^2}{C^2\,R^2\,\omega^2 + (1 - C\,L\,\omega^2)^2}\,\omega = B\,\omega.$$

Die Buchstaben A und B sind hier zur Vereinfachung eingeführt worden.

Dividiren wir (368) durch (367), so ergiebt sich:

$$(369) \qquad \operatorname{tang} \theta = \frac{B\,\omega}{A}.$$

Durch Vergleich von (365) mit (367) erhalten wir:

$$(370) \qquad A = \frac{\cos^2 \theta}{R'}, \quad \text{oder} \quad R' = \frac{\cos^2 \theta}{A}.$$

Durch Vergleich von (366) mit (368) ergiebt sich:

$$(371) \qquad B\,\omega = \frac{\sin^2 \theta}{\dfrac{1}{C'\,\omega} - L'\,\omega}, \quad \text{oder} \quad \frac{1}{C'\,\omega} - L'\,\omega = \frac{\sin^2 \theta}{B\,\omega}.$$

Für $\cos^2 \theta$ und $\sin^2 \theta$ können wir die folgenden Werthe einsetzen:

$$\cos^2 \theta = \frac{1}{1 + \operatorname{tang}^2 \theta} = \frac{1}{1 + \dfrac{B^2\,\omega^2}{A^2}} = \frac{A^2}{A^2 + B^2\,\omega^2},$$

$$\sin^2 \theta = \frac{1}{1 + \cot^2 \theta} = \frac{1}{1 + \dfrac{A^2}{B^2\,\omega^2}} = \frac{B^2\,\omega^2}{A^2 + B^2\,\omega^2}.$$

Mit Hilfe dieser Einsetzungen nehmen (370) und (371) die folgenden Formen an:

$$(372) \qquad R' = \frac{A}{A^2 + B^2\,\omega^2},$$

$$(373) \qquad \frac{1}{C'\,\omega} - L'\,\omega = \frac{B\,\omega}{A^2 + B^2\,\omega^2}.$$

Hier drücken A und $B\omega$ eine Summirung aus [siehe (367) und (368)]. Die Werthe des Widerstands, der Selbstinduktion und der Kapacität eines jeden einzelnen Zweiges müssen bei den einzelnen Summirungen eingesetzt werden. Hierdurch erhält der äquivalente Widerstand R' einen bestimmten Werth, ebenfalls der Ausdruck $\dfrac{1}{C'\omega} - L'\omega$. Wir können einen beliebigen Werth für L' annehmen und nach (373) den Werth von C' bestimmen und umgekehrt.

Ist die rechte Seite von (373) positiv, so können wir annehmen, dass der äquivalente Leiter keine Selbstinduktion enthält, d. h. $L' = 0$, und demgemäss berechnen wir die äquivalente Kapacität. Ist die rechte Seite negativ, so können wir annehmen, dass der Leiter keinen Kondensator enthält, d. h. $C' = \infty$. Wir berechnen dann die äquivalente Selbstinduktion. Der Verzögerungswinkel oder Vorauswinkel des Hauptstroms ergiebt sich aus (369).

Zweigströme mit R und L. — Es ist kein Kondensator eingeschaltet, es ist also $C = \infty$. Wir können demnach die Ausdrücke für A und $B\omega$ in diesem Falle dadurch erhalten, dass wir in die Summirungen (367) und (368) $C = \infty$ einsetzen. Wir erhalten dann:

$$A = \sum \frac{R}{R^2 + L^2\omega^2},$$

$$-B\omega = \sum \frac{L\omega}{R^2 + L^2\omega^2}.$$

Aus (372) und (373) ergiebt sich:

$$R' = \frac{A}{A^2 + B^2\omega^2},$$

$$L'\omega = \frac{-B\omega}{A^2 + B^2\omega^2}.$$

Wie man sieht, sind diese Resultate identisch mit denen, die in (352) und (353) dargestellt sind (Fall V).

Zweigströme mit R und C. — Im Falle, dass keine Selbstinduktion in den Zweigen vorhanden ist, setzen wir in die Summirungen (367) und (368) $L = 0$ ein. Daraus ergiebt sich:

$$A = \sum \frac{R}{R^2 + \dfrac{1}{C\,\omega^2}},$$

$$B\,\omega = \sum \frac{\dfrac{1}{C\,\omega}}{R^2 + \dfrac{1}{C^2\omega^2}} = \sum \frac{C\,\omega}{C^2 R^2 \omega^2 + 1}.$$

Der Ausdruck für R' ist der gleiche wie in (372), und aus (373) leiten wir den Ausdruck für die äquivalente Kapacität ab:

$$\frac{1}{C'\,\omega} = \frac{B\,\omega}{A^2 + B^2 \omega^2}.$$

Die Resultate sind mit denen von Fall XXI identisch.

XXXII. Beispiel eines verzweigten Stromkreises. Treibende E.M.K. bekannt.

Es sei ein verzweigter Stromkreis gegeben, wie in Fig. 111.

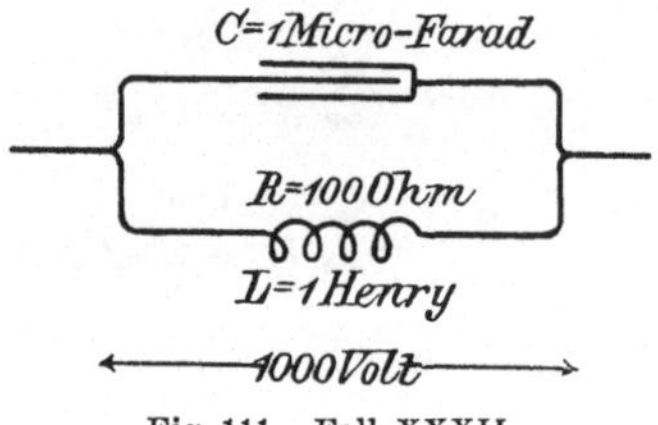

Fig. 111. Fall XXXII.

Der eine Zweig enthält nur Kapacität, $C = 1$ Mikrofarad; der andere nur Widerstand und Selbstinduktion, $R = 100$ Ohm, $L = 1$ Henry. Die treibende E.M.K. sei 1000 Volt, und die Winkelgeschwindigkeit sei 1000. Wie gross sind die Ströme in der Hauptlinie und in den Zweigen?

Da der Zweig, der Kapacität enthält, keinen Widerstand hat, so ist der Strom $O\,B$ (Fig. 112) um 90° der treibenden E.M.K. $O\,A$ voraus. Der Strom ist gleich $C E \omega = 10^{-6} \times 1000 \times 1000 = 1$ Ampère. Die Tangente des Verzögerungswinkels des die Spule durchfliessenden Stromes ist

$$\frac{L\,\omega}{R} = \frac{1 \times 1000}{100} = 10.$$

Es ist deshalb der Strom $O\,D$ in der Spule ungefähr 90^0 hinter der treibenden E.M.K. zurück.

Der Strom $O\,D$ ist ungefähr gleich 1 Ampère, denn $O\,D$ ist ungefähr gleich $O\,C$, und

$$O\,C = \frac{E}{L\,\omega} = \frac{1000}{1 \times 1000} = 1 \text{ Ampère.}$$

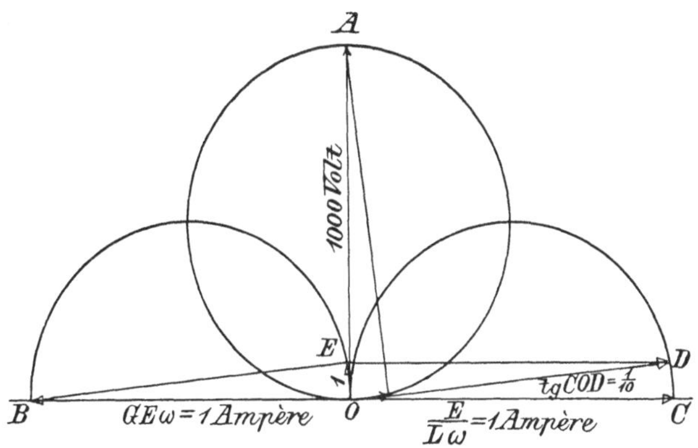

Fig. 112. Fall XXXII.

Wir haben also für den Kondensatorstrom und für den die Spule durchfliessenden Strom denselben Werth; während der eine Zweigstrom der E.M.K. voraus ist, bleibt der andere hinter der E.M.K. zurück. Die Resultante der beiden Zweigströme ist $O\,E = \frac{1}{10}$ Ampère, d. h. jeder Zweigstrom ist ungefähr zehnmal so gross wie der Hauptstrom. In diesem Falle ist der Hauptstrom mit der treibenden E.M.K. ungefähr in Phase.

XXXIII. Verzweigtes Stromsystem; Strom bekannt.

Haben wir eine Anzahl von parallelen Stromzweigen, die R, L und C enthalten, und ist der Hauptstrom I bekannt, so ist die Lösung ähnlich wie bei Fall VI. Die erste Lösungsmethode besteht darin, dass man eine treibende E.M.K. annimmt, demgemäss konstruirt, und endlich den Maassstab der Konstruktion gemäss dem gegebenen Stromwerth ändert.

Wenden wir die zweite Methode an, so berechnen wir zunächst den äquivalenten Widerstand und die äquivalente Selbstinduktion resp. Kapacität des nebeneinander geschalteten Systems, gemäss (372) und (373). Wir ermitteln dann auf graphischem Wege die treibende E.M.K. und verfahren wie beim letzten Fall.

XXXIV. Kombination von neben- und hintereinander geschalteten Zweigen.

Bisher haben wir einfache Fälle von parallelen Schaltungen oder Hintereinanderschaltungen der Betrachtung unterzogen. Liegt eine Kombination dieser beiden Arten von Schaltungen vor, so verfahren wir in derselben Weise, wie bei der Behandlung von ähnlichen Stromkreisen, die nur R und L, oder nur L und C enthielten. Eine Erweiterung der vorhergehenden Principien auf vorliegenden Fall wird also leicht zu dessen Lösung führen, wie man überhaupt finden wird, dass ein Verständniss der in diesem Buche behandelten Fälle den Leser befähigen wird, alle vorkommenden Fälle ohne Schwierigkeit zu bemeistern.

Anhang A.

Praktische und C.G.S.-Einheiten.

Elektrische Einheiten.

	Praktisches System	C.G.S.-System	
		Elektro-magnetisch	Elektrostatisch
Quantität	1 Coulomb	10^{-1}	$v \times 10^{-1} = 3 \times 10^9$
Strom	1 Ampère	10^{-1}	$v \times 10^{-1} = 3 \times 10^9$
Potential	1 Volt	10^8	$10^8 \div v = \frac{1}{3} \times 10^{-2}$
Widerstand	1 Ohm	10^9	. . . .
Kapacität	1 Farad	10^{-9}	$v^2 \times 10^{-9} = 9 \times 10^{11}$
Selbstinduktion . . .	1 Henry	10^9	. . . .
Gegenseit. Induktion .	1 Henry	10^9	. . . .

$$(v = \text{Lichtgeschwindigkeit} = 3 \times 10^{10}.)$$

Anhang B.

Ausdruck elektrischer Grössen durch mechanische.

Tafel I. Linearbewegung.

1. Zeit $= t$.
2. Entfernung $= s$.
3. Lineare Geschwindigkeit $= v = \dfrac{ds}{dt}$; oder: $ds = v\,dt$.
4. Lineare Beschleunigung $= a = \dfrac{dv}{dt} = \dfrac{d^2 s}{dt^2}$.
5. Masse $= M$.
6. Moment $= Mv$.

Reibungswiderstand.

7. Reibungswiderstand $= R$.
8. Kraft zur Ueberwindung des Widerstandes $= F_R = Rv$.
9. Energieaufwand in der Zeit dt zur Ueberwindung des Widerstandes $= dW_R = F_R\,ds = R v^2\,dt$.

Trägheit.

10. Kraft zur Ueberwindung der Trägheit $= F' = M\,a = M\,\dfrac{dv}{dt}$.

11. Die in der Zeit dt erzeugte kinetische Energie dt

$$= dW' = F'\,ds = M\,v\,\frac{dv}{dt}\,dt.$$

12. Kinetische Energie $= W' = \displaystyle\int_0^v M\,v\,\frac{dv}{dt}\,dt = \frac{1}{2}\,M\,v^2.$

Widerstand plus Trägheit.

13. Der ganze Kraftaufwand $= F = F_R + F' = R\,v + M\,\dfrac{dv}{dt}$.

14. Der ganze Energieaufwand in der Zeit dt

$$= dW = dW_R + dW'; \quad \text{oder:} \quad F\,ds = F_R\,ds + F'\,ds;$$

$$\text{oder:} \quad F\,v\,dt = R\,v^2\,dt + M\,v\,\frac{dv}{dt}\,dT.$$

Tafel II. Rotation.

1. Zeit $= t$.

2. Winkel $= \varphi$.

3. Winkelgeschwindigkeit $= \omega = \dfrac{d\varphi}{dt}$;   oder: $d\varphi = \omega\,dt$.

4. Winkelbeschleunigung $= \alpha = \dfrac{d\omega}{dt} = \dfrac{d^2\varphi}{dt^2}$.

5. Trägheitsmoment $= I$.

6. Drehungsmoment $= I\,\omega$.

Reibungswiderstand.

7. Reibungswiderstand $= R$.

8. Energieaufwand in der Zeit dt zur Ueberwindung des Widerstandes $= dW_R = T_R\,d\varphi = R\,\omega^2\,dt$.

9. Drehkraft zur Ueberwindung des Widerstandes $= T_R = R\,\omega$.

Trägheit.

10. Drehkraft zur Ueberwindung der Trägheit $= T' = I\,a = I\,\dfrac{d\omega}{dt}$.

11. Die in der Zeit dt erzeugte kinetische Energie

$$= dW' = T''\,d\varphi = I\,\omega\,\frac{d\omega}{dt}\,dt.$$

12. Kinetische Energie $= W' = \displaystyle\int_0^\omega I\,\omega\,\frac{d\omega}{dt}\,dt = \frac{1}{2}\,I\,\omega^2.$

Widerstand plus Trägheit.

13. Gesammte Drehkraft $= T = T_R + T' = R\,\omega + I\,\dfrac{d\omega}{dt}$.

14. Gesammter Energieaufwand in der Zeit dt

$$= dW = dW_R + dW'; \quad \text{oder:} \quad T\,d\varphi = T_R\,d\varphi + T'\,d\varphi;$$

$$\text{oder:} \quad T\,\omega\,dt = R\,\omega^2\,dt + I\,\omega\,\frac{d\omega}{dt}\,dt.$$

Tafel III. Elektrischer Strom.

1. Zeit $= t$.
2. Quantität $= q$.
3. Strom $= i = \dfrac{dq}{dt}$; oder $dq = i\,dt$.
4. Strombeschleunigung $= \beta = \dfrac{di}{dt}$.
5. Koefficient der Selbstinduktion $= L$.
6. Elektromagnetisches Moment $= L\,i$.

Ohm'scher Widerstand.

7. Ohm'scher Widerstand $= R$.
8. E.M.K. zur Ueberwindung des Widerstandes $= e_R = R\,i$.
9. Energieaufwand in der Zeit dt zur Ueberwindung des Widerstandes $= dW_R = e_R\,dq = R\,i^2\,dt$.

Selbstinduktion.

10. E.M.K. zur Ueberwindung der Selbstinduktion $= e' = L\,\beta = L\,\dfrac{di}{dt}$.

11. Die in der Zeit dt erzeugte Energie des magnetischen Feldes

$$= dW' = e'\,dq = L\,i\,\frac{di}{dt}\,dt.$$

12. Energie des magnetischen Feldes

$$= W' = \int_0^I L\,i\,\frac{di}{dt}\,dt = \frac{1}{2}\,L\,I^2.$$

Widerstand plus Selbstinduktion.

13. Gesammte elektromotorische Kraft $= e = e_R + e' = R\,i + L\,\dfrac{di}{dt}$.

14. Gesammter Energieaufwand in der Zeit dt

$$= dW = dW_R + dW'; \quad \text{oder:} \quad e\,dq = e_R\,dq + e'\,dq;$$

$$\text{oder:} \quad e\,i\,dt = R\,i^2\,dt + L\,i\,\frac{di}{dt}\,dt.$$

Anhang C.

Art der Bezeichnung.

A. Fläche oder Konstante.

B. Konstante.

B. Induktion pro qcm.

C. Kapacität oder Konstante.

C'. Aequivalente Kapacität.

D. Symbolischer Operator.

E. Konstante E. M. K. oder Maximalwerth einer harm. E.M.K.

$\overline{E}$. Virtuelle E.M.K. oder Quadratwurzel des mittleren Quadrates.

F. Kraft.

H. Magnetische Kraft.

I. Konstanter Strom oder Maximalwerth eines harmonisch veränderlichen Stroms.

$\overline{I}$. Virtueller Strom, d. h. Quadratwurzel aus dem Durchschnittsquadrat.

Im. Impedanz.

L. Koefficient der Selbstinduktion.

L'. Aequivalente Selbstinduktion.

N. Gesammte Induktion, d. h. Zahl der sämmtlichen Kraftlinien.

Q. Konstante Quantität, auch elektrische Ladung.

R. Widerstand.

R'. Aequivalenter Widerstand.

T. Periode.

V. Potential.

W. Arbeit oder Energie.

a. Amplitude oder Konstante.

b. Konstante.

c. Willkürliche Integrationskonstante.

d. Entfernung.

e. Momentaner Werth der E.M.K.

f. Willkürliche Funktion.

f'. Erstes Differential von f.

h. Konstante.

i. Momentaner Werth des Stromes.

j. $\sqrt{-1}$.

k. Konstante.

n. Anzahl der Wechsel pro Sekunde.

$+\,\theta$. Ueberholungswinkel.

$-\,\theta$. Verzögerungswinkel.

$\varkappa$. Dielektrische Konstante.

λ. Wellenlänge.

μ. Permeabilität.

ω. Winkelgeschwindigkeit.